广东省防灾减灾年鉴

2023年卷

《广东省防灾减灾年鉴》编纂委员会 编

华南理工大学出版社
·广州·

图书在版编目（CIP）数据

广东省防灾减灾年鉴. 2023年卷 /《广东省防灾减灾年鉴》编纂委员会编. —广州：华南理工大学出版社，2024.2
ISBN 978 - 7 - 5623 - 7599 - 9

Ⅰ.①广… Ⅱ.①广… Ⅲ.①自然灾害 - 灾害防治 - 广东 - 2023 - 年鉴 Ⅳ.①X432.65 - 54

中国国家版本馆CIP数据核字（2023）第254561号

GUANGDONGSHENG FANGZAI JIANZAI NIANJIAN · 2023 NIAN JUAN

广东省防灾减灾年鉴·2023年卷
《广东省防灾减灾年鉴》编纂委员会　编

出 版 人：柯　宁
出版发行：华南理工大学出版社
　　　　　（广州五山华南理工大学17号楼，邮编510640）
　　　　　http://hg.cb.scut.edu.cn　E-mail：scutc13@scut.edu.cn
　　　　　营销部电话：020 - 87113487　87111048（传真）
策划编辑：李秋云
责任编辑：李秋云
责任校对：洪　静
印 刷 者：广州一龙印刷有限公司
开　　本：889mm×1194mm　1/16　印张：12.75　字数：335千
版　　次：2024年2月第1版　印次：2024年2月第1次印刷
定　　价：280.00元

版权所有　盗版必究　　印装差错　负责调换

寒 潮

● 2022年2月19—22日,受强冷空气影响,广东省出现大范围降温和降雨天气,造成肇庆、清远、韶关、江门、茂名、惠州6市共1.11万人受灾,直接经济损失1.71亿元。

▲2月19日,清远市连南县涡水镇六联村大陂岭的树上结满了晶莹剔透的冰挂。(来源:《广州日报》)

▲2月19日,韶关市乳源县的草丛出现冰层覆盖。(来源:《羊城晚报》)

▲2月19日,清远连州市潭岭水库出现冰雪景象。(来源:《羊城晚报》)

▲2月19日,清远连州市南风坳出现降雪,路面白茫茫一片。(来源:《羊城晚报》)

暴雨洪涝

▲4月下旬，强降水导致茂名市北界镇洪水上涨（左图），洪水过后该镇平山村农田受灾严重（右图）。（来源：搜狐网）

● 5月10—15日，广东省出现大范围强降水，全省共有20个市、35.37万人受灾，造成直接经济损失9.02亿元。

▲5月10日晚，河源市城区道路积水严重。（来源：南方网）

▲5月11日，广州市从化区吕田镇一居民家中厨房遭水浸。（来源：《广州日报》）

▲5月12日，江门开平市月山镇内涝严重。（来源：江门交警）

▲5月12日傍晚，广州市海珠区民主直街出现水浸街，居民涉水出行。（来源：网易）

▲5月12日,中山市城区道路积水严重。(来源:网易)

▲5月12日,深圳市宝安区创业立交辅道被水淹,一名司机涉水查看深浅。(来源:《南方都市报》)

▲5月12日,佛山市高明区农作物受浸。(来源:《佛山日报》)

▲5月13日,暴雨后的中山市三乡镇航拍景象。(来源:中国气象局)

● 6月13—21日,受持续强降水影响,全省共有14个市、188.18万人受灾,死亡12人(其中4人因次生地质灾害死亡),失踪1人,造成直接经济损失147.26亿元。

▲6月13日,河源市连平县上坪镇部分房屋被淹。(来源:《南方都市报》)

▲6月13日,河源市连平县上坪镇出现洪水倒灌。(来源:光明网)

▲6月16日,广州市区珠江沿岸部分道路被上涨的江水淹浸。(来源:中国新闻网)

▲6月中旬,受持续强降雨影响,梅州市大埔县高陂镇遭洪水围困。(来源:腾讯网)

▲6月中旬,韶关市翁源县龙仙镇三华村大片农田、果园被淹。(来源:广东省农业农村厅)

▲6月中旬,河源市东源县遭遇连续性强降水,东江水位上涨,沿岸黄田镇的街道、房屋、农田积水严重。(来源:中国天气网)

▲6月19日,韶关市城区内涝严重,停放在路旁的车辆几乎被洪水淹没。(来源:《韶关日报》)

▲6月19—21日,受强降水影响,武江、浈江、北江水位暴涨,韶关市城区低洼地带被淹浸。(来源:中国天气网)

▲6月21日,清远市佛冈县下岳村多处民房被洪水淹浸。(来源:南方网)

▲6月22日,北江洪峰过境,清远英德市大站镇农田、房屋被淹浸。(来源:中国天气网)

▲6月下旬,清远英德市部分村庄被洪水包围。(来源:广东省军区)

▲6月,云浮市郁南县受洪涝灾害破坏后连片早稻绝收。(来源:广东省农业农村厅)

▲6月下旬,肇庆市封开县江口老城区沿江街道出现大面积水浸。(来源:南方网)

▲6月下旬,西江、贺江江水倒灌,肇庆市封开县城区一片汪洋。(来源:南方网)

热带气旋

● 7月2日15时,台风"暹芭"在茂名市电白区沿海地区登陆,全省18个市、共90.34万人受灾,造成直接经济损失36.54亿元。

▲茂名市一广告牌帆布被大风掀起。(来源:中国新闻网)

▲深圳市街边部分树木被大风吹断,影响交通出行。(来源:中国天气网)

▲佛山市南海区罗村部分车辆泡在积水中。(来源:《羊城晚报》)

▲深圳市街头遭水浸,影响市民出行。(来源:国家应急广播网)

▲受台风"暹芭"带来的风暴潮影响,珠海市区情侣北路附近海堤护栏受损严重。(来源:自然资源部南海局)

▲珠海市区情侣北路道路受淹严重。(来源:广东省自然资源厅)

强对流天气

▲6月19日7时20分左右,佛山市南海区大沥镇雅瑶村附近出现龙卷风。图为一处房屋屋顶被大风撕裂。(来源:环球网)

▲7月2日7时左右,潮州市潮安区浮洋镇出现龙卷风。图为一家工厂的铁皮棚顶被大风掀翻。(来源:网易)

▲7月4日7时10分左右,广州市黄埔区南岗街康南路111号附近出现龙卷风。图为龙卷风过后的受灾现场。(来源:广州市气象局)

▲7月4日16时49分左右,广州市花都区花山镇城西村附近出现龙卷风。图为龙卷风过后的受灾现场。(来源:广州市气象局)

▲7月4日15时30分左右,佛山市三水区云东海街道附近出现龙卷风。图为龙卷风过后现场一片混乱的景象。(来源:佛山市气象局)

防灾抗灾救灾

▲1月中旬，南海救助局广州基地应急队在深中通道矾石水道参与救助打捞沉船"穗富航628"任务。（来源：广东省海上搜救中心）

▲4月下旬，强降雨导致茂名市北界镇罗汉村多处出现山体滑坡。图为灾后抢修道路现场。（来源：搜狐网）

▲5月11日，江门恩平市市政工作人员在开展下水道口清淤疏浚工作。（来源：恩平市融媒体中心）

▲5月11日，清远英德市黎溪镇一辆轿车被洪水冲入河中，一名司机被困。图为消防救援人员到场紧急开展救援。（来源：新华社客户端APP）

▲5月11日，消防救援人员在河源市东源县利用橡皮艇转运被困人员。（来源：广东省消防救援总队）

▲5月12日，中山市公安局三乡分局全警上路，救助受灾群众，疏导路面交通。（来源：南方网）

▲5月12日,江门台山市长海桥水位超出公路,防汛干部及时清理杂物。(来源:新华社客户端APP)

▲5月12日,广州暴雨致一男子被困车内,南湖救援站消防员到场紧急救援转移。(来源:《新快报》)

▲5月12日,江门市新会区交警涉水冒雨将被困群众及汽车转移到安全地带。(来源:搜狐网)

▲5月12日晚,在省道S386线上,江门台山市蓝天救援队护送村民回家。(来源:《南方日报》)

▲6月8日,消防救援人员在全力处置茂名石化"6·8"泄漏爆炸事故现场。(来源:广东省消防救援总队)

▲6月11日,江门市消防救援支队救援人员在恩平市恩城镇转移被洪水围困的群众。(来源:中国新闻网)

▲6月13日,河源市东源县出现多处塌方并存在山体滑坡危险。图为市公路事务中心的工作人员在处置现场。(来源:《河源日报》)

▲6月13日,河源市连平县消防救援人员及时转移被洪水围困的群众。(来源:《南方都市报》)

▲6月13日,省道S244线韶关市始兴县隘子段发生塌方。图为当地公路养护中心组织人员和铲车进场清理。(来源:《羊城晚报》)

▲6月14日,受强降水影响,韶关市翁源县龙仙镇部分受灾群众被安置在贵联村村委会办公楼二楼避险。(来源:南方网)

▲6月14日,韶关市翁源县内涝严重,救援人员正在紧急转移受灾群众。(来源:《广州日报》)

▲6月14日,广州市从化区良口镇新岭街高速路出口被水淹,一名货车司机被困车内,消防救援人员正在紧急转移被困人员。(来源:南方网)

▲6月中旬，梅州市大埔县人民武装部民兵在高陂镇福地街转移被洪水围困的群众。（来源：大洋网）

▲6月18日，韶关市新丰县遥田镇部分民居房屋被淹，消防救援人员及时转移被困群众。（来源：《羊城晚报》）

▲6月19日，韶关消防车执行救援任务时遭遇山洪，在激流中顺利脱险，无人员受伤。图为脱险后消防车安全停靠至主街道区域。（来源：大洋网）

▲6月20日，受强降水影响，广东韶钢工程技术有限公司的铁轨被塌方的土块损坏。图为救援人员在抢修铁轨。（来源："南方+"客户端平台）

▲6月20日，广东消防救援人员在肇庆市封开县平凤镇转移被洪水围困的群众。（来源：《广州日报》）

▲6月22日，清远英德市大站镇大站社区的干部、志愿者驾驶冲锋舟转移受灾村民。（来源：中国天气网）

▲6月下旬，广东省军区连夜调度茂名军分区、梅州军分区的应急救援力量赶往英德市履行支援抗洪抢险任务。（来源：广东省军区）

▲6月23日，梅州市梅县区人民武装部民兵在英德市转移被洪水围困的群众。（来源：广东省军区）

▲7月2日，茂名市交警紧急处置倒伏在交通要道上的大树。（来源：中国新闻网）

▲7月3日，受台风"暹芭"影响，佛山市南海区水浸严重。图为一工作人员在积水路段进行下水道抢修作业。（来源：国家应急广播网）

▲7月5日，应急救援人员在清远英德市英红镇抢修防洪堤。（来源："清远广播电视台"微信公众号）

▲10月10日，消防救援人员在扑救梅州市五华县塑胶工艺厂厂房发生的火灾。（来源：广东省消防救援总队）

《广东省防灾减灾年鉴》编纂委员会

主　任：厉海帆　　广东省人民政府副秘书长
副主任：吴伟鹏　　广东省人民政府地方志办公室主任
　　　　钟友国　　广东省应急管理厅副厅长
　　　　谭浩波　　广东省气象局副局长
　　　　申宏星　　广东省水利厅副厅长
委　员（以姓氏笔画为序）：
　　　　王祖华　　广东省自然资源厅二级巡视员
　　　　朱遂文　　广东省统计局一级巡视员
　　　　李云新　　广东省林业局二级巡视员
　　　　李忠军　　广东省军区政治工作局副主任
　　　　吴焕泉　　广东省科学技术协会一级巡视员
　　　　沈　宁　　中国人民财产保险股份有限公司
　　　　　　　　　广东省分公司副总经理
　　　　罗世衍　　广东省生态环境厅副厅长
　　　　钟贻军　　广东省地震局副局长
　　　　袁奕之　　广东省消防救援总队副总队长
　　　　郭伟斌　　广东省海上搜救中心副主任
　　　　黄　飞　　广东省卫生健康委员会副主任
　　　　谢　健　　自然资源部南海局副局长
　　　　黎　明　　广东省农业农村厅党组副书记

《广东省防灾减灾年鉴》编辑部

总　编　辑：吴伟鹏
副总编辑：侯月祥　刘东玲
编　　辑：侯月祥　张　羽　何　健　刘东玲

《广东省防灾减灾年鉴》编写组

广东省应急管理厅	郭劲兵	庄淑莹	高　山
	王　旭		
广东省水利厅	苏华文	周兆黎	武海峰
	李树波	张炬恩	白　堃
广东省气象局	郑　璟	陈慧华	刘东玲
	刘爱君	刘运策	舒锋敏
	范伟建	陈卓煌	黄惺惺
广东省地震局	贾庆华	曾　毅	郑圣谈
	韦潇君	尹国盼	
自然资源部南海局	汤超莲	聂宇华	罗　军
	田丰歌		
广东省自然资源厅	邓　亮	傅培刚	
广东省农业农村厅	袁东辉	熊奎州	邓国东
	黄德超	张小强	关　歆
	贺书岚	姚国成	
广东省生态环境厅	刘伟龙	李乾双	孙士琪
广东省林业局	林绪平	叶燕华	冯　皓
	聂　庭	毛亦杨	刘春燕
	杨振意		
广东省卫生健康委员会	严汉平	吴晓程	郭方涛
	杨韬慧		
广东省海上搜救中心	庄奋泉	蒲高鹰	刘安仁
广东省军区政治工作局	胡　泊	闵晨阳	吴　楠
广东省消防救援总队	彭　科	沙洲洲	

序

广东地处典型气候脆弱区，是各种自然灾害多发省。主要自然灾害有台风、暴雨洪涝、干旱、寒冷、地震、泥石流、滑坡、赤潮和病虫害等，灾种多，灾期长，发生频率高，灾害重。据统计，1991—2022年，全省因自然灾害造成的直接经济损失平均每年约达150亿元，重灾年损失超过500亿元。随着广东省经济社会的发展和社会财富的增加，自然灾害造成的经济损失有相应增大的趋势。

中华人民共和国成立后，全省兴建了一大批水利工程，具备了防御中等洪水、暴潮的能力，85%的易涝面积得到整治；建成十大联围，可抵御50年一遇以上的洪水；灾害监测、预测、预报、预警工作得到重视，在20世纪末基本建成覆盖全省各种自然灾害的监测网络和自然灾害预测、预警系统。同时，加强了防灾减灾法制建设，全省防灾减灾工作逐步走向法制化、规范化、社会化。从20世纪80年代后期起，以行政首长负责制为主要内容的防灾减灾措施不断得到加强和完善，防灾预案不断健全优化。上述种种防灾减灾措施，使全省自然灾害损失和人员伤亡减少至最低限度。据专家研究，及时采取适当的防灾减灾措施可以减少30%以上的经济损失。

广东既是各种自然灾害多发省，也是经济大省，居住人口多，对外联系广泛，防灾减灾是一项长期、艰巨和责任重大的繁重任务。各级政府要认真贯彻中共二十大精神，以习近平新时代中国特色社会主义思想为指导，大力推进生态文明建设，把防灾减灾工作与经济建设、环境保护、城市规划、"三农"（农业、农村、农民）工作、新农村建设、振兴乡村发展战略等有机结合起来，与实现全面发展、协调发展、持续发展结合起来，真正为人民群众做好事、办实事、解难事。要进一步强化责任，建立和健全各种切实可行的防灾预案，加强自然灾害防御管理体系建设，提高对自然灾害的监测、预测、预报、预警能力，做好公众宣传，增强全社会忧患意识和防灾减灾意识。

1994年12月，省政府批准组织编写《广东省防灾减灾年鉴》（以下简称《年鉴》），至今已出版1995年卷至2022年卷，共28卷，约820万字。此次组织出版的即为2023年卷，主要载录2022年广东省自然灾害和防灾减灾等资料。《年鉴》整理、保存了丰富而宝贵的广东自然灾害资料，总结了防灾减灾工作成果、经验和教训，对全省和粤港澳大湾区防灾减灾工作起到了宣传、指导、推动和研究作用，产生了明显的社会效益。

《年鉴》的出版具有重要现实意义和历史意义。省政府和有关单位对《年鉴》编写和出版工作给予极大的关心和支持。希望各有关单位和工作人员继续总结经验，不断提高《年鉴》编纂质量，增加信息量，扩大发行量和宣传面，让《年鉴》在全省防灾减灾工作和经济社会发展中发挥越来越大的作用，在推进中国式现代化的广东实践，以及实现"四个走在全国前列"的创新发展中做出新的贡献。

谨向参加《年鉴》编写、出版和发行的各有关单位和同志表示衷心的感谢。

《广东省防灾减灾年鉴》编纂委员会

2023年10月

凡　　例

一、《广东省防灾减灾年鉴》是反映广东省自然灾害和防灾减灾状况的资料性工具书，1995年创刊，每年出版一卷。《年鉴》编纂工作系由广东省人民政府地方志办公室和广东省气象局负责组织，省直和中央驻穗各有关单位及广东省军区、广东省消防救援总队等合作完成。

二、本《年鉴》采取分类编辑法，设立基本栏目，栏目下为条目。本卷分别设立"概述""大事记""重大自然灾害事件""自然灾害分述""省直部分单位防灾减灾工作""各地级以上市灾情与防灾减灾工作""附录"七个栏目。

三、本卷所载有关内容和资料，均经供稿单位审核通过，由本《年鉴》首次公开发表。

四、本卷各项灾害数据，一般采用各主管部门或主办单位正式提供的数字。雨量资料主要采用气象站记录，部分来源于水文站。

五、本卷中的数字书写，按国务院1984年2月27日颁布的《中华人民共和国法定计量单位》和国家技术监督局1996年6月1日起实施的《出版物上数字用法的规定》执行。

六、全卷记述的地名除经国务院和地方政府正式命名或更名的外，一律沿用历史或习惯称谓，必要时加注乡名。科技术语、专业名词一律采用中文名称。机构名以印鉴为准，或使用规范简称。

七、本《年鉴》除必要时使用繁体字外，一律采用国务院1956年公布的《汉字简化方案》和1964年批准的《简化字总表》中的简化字。

八、本《年鉴》中，凡称"党的"均指中国共产党；凡称省委、市委、县（市、区）委、镇（区）委，均指中国共产党相应的地方组织；相关部门和单位概以"省××厅""省××局"出现，省略"广东"二字。

九、全卷除引用原文外，均以第三人称记述。文体采用现代汉语的记叙文或说明文形式。

十、本《年鉴》注释采用括注或在表格下编码脚注的方式，不编通码。

《广东省防灾减灾年鉴》编辑部
2023年10月

目 录

概 述

自然灾害概况 …………………… (2)
防灾减灾概况 …………………… (4)
防灾减灾组织体系 ……………… (6)
　【省级主要防灾减灾机构及其负责人】…
　……………………………… (6)
【广东省防灾减灾系统】…………… (7)
【广东省防汛防旱防风指挥系统】… (8)
【广东省防汛防旱防风主要措施】… (8)
【广东省海上搜救系统】…………… (10)
【广东省防震减灾救灾系统】……… (11)

大 事 记

1月 …………………………… (14)
2月 …………………………… (15)
3月 …………………………… (16)
4月 …………………………… (17)
5月 …………………………… (18)
6月 …………………………… (19)
7月 …………………………… (20)
8月 …………………………… (21)
9月 …………………………… (22)
10月 ………………………… (23)
11月 ………………………… (24)
12月 ………………………… (25)

重大自然灾害事件

寒潮 …………………………… (28)
5月10—15日暴雨 ……………… (29)
6月5—10日暴雨 ………………… (30)
6月13—21日暴雨 ……………… (31)
台风"暹芭" …………………… (32)
台风"马鞍" …………………… (33)

自然灾害分述

气象和水文灾害 ……………… (36)
　【基本气候特点】 …………… (36)
　【热带气旋】 ………………… (38)
　【暴雨洪水】 ………………… (43)
　【低温】 ……………………… (44)
　【高温】 ……………………… (45)
　【干旱】 ……………………… (46)
　【灰霾】 ……………………… (46)

【强对流天气】 …………………… (46)	【酸雨】 ………………………………… (64)
【雷电】 ………………………………… (48)	农田作物灾害和农田生物灾害 ………… (65)
地震灾害 ……………………………………… (52)	【农田作物灾害】 ……………………… (65)
【地震活动特点】 ……………………… (52)	【农田生物灾害】 ……………………… (66)
地质灾害 ……………………………………… (55)	畜禽疫病灾害 ………………………………… (73)
【灾害概况】 …………………………… (55)	【灾害概况】 …………………………… (73)
海洋与渔业灾害 ……………………………… (56)	【畜禽疫病新动态】 …………………… (73)
【船舶遇险】 …………………………… (56)	林业灾害 ……………………………………… (75)
【风暴潮】 ……………………………… (61)	【森林火灾】 …………………………… (75)
【赤潮】 ………………………………… (62)	【林业生物灾害】 ……………………… (75)
【咸潮入侵】 …………………………… (63)	城乡火灾 ……………………………………… (79)
【渔业灾害】 …………………………… (63)	【火灾概况】 …………………………… (79)
环境灾害 ……………………………………… (64)	【火灾特点】 …………………………… (79)
【突发事件】 …………………………… (64)	【较大火灾】 …………………………… (80)

省直部分单位防灾减灾工作

广东省应急管理厅 …………………………… (82)	【渔业防灾减灾】 ……………………… (108)
【防汛防旱防风措施】 ………………… (82)	自然资源部南海局 …………………………… (113)
【减灾救灾】 …………………………… (83)	【海洋观测】 …………………………… (113)
【森林防火减灾】 ……………………… (85)	【海洋预报】 …………………………… (114)
广东省气象局 ………………………………… (89)	【海洋灾害防御】 ……………………… (114)
【灾害性、关键性天气预报服务】 …… (89)	广东省生态环境厅 …………………………… (116)
【气象业务与现代化建设】 …………… (90)	广东省林业局 ………………………………… (120)
【农业气象服务】 ……………………… (92)	广东省卫生健康委员会 ……………………… (122)
广东省水利厅 ………………………………… (94)	【新冠肺炎疫情防控】 ………………… (122)
【水旱灾害防御】 ……………………… (94)	【法定报告传染病疫情防控】 ………… (124)
【水土保持措施】 ……………………… (96)	【突发急性传染病防控】 ……………… (125)
广东省地震局 ………………………………… (97)	【紧急医学救援】 ……………………… (125)
广东省自然资源厅 …………………………… (100)	广东省海上搜救中心 ………………………… (127)
【地质防灾减灾措施】 ………………… (100)	【海上人命救助简况】 ………………… (127)
【海洋防灾减灾】 ……………………… (101)	【搜救措施】 …………………………… (127)
广东省农业农村厅 …………………………… (103)	【成功搜救典型案例】 ………………… (129)
【作物救灾复产措施】 ………………… (103)	广东省消防救援总队 ………………………… (131)
【生物灾害防治措施】 ………………… (103)	中国人民解放军广东省军区 ………………… (134)
【畜禽防疫免疫措施】 ………………… (106)	

各地级以上市灾情与防灾减灾工作

各地级以上市灾情 ………… （138）
　【广州市】 ………… （138）
　【深圳市】 ………… （138）
　【珠海市】 ………… （138）
　【汕头市】 ………… （139）
　【佛山市】 ………… （139）
　【韶关市】 ………… （140）
　【河源市】 ………… （140）
　【梅州市】 ………… （141）
　【惠州市】 ………… （141）
　【汕尾市】 ………… （142）
　【东莞市】 ………… （142）
　【中山市】 ………… （143）
　【江门市】 ………… （143）
　【阳江市】 ………… （144）
　【湛江市】 ………… （144）
　【茂名市】 ………… （144）
　【肇庆市】 ………… （145）
　【清远市】 ………… （145）
　【潮州市】 ………… （145）
　【揭阳市】 ………… （146）
　【云浮市】 ………… （146）

各地级以上市防灾减灾工作 ………… （147）
　【广州市】 ………… （147）
　【深圳市】 ………… （148）
　【珠海市】 ………… （149）
　【汕头市】 ………… （150）
　【佛山市】 ………… （152）
　【韶关市】 ………… （153）
　【河源市】 ………… （154）
　【梅州市】 ………… （155）
　【惠州市】 ………… （156）
　【汕尾市】 ………… （156）
　【东莞市】 ………… （157）
　【中山市】 ………… （158）
　【江门市】 ………… （159）
　【阳江市】 ………… （160）
　【湛江市】 ………… （161）
　【茂名市】 ………… （162）
　【肇庆市】 ………… （163）
　【清远市】 ………… （163）
　【潮州市】 ………… （165）
　【揭阳市】 ………… （166）
　【云浮市】 ………… （167）

附　录

文件法规 ………… （170）
　广东省第十三届人民代表大会常务委员会公告（第127号） ………… （170）
　广东省气候资源保护和开发利用条例 ………… （171）
防灾减灾文摘 ………… （174）
　全省上下"一盘棋" 共战超强"龙舟水" 干群同心汇聚　防汛救灾复产强大合力 ………… （174）
　风雨无情人有情　广东气象助力构筑美好人居环境 ………… （177）

编　后　记

概 述

自然灾害概况

2022年，受拉尼娜事件和西太平洋副热带高压异常偏强等的影响，广东气候明显异常，极端天气气候事件多发，暴雨洪涝和台风灾害严重。主要气象与水文灾害特点有：全省先后出现19次强降水过程，平均降水量2057.6毫米，较常年偏多14%；前汛期出现近20年最强5月暴雨过程以及有气象记录以来第三强的"龙舟水"，其中，6月13—21日的持续强降水导致北江发生超百年一遇洪水，多灾种叠加导致广东受灾极重，造成重大人员伤亡和财产损失；全年有6个热带气旋（"暹芭""木兰""马鞍""尼格""纳沙"以及一个热带低压）登陆或严重影响广东，其中，受台风"暹芭"及其外围环流影响，广东先后出现5个陆地龙卷风和2个海上龙卷风；9—10月温高雨少，气象干旱严重。

据省应急管理厅统计，受暴雨洪涝、热带气旋、风雹、干旱等自然灾害影响，全年全省累计有440.35万人次受灾，紧急转移安置24.92万人次，因灾死亡18人（含因地质灾害死亡5人）、失踪1人；倒塌房屋7139间，严重损坏房屋3641间，一般损坏房屋1.44万间；农作物受灾面积25.67万公顷，其中绝收面积4.55万公顷；造成直接经济损失224.93亿元。

据省水利厅统计，全年全省共有125条河流、172个站点（395站次）发生超警洪水，1233座水库超汛限水位。5月下旬至7月上旬，主要江河共发生8次编号洪水（西江4次、北江3次、韩江1次），为1949年以来最多。受暴雨洪水影响，全省163宗水库、1814处堤防（长度234.5公里）等水利工程设施出现不同程度损坏，直接经济损失41.2亿元。受2020—2021年持续旱情影响，2022年初东江、韩江及粤东地区水库蓄水持续偏少，大中型水库蓄水最低时较多年同期偏少27%，10宗大中型水库处于死水位以下；全省11个地级以上市和港澳地区城乡近5000万人口饮水受影响，15.04万公顷农作物受旱。

全省共发生雷电灾害134起，造成直接经济损失517.96万元、间接经济损失968.98万元。其中，雷灾造成人员伤亡事故4起，死亡7人（含强对流造成死亡5人）、受伤1人。

全年共发生突发性地质灾害352处，造成7人死亡、1人失踪、3人受伤，直接经济损失1.63亿元。

省地震台网全年共记录3.0级以上地震6次，最大级别为3月14日发生在惠东海域的4.1级地震。

省海上搜救中心全年共接报遇险船舶391艘，其中，获救347艘，沉没44艘；遇险人数2083人，其中，救起遇险生还者2011人，死亡、失踪72人。

全年共发生森林火灾45起，火场总面积为625.81公顷，其中，受害森林面积270.14公顷，因森林火灾死亡1人。

全年共发生城乡火灾5.56万起，因火灾死亡123人（含人为放火案件死亡38人），受伤233人（含人为放火案件受伤18人），造成直接财产损失7.1亿元。未发生重大以上火灾事故。

全年林业有害生物发生危害面积44.73万公顷；农作物病虫草鼠螺害发生面积1876.13万公顷次，损失粮食50.24万吨、经济作物69.25万吨；渔业因病害造成直接经济损失2.23亿元。

广东省2022年主要自然灾害灾情发生情况如表1所示。

表1　2022年广东省主要自然灾害灾情统计表

灾种		发生时间/名称	受灾人口（万人次）	农业受灾面积（万公顷次）	倒塌房屋（间）	伤亡（人）		直接经济损失（亿元）
						受伤	死亡、失踪	
寒潮		2月19—22日	1.11	0.57	18	—	—	1.71
		5月10—15日	35.37	1.95	55	—	—	9.02
暴雨洪涝		6月5—10日	4.97	0.29	118	—	—	1.9
		6月13—21日	188.18	10	6046	—	13	147.26
热带气旋		7月2—7日（台风"暹芭"）	90.34	11.88	423	—	—	36.54
		8月8—11日（热带风暴"木兰"）	7.97	0.01	17	—	—	0.26
		8月24—26日（台风"马鞍"）	50.72	0.11	58	—	—	0.86
		11月1—3日（台风"尼格"）	1.92	0.06	—	—	—	0.24
强对流		7—9月	—	—	—	—	5	—
雷击①		1—12月	—	—	—	1	2	—
地质灾害②		1—12月	—	—	—	3	4	—
环境污染③		1—12月	—	0.02	—	—	—	0.03
海难		1—12月	—	—	—	—	72	—
赤潮		1—12月	—	2.25	—	—	—	—
病虫害	农业④	1—12月	—	—	—	—	—	15.45
	林业	1—12月	—	44.73	—	—	—	—
	渔业	1—12月	—	0.53	—	—	—	2.23
森林火灾		1—12月	—	0.06	—	—	—	—
城乡火灾		1—12月	—	—	—	233	123	7.1
合计		全年	380.58	72.46	6735	237	219	222.6

注：①引发的灾害情况已在"强对流"灾害中纳入统计，不计入此处。②引发的灾害情况已在"暴雨洪涝"灾害中纳入统计，不计入此处。③主要对渔业生产造成影响。④含粮食作物32.84万吨、经济作物62.54万吨。

防灾减灾概况

2022年，受拉尼娜事件和西太平洋副热带高压异常偏强等的影响，广东省极端灾害天气频现，强对流、暴雨洪涝、热带气旋等致各地不同程度受灾，局部地区灾情严重。在省委、省政府的坚强领导下，各级党委、政府及各部门以人为本，全力组织做好防灾、抗灾、救灾工作并取得显著成效。

省应急管理厅坚持以人为本，有力有序有效开展三防等工作，确保人民群众生命财产安全，把灾害损失降至最低程度。全年全省共启动应急响应10次、累计时长达1272小时；累计投入抢险救援人员74.42万人，提前转移危险区域群众155万人次；累计启动省Ⅳ级救灾应急响应1次、省Ⅲ级救灾应急响应1次，下拨省级生活救助资金4.2亿元和中央生活救助资金1.26亿元；组织全省939户"全倒户"、583户"严损户"开展倒损房屋恢复重建。全省受理野外违规用火等行政案件456起，查处行政案件419起，行政处罚404人；发布高温和森林火险信息2022条，发布森林火险预警信号1362站次；累计排查森林防火区内火灾隐患1.15万处，发放整改通知书1755份，建立火灾隐患排查整治台账3461份，整改火灾隐患1.07万处。

省军区按照上级统一部署，组织部队官兵、民兵预备役人员参加抢险救灾，先后参与龙舟水等多次强降水、台风等防御、救灾行动，累计出动民兵37.62万人次、车辆5861台次、机械设备469台次、冲锋舟（橡皮艇）668艘次，解救转移群众8万多人，医疗救治8人，挖掘遗体5具，抢运物资766吨，搬运土石6470立方米，加固堤坝3.6公里，抢修道路105.4公里，清淤3.6万立方米，疏通河道1100米，运水0.8吨，扑灭山火2524.5亩，打隔离带12.2公里，为保卫人民群众生命财产安全做出了重大贡献。

全省消防救援队伍全力做好灭火和灾害救援等工作。圆满完成党的二十大、庆祝香港回归祖国25周年系列活动和第14届珠海国际航展消防安保任务，成功处置茂名石化"6·8"泄漏爆燃事故，妥善应对北江流域特大洪水抗洪抢险等急难险重任务。全省消防救援机构累计检查单位17.2万家，整改隐患4.5万处，查封960家，"三停"1467家，罚款8991.1万元；全省镇街消防工作机构累计检查单位65万多家，清理违规住人16.7万多人，督促"三合一"场所防火分隔11.4万多处，拆除违章建筑7.8万多处、防盗铁栅栏8.3万多处。

省气象局精准预报寒潮、多个热带气旋、多次强降水和强对流天气过程，并为省政府领导、部门及公众及时做好相关服务。建立全省龙卷风监测预报预警业务流程，广州、佛山二市成功预警3个龙卷风。全力做好6个登陆或严重影响广东的热带气旋和19场大范围强降水过程的相关监测预报预警服务。全省台站共发布台风、暴雨等灾害性天气预警信号9.59万次。人工影响天气作业有效增加降水量约6.3亿立方米。

省水利厅织密织牢水旱灾害防御网，狠抓各项防御措施落实，最大限度减少灾害损失。全年全省累计出动5.9万人次巡查水库1.5万宗次、7.1万人次巡查堤防5.7万段次，预置抢险队伍764支、2.3万人；累计指导有效处置险情1331处；组织207宗大中型水库、334宗拦河闸坝动态控泄、拦洪削峰，累计预泄腾库约7亿立方米，拦洪92.83亿立方米，滞洪3.08亿立方米；

减淹城镇284个，减淹耕地445.82万亩，避免人员转移296万人次。同时，狠抓水土流失治理，全省共治理水土流失面积868.50平方千米。

省自然资源厅坚持人民至上，抓好汛期防御，抓好隐患点综合治理，地质灾害防治工作取得显著成效。全年全省共发布地质灾害气象风险预警654次；出动巡排查人员30.8万人次，巡查隐患点、风险点14.4万处次，转移避险12万人。完成自然资源部下达的870处普适性专业监测点和51处风险区监测点建设任务。完成4处大型以上隐患点避险搬迁新址建设、82处大型以上隐患点工程治理主体工程建设、1022处中小型隐患点综合治理工作。积极开展海洋观测、海洋预警预报、海洋灾害风险防范和海洋生态预警监测等工作。

省农业农村厅全力抓好农业防灾减灾工作。全年共调拨省级应急储备水稻种子28.06万千克支持灾区补种；下拨中央农业生产救灾资金1600万元和省级救灾资金9000万元，支持做好各项农业救灾复产工作。全省农作物病虫草鼠螺防治面积2375.47万公顷，挽回农作物损失850多万吨。全年全省共监测动物血清和病原样品54万多份次，监测主要动物疫病20种；共出具电子检疫证明5000多万份；查验动物运输车辆8万多车次。监测水产养殖面积1.5万公顷。

省林业局积极开展林业有害生物监测、防治、检疫、立法和宣传等工作。全省实施林业有害生物监测调查面积4641.73万公顷次，监测覆盖率达100%；全省实施防治作业面积77.07万公顷次。未出现"重大有害生物灾害"和"特别重大有害生物灾害"级别事件，全面完成国家林草局下达的年度防治目标任务。

省海上搜救中心加强"一案三制"（搜救预案以及搜救法制、体制、机制）建设，强化沟通合作机制，做好灾害预防预警。全年共接报有关海难事故378宗；协调组织派出参与救助船舶7689艘次、飞机124架次；救起遇险生还者2011人，搜救成功率为96.5%。

省地震局强化震情跟踪监测，有效应对地震突发事件。高效有序处置惠东海域4.1级、河源3.6级等7次省内有感地震和台湾省6.9级等3次省外对广东省有影响的地震。圆满完成党的二十大、香港回归二十五周年等特殊时段134天的地震安全保障服务工作。

自然资源部南海局积极开展海洋观测、监测和预警报等海洋灾害防御减灾工作。全年共有5个10米、10个深海6米浮标站，4套海上油气平台，15艘志愿船、59艘搭载船开展业务化运行；浮标数据接收率达96.6%，油气平台数据接收率达99.9%，志愿船接收观测数据27万多组，搭载船接收观测数据34万多组。全年发布风暴潮警报33期、海浪警报89期。

省生态环境厅持续深入打好污染防治攻坚战，生态环境质量保持高位改善，生态安全得到有效保障，环境治理能力持续提升。全年深度治理涉VOCs（volatile organic compounds，挥发性有机化合物）排放企业2139家；累计完成清理整治入海排污口308个；全省累计办理生态环境损害赔偿案件339宗，涉及金额12.17亿元；妥善办理19.6万宗生态环境信访举报案件；全省共查处环境违法案件7890宗。

省卫生健康委员会积极做好新冠肺炎等突发急性传染病疫情防控和灾害事件应急。2022年12月初至2023年1月底，全省21个地级以上市顺利渡过首波感染、门急诊就诊、重症"三个高峰"，取得疫情防控过渡转段的重大决定性胜利。2022年共处置7起"一般"及以上级别突发公共卫生事件，所有突发急性传染病疫情均得到科学、及时和有效的处置。加强北江干流洪灾后的卫生指导和监督，全省累计派出1071支医疗防疫队、共3995人次到受灾地及安置点开展医疗保障、卫生防疫、疫情监测指导等工作。

防灾减灾组织体系

广东省各类自然灾害的防灾减灾工作由省政府统一管理，并通过下属机构和有关职能部门具体执行，实行行政首长负责制。

【省级主要防灾减灾机构及其负责人】

1. 广东省减灾委员会
   主任：张虎（省委常委、常务副省长）
   副主任：胡洪（省政府副秘书长）
   副主任兼办公室主任：王再华（省应急管理厅厅长）

2. 广东省防汛防旱防风总指挥部
   总指挥：张虎（省委常委、常务副省长）
   副总指挥兼办公室主任：王再华（省应急管理厅厅长）

3. 广东省森林防灭火指挥部
   总指挥：张虎（省委常委、常务副省长）
   副总指挥兼办公室主任：王再华（省应急管理厅厅长）

4. 广东省海上搜救中心
   主任：林涛（副省长）
   办公室主任：郭伟斌（广东海事局副局长）

5. 广东省防震减灾工作联席会议
   召集人：张虎（省委常委、常务副省长）

【广东省防灾减灾系统】

广东省防灾减灾系统情况如图 1 所示。

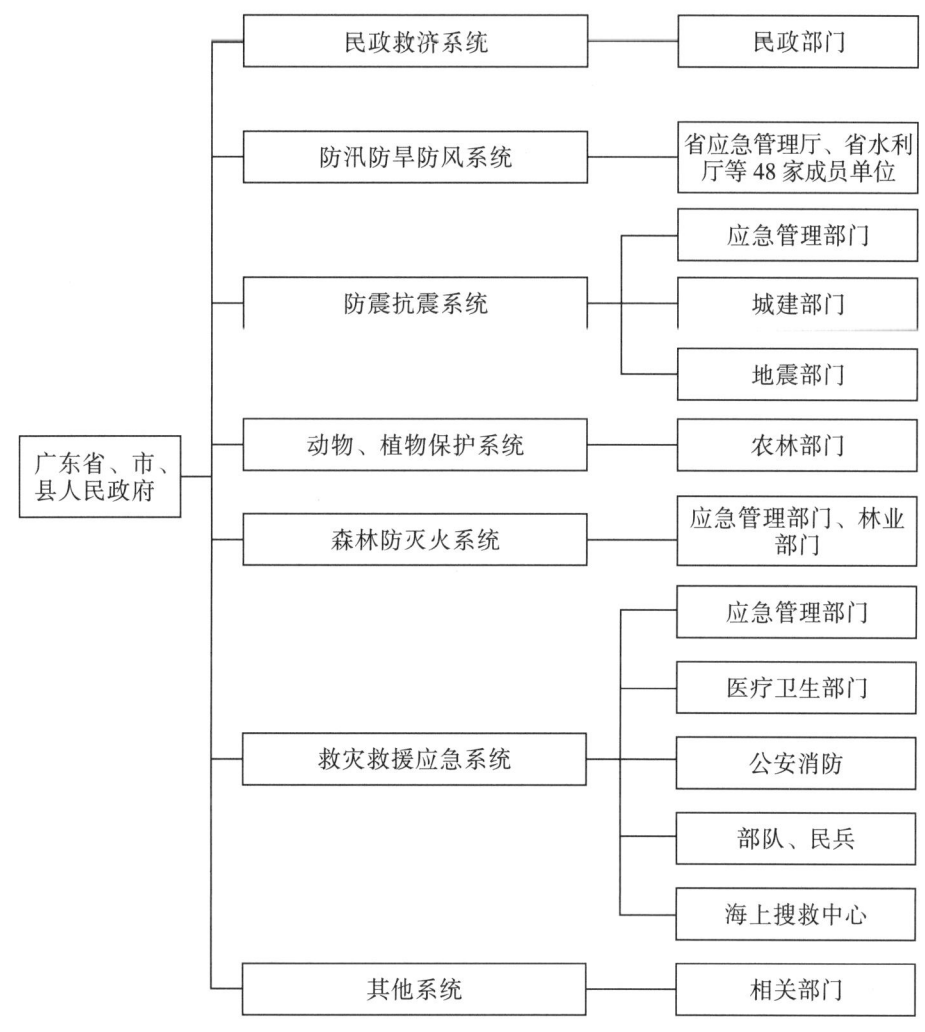

图 1　广东省防灾减灾系统示意图

在广东省防灾减灾系统中，广东省防汛防旱防风总指挥部成员单位包括：省应急管理厅、省水利厅、省气象局、南部战区联合参谋部作战局、省军区战备建设局、武警广东省总队、省消防救援总队、省委宣传部、省发展改革委、省教育厅、省工业和信息化厅、省公安厅、省民政厅、省财政厅、省人力资源和社会保障厅、省自然资源厅、省生态环境厅、省住房城乡建设厅、省交通运输厅、省农业农村厅、省商务厅、省文化和旅游厅、省卫生健康委、省海洋综合执法总队、省市场监管局、省广电局、省能源局、省水文局、民航中南管理局、广东银保监局、省通信管理局、省地震局、广东海事局、自然资源部南海局、粤海控股集团、省能源集团、省交通集团、省建工集团、中国铁路广州局集团公司、广东电网公司、省红十字会、中国移动广东分公司、中国电信广东分公司、中国联通广东分公司、中国铁塔广东分公司、中石化广东石油分公司、中石化销售有限公司华南分公司、中国石油天然气股份有限公司广东销售分公司。

【广东省防汛防旱防风指挥系统】

广东省防汛防旱防风指挥系统情况如图 2 所示。

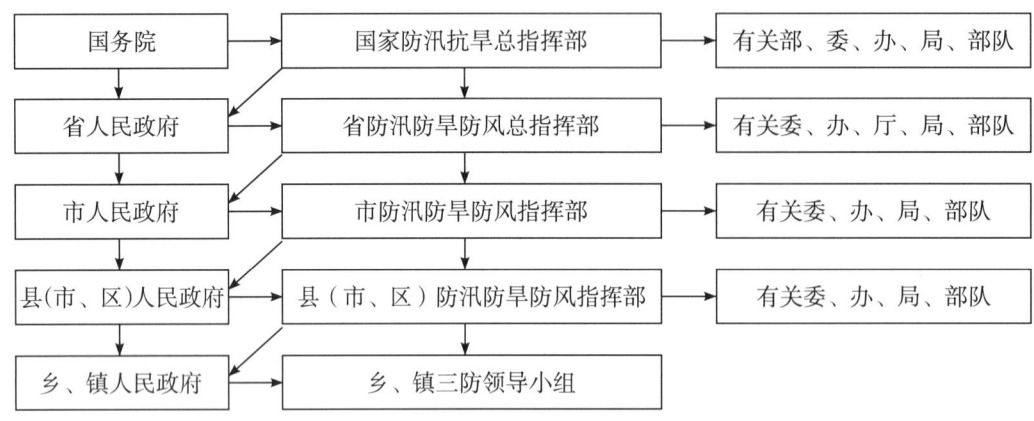

图 2　广东省防汛防旱防风指挥系统示意图

【广东省防汛防旱防风主要措施】

广东省防汛防旱防风主要措施包括工程措施和非工程措施两大类。

工程措施：通过防御、调蓄、疏导、分泄等手段，包括修建防洪防潮堤围、水闸、水库、蓄滞洪区、提水站、排涝站，以及修渠打井、水土保持、营造防风林带等，减小或免除水旱风灾威胁和危害。

非工程措施：通过法律、政策、行政、经济、技术、管理等手段，包括建立以行政首长负责制为核心的三防责任制体系，气象、水文、海洋监测预报，三防信息系统和三防应急预案，土地使用管理，河道清障，洪泛区划分，以及抢险救援、防灾保险等，提高各级三防减灾能力，减小灾害影响，把灾害损失降至最低限度。

广东省防汛防旱防风主要措施具体如图 3 所示。

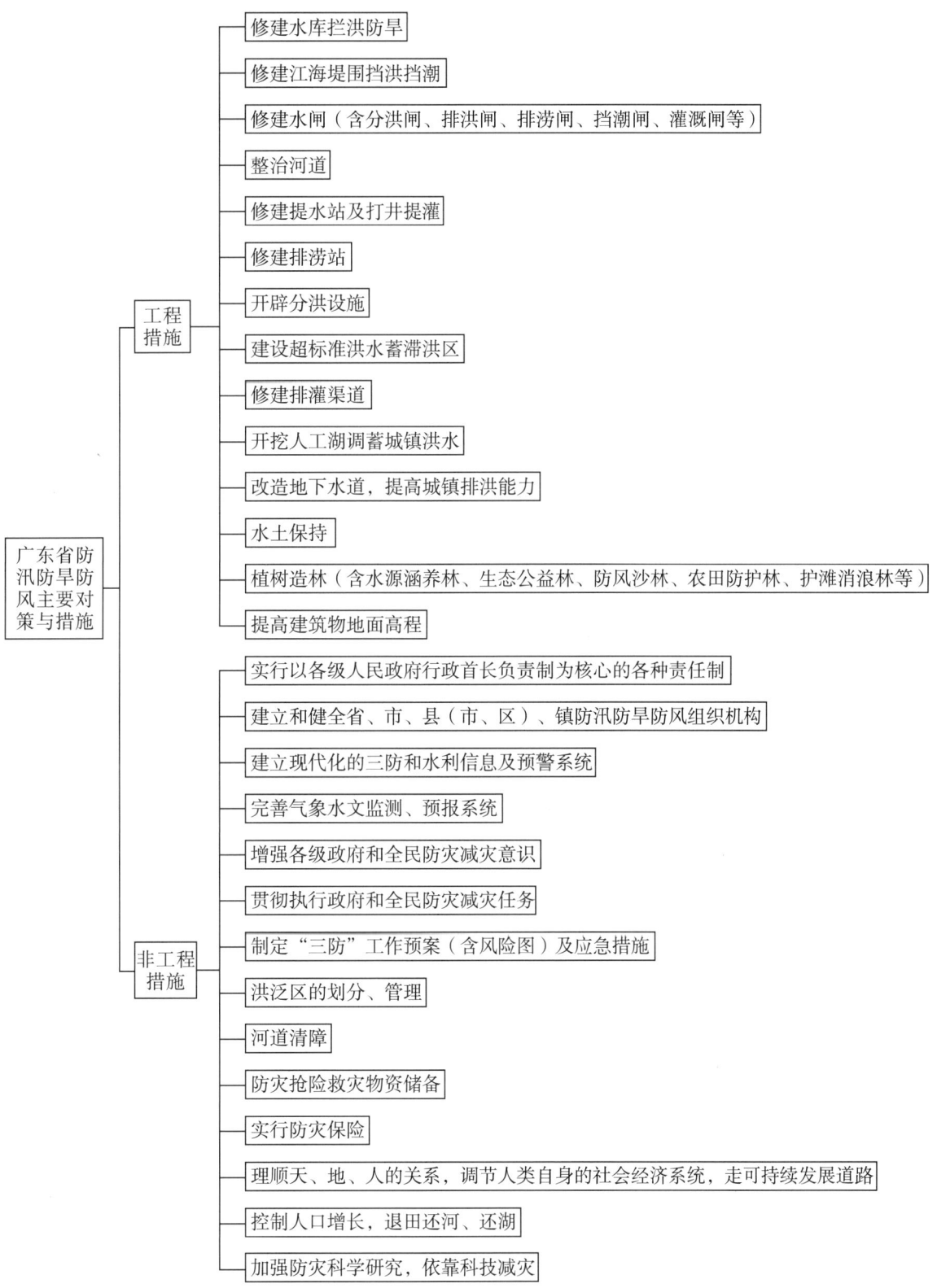

图3 广东省防汛防旱防风主要措施示意图

【广东省海上搜救系统】

广东省海上搜救系统情况如图4所示。

图4　广东省海上搜救系统示意图（分中心序列按照成立先后排列）

【广东省防震减灾救灾系统】

广东省防震减灾救灾系统情况如图 5 所示。

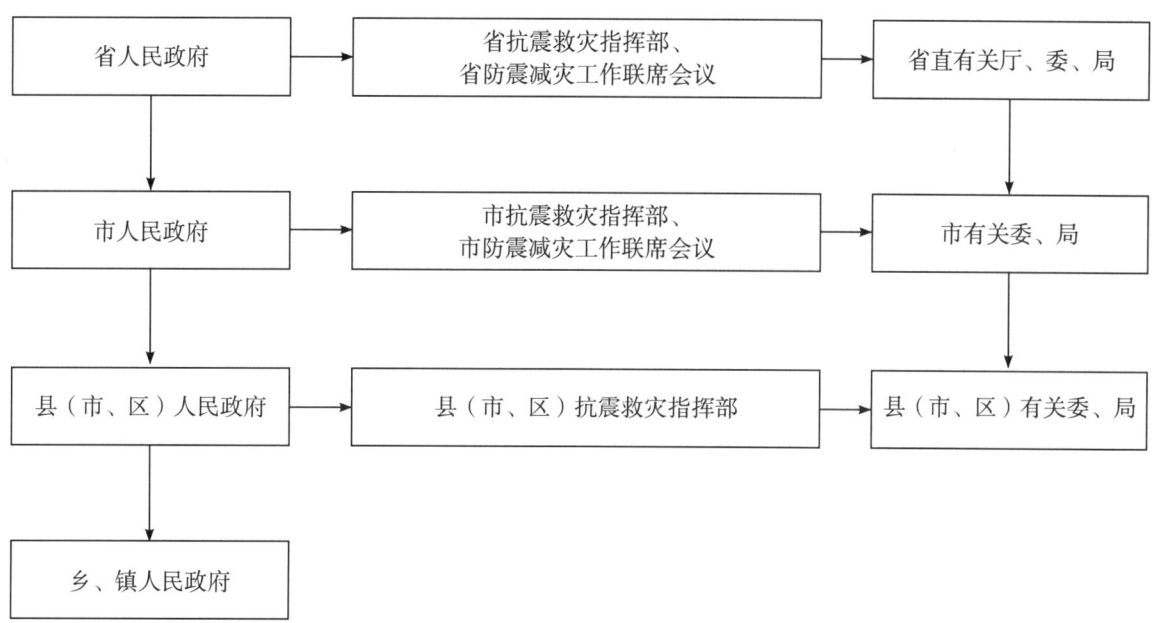

图 5　广东省防震减灾救灾系统示意图

在广东省防震减灾救灾系统中，省防震减灾工作联席会议的成员单位包括：省地震局、省军区战备建设局、省委宣传部、省发展改革委、省教育厅、省科技厅、省公安厅、省司法厅、省财政厅、省自然资源厅、省住房和城乡建设厅、省交通运输厅、省水利厅、省农业农村厅、省卫生健康委、省应急管理厅、省广播电视局、省通信管理局、省气象局、省粮食和物资储备局、省消防救援总队、广东电网有限责任公司、中国人民财产保险股份有限公司广东分公司。

大 事 记

1 月

上旬 省防总联合工作组先后到汕头市、东莞市检查指导防旱抗旱工作。

13 日 省安委办主任、省应急管理厅厅长王中丙率队到佛山市开展节前应急管理工作调研督导检查。先后前往顺德区容桂镇德龙智造科技园、大良街道应急指挥中心、大良水利闸站群控中心和佛山市森林消防综合救援队进行调研督导检查。

中旬 省防总对韶关市应急管理局等 6 个单位和广州市防汛防旱防风应急救援指挥中心耿春荣等 70 名同志予以通报表扬。

23 日 12 时 38 分，位于清远市佛冈县石角镇的树茶（广东）餐饮服务有限公司（店铺招牌为"星茶 LABTEA"）发生火灾，造成 5 人死亡，过火面积 300 平方米。

下旬 省应急委员会办公室、省应急管理厅公布第四届广东省应急管理专家委员会专家名单，共 513 名。

28 日 下午，省安委办、省减灾办、省应急管理厅召开 2022 年第一季度全省防控重大风险形势综合会商研判会，分析研判风险形势并提出综合防范建议。

30 日 省委常委、省人大常委会副主任叶贞琴主持召开春节安全防范工作调度会，对春节冬奥会期间安全防范工作进行再动员、再部署。

2月

7日 6时,河源市东源县(北纬23.85°,东经114.51°)发生3.1级地震,震源深度8千米。

8日 下午,省应急管理厅厅长王中丙主持召开自然灾害综合风险普查工作进展情况汇报会,听取全省第一次全国自然灾害综合风险普查工作进展情况,并对加快推进普查工作进行部署。

15日 省应急管理厅召开《河南郑州"7·20"特大暴雨灾害调查报告》学习座谈会,对全省防范重大自然灾害各项工作逐一进行查漏补缺,研究贯彻落实措施。省应急管理厅厅长王中丙出席会议并讲话。

19—22日 受强冷空气影响,广东省出现大范围降温和降雨天气,造成肇庆、清远、韶关、江门、茂名、惠州6市共1.11万人受灾,直接经济损失1.71亿元。

20日 省委常委、省人大常委会副主任叶贞琴到省应急指挥中心,传达省委、省政府主要领导对近期低温阴雨天气防御工作指示精神,并调度相关工作情况。省防总副总指挥王中丙、庄旭东出席会议。

25日 省应急委办公室、省应急管理厅召开第四届省应急管理专家委员会成立大会暨专家委员会组长会议。

3月

上旬 省森防指副总指挥、省应急管理厅厅长王中丙到广州市增城区派潭镇调研，直插基层、直奔一线，深入镇村检查指导森林防灭火工作。

11日 省森防指、省应急管理厅、省林业局召开广东省乡镇（派潭）森林防灭火工作规范化管理试点动员会，对试点工作进行再研究、再部署、再动员。

14日 2时28分，惠州市惠东县海域（北纬22.49°，东经115.06°）发生4.1级地震，震源深度25千米。

17日 上午，省森防指于国家森防指召开全国森林草原防灭火工作电视电话会议后，继续召开会议部署全省森林防灭火防御工作，落实全国会议精神，分析研判春防下阶段形势，重点对清明期间的防御工作进行再动员、再部署。

15—18日 省三防办、省应急管理厅组织举办2022年全省地级以上市、县（市、区）党政领导干部三防减灾专题研讨班。全省17个地级以上市常务副市长及28个县（市、区）常务副县（市、区）长参加培训。

19日 省委常委、常务副省长张虎召开强降雨强对流天气会商会，传达省委、省政府主要领导指示精神，研判近期强降雨强对流天气形势，对防御工作作出部署。

20日 省三防办、省应急管理厅召开全省防御强降雨强对流天气视频会议。

25日 省防总召开全省三防工作电视电话会议，分析当前三防形势，研究部署做好全年三防工作。

28日 省三防办主任、省应急管理厅厅长王中丙主持召开汛期防汛备汛工作情况汇报会。

4 月

7日 1时，位于佛山市南海区狮山镇街边社区的华南国际水果副食城A区1号大棚发生火灾，造成3人死亡、2人受伤，过火面积1080平方米。

19日 7时25分，阳江市阳西县（北纬21.87°，东经111.72°）发生3.5级地震，震源深度12千米。

21日 广东省安全生产委员会和消防安全委员会联合召开全省消防安全专项整治部署推进视频会议。

26日 上午，广东省召开防御强降雨强对流天气视频调度会，研判近期强降雨强对流天气防御形势，对防范应对工作进行再动员、再部署。省委常委、常务副省长张虎出席会议并讲话。省政府副秘书长胡洪主持会议，省应急管理厅厅长王中丙通报近期有关情况。韶关市委常委、常务副市长邹振宇，清远市委常委、常务副市长黄建平分别汇报当地强降雨防御工作情况。

27日 上午，省委常委、常务副省长张虎率省政府办公厅、省应急管理厅、省交通运输厅、省水利厅负责人赴清远市飞来峡水利枢纽检查防汛备汛工作。清远市委、市政府及省北江流域管理局、广东粤海控股集团有限公司负责人陪同检查。

下午，省安委办、省减灾办、省应急管理厅召开2022年第二季度全省防控重大风险形势综合会商研判会，总结第一季度全省自然灾害等安全防范有关情况，分析研判第二季度风险形势，提出综合防范建议。

5月

6日 福建森林消防总队广东肇庆驻防队伍撤防归建欢送仪式在肇庆市国防教育训练基地举行。省应急管理厅党委书记杜敏琪、肇庆市市长许晓雄参加活动。

10日 省委常委、常务副省长张虎连夜召开省防总全体成员会议，贯彻落实省委常委会扩大会议和全省强降雨防范视频调度会议精神，对做好当前防御工作进行再部署、再强化、再落实。省防总副总指挥以及省防总成员单位负责人参加会议。

10—15日 广东省出现大范围强降水，造成全省有20个市、共35.37万人受灾，直接经济损失9.02亿元。

12日 晚上，省防总召开全省强降雨防御工作会议，传达贯彻落实省委书记李希批示精神，对进一步做好当前防汛抢险救灾工作再研究、再强调、再部署。省委常委、常务副省长张虎主持会议，省应急管理厅厅长王中丙、省气象局局长庄旭东以及省防总各成员单位负责人参加会议。

20日 省委常委、常务副省长张虎召开全省强降雨防御工作视频会议，传达省委书记李希、省长王伟中有关批示（指示）精神，对"龙舟水"和未来几天降雨的防御工作进行研判部署。

6月

2日 省委常委、常务副省长张虎召开全省端午假期防汛和安全生产防范工作视频会议。省应急管理厅厅长王中丙、省气象局局长庄旭东、省消防救援总队总队长张明灿等相关负责人参加会议。

5日 下午，省防总副总指挥王中丙主持召开全省强降雨防御工作会议，深入贯彻落实省委、省政府主要领导批示（指示）精神，进一步研判分析近期的三防形势。

5—10日 广东省连续5天出现大范围强降水，造成全省共4.97万人受灾，直接经济损失1.9亿元。

6日 下午，省委常委、常务副省长张虎主持召开全省强降雨防御视频调度会议。

12日 22时30分，省委常委、常务副省长张虎主持召开新一轮强降雨防御形势分析研判会议。

13日 为深入学习贯彻中共中央总书记、国家主席、中央军委主席习近平关于防灾减灾救灾重要论述精神，省防总召开全省强降雨防御工作视频会议。

13—21日 受强降水影响，全省共有14个市、188.18万人受灾，死亡12人（其中4人因次生地质灾害死亡），失踪1人，89条河流发生超警洪水，造成直接经济损失147.26亿元。

14日 10时，省防总、省应急管理厅决定将防汛Ⅳ级应急响应提升到Ⅲ级。

晚上，省防总连夜组织召开"龙舟水"强降雨防御工作视频调度会。

17日 16时，省防总、省应急管理厅将防汛Ⅲ级应急响应提升到Ⅱ级。

21日 19时，省防总、省应急管理厅将防汛Ⅱ级应急响应提升到Ⅰ级。

25日 省防总工作组到佛山市、清远市检查指导防汛救灾复产工作。

30日 10时，省防总、省应急管理厅启动防风Ⅳ级应急响应。当天组织召开全省防御台风视频会商部署会议，落实省委、省政府主要领导指示要求。省委常委、常务副省长张虎出席会议并讲话。

7 月

1 日 12 时，省防总、省应急管理厅将防风Ⅳ级应急响应提升到Ⅲ级。

下午，召开全省防御台风"暹芭"视频会商会，对防御工作进行再动员、再部署。省委常委、常务副省长张虎出席会议并讲话，省应急管理厅、省气象局主要领导以及省防总有关成员单位负责人参加会议。

2 日 凌晨，"福景001"轮（工程船，30人）在阳江闸坡海域2号锚地防台时走锚遇险。经省海上搜救中心和阳江市海上搜救中心组织搜救，最终成功救起4人，打捞起遇难者遗体25具，1人失踪。

2 日 8时30分，省防总、省应急管理厅将防风Ⅲ级应急响应提升到Ⅱ级。

23时，省防总、省应急管理厅启动防汛Ⅲ级应急响应。

2 日 15时，台风"暹芭"在茂名市电白区沿海地区登陆，造成全省共18个市、90.34万人受灾，直接经济损失36.54亿元。

4 日 晚上，省政府召开全省防汛工作视频会议。省长王伟中出席会议并讲话，省领导张虎、孙志洋、王志忠以及广州市市长郭永航、深圳市市长覃伟中参加会议。

19 日 肇庆市封开县江口街道一河堤发生塌方，事件导致2名在岸边钓鱼的人员落水。当地海事部门接报后迅速将落水人员安全救起。

22 日 下午，省安委办、省应急管理厅组织召开全省沿海地区水上运输和渔业船舶安全风险防范工作视频会议。省应急管理厅厅长王中丙、广东海事局局长庄则平出席会议并讲话。

25 日 上午，广东省森林防灭火指挥长培训班在广州市举行开班仪式。

下午，省政府召开全省高温天气安全防范工作电视电话会议，深入贯彻落实习近平总书记关于安全生产工作的重要论述精神，按照省委、省政府主要领导要求，专题部署高温天气安全防范应对工作。省委常委、常务副省长张虎出席会议并讲话。

29 日 下午，省安委办、省减灾办、省应急管理厅召开2022年第三季度全省防控重大风险形势综合会商研判会。

8 月

1 日 省长王伟中主持召开省政府常务会议，要求全面落实防汛、防台风、防强降雨和安全生产工作。

2 日 省委常委会召开会议，深入学习贯彻习近平总书记关于防汛救灾工作的重要指示精神，研究部署近期强降雨防范工作。省委书记李希主持会议。

下午，省应急管理厅厅长王中丙主持召开全省强降雨防御工作视频调度会。

8 日 18 时，省防总、省应急管理厅启动防风Ⅳ级应急响应。

晚上，省防总召开全省防台风会商部署视频会议。省委常委、常务副省长张虎出席会议并讲话，副省长孙志洋主持会议。

9 日 15 时，省防总、省应急管理厅将防风Ⅳ级应急响应提升到Ⅲ级。

晚上，省委常委、常务副省长张虎在省应急管理厅指挥中心组织召开防御台风"木兰"会商研判会。省防总相关成员单位负责人参加会议。

22 日 全省三防工作电视电话会议后，继续召开省三防总指挥部全体会议，对做好台风"马鞍"防御工作进行再部署、再落实。省委书记李希出席会议并讲话。省委副书记、省长王伟中主持会议。

17 时，省防总、省应急管理厅启动防风Ⅳ级应急响应。

23 日 下午，省委常委、常务副省长张虎主持召开防台风会商调度会议。

21 时，省防总、省应急管理厅将防风Ⅳ级应急响应提升到Ⅲ级。

24 日 22 时 50 分，省委常委、常务副省长张虎在省应急指挥中心主持召开防御台风"马鞍"视频会商会。

25 日 10 时 30 分，台风"马鞍"以强热带风暴级别在茂名市电白区登陆。台风造成深圳、珠海、江门、湛江、茂名、肇庆、惠州、汕尾、阳江、云浮共 10 个地级以上市、50.72 万人受灾，直接经济损失 8555 万元。

30 日 上午，省森林防灭火指挥部办公室召开 2022 年秋冬季全省森林火险形势分析会。

本月 省应急管理厅厅长王中丙先后到珠海、江门市实地调研应急管理工作，要求防台风必须落实"六个百分百"。珠海市市长黄志豪、江门市常务副市长刘杰等参加调研。

9 月

2 日 10 时 58 分，位于东莞市清溪镇长山头村清溪大道 62 号的东莞市园仔山食用菌有限公司发生火灾，造成 7 人死亡，过火面积 1 万平方米。

9 日 上午，省森林防灭火指挥部办公室、省应急管理厅、省林业局联合举办广东省 2022 年"森林防灭火宣传月"活动线上线下启动仪式，全省 21 个地级以上市、123 个县（市、区）现场同步展开。

11 日 晚上，木质渔船"粤潮阳渔 11178"与不明船舶在汕头市海门港以南约 12 海里处发生碰撞，"粤潮阳渔 11178"翻沉，船上 7 名渔民落水。经多日搜救，最终 2 人获救，5 人死亡。

21 日 下午，省森林防灭火指挥部办公室组织召开全省秋冬季森林防灭火工作电视电话会议，深入分析研判当前形势，对做好全省秋冬季森林防灭火工作进行再动员、再部署、再推进。省委常委、常务副省长张虎出席会议并讲话。

23 日 省应急管理厅组织举行应急救援现场指挥部搭建演练实操，并开展实战演练。

26 日 省委常委、常务副省长张虎主持召开防御台风"奥鹿"视频会商部署会议。

10 月

4 日　8 时，省应急管理厅指派广东鹏洋应急抢险队赶赴梅州兴宁市水口镇森林火灾现场，开设前线临时指挥部。

11 日　上午，广东首次配发大型排涝应急抢险装备至韶关、河源、梅州、清远、汕尾、茂名、云浮 7 个地级市，正式交付使用。

13 日　当天为第 33 个国际减灾日，省减灾办、省应急管理厅组织开展防灾减灾宣传教育活动。

14 日　副省长陈良贤主持召开全省防御台风视频会商部署会议。

15 日　省应急管理厅厅长王中丙主持召开全省防御台风"纳沙"工作视频会议。

19 日　副省长陈良贤召开防御台风"纳沙"会议，进一步研判防御形势，对当前防风和防火等工作进行再部署、再推进、再落实。

22 日　省防总召开防御台风视频会商部署会议。

28 日　省委常委、常务副省长张虎主持召开全省防御台风"尼格"会商部署会议。当天，省三防办、省应急管理厅发布重大天气情况通告，就做好台风"尼格"防御工作提出明确要求。

11 月

4 日 省应急管理厅厅长王中丙主持召开会议,研究乡村振兴驻镇帮镇扶村工作,推进清远市阳山县黄坌镇防灾减灾特色镇建设。

11 日 下午,省森防指召开全省森林防灭火工作电视电话会议。省森防指成员单位负责人、各地级以上市、县(市、区)森防指领导参加会议。

14 日 3 时 5 分,位于潮州市枫溪区詹厝村的啊盛摩托车维修店发生火灾,造成 3 人死亡,过火面积 106 平方米。

17 日 省应急管理厅厅长王中丙率队调研省自然灾害综合风险普查评估与区划工作。

12 月

7 日 上午，省应急管理厅厅长王中丙带队到省林火卫星监测中心调研指导，听取省林火卫星监测中心工作情况汇报。

12 日 省应急管理厅厅长王中丙主持召开低温冰冻防御研判会，传达省领导关于低温冰冻防御工作批示精神，分析近期冷空气发展态势，部署防御措施。

14 日 省应急管理厅、省林业局组织召开视频会商会，贯彻落实省委主要领导批示精神，分析当前森林防灭火工作态势，研究全面加强新形势下森林防灭火工作措施。

15 日 省防总召开防御低温冰冻天气会商部署视频会议。省委常委、常务副省长张虎出席会议并讲话。

21 日 1 时 3 分，河源市东源县（北纬 23.85°，东经 114.51°）发生 3.6 级地震，震源深度 8 千米。

22 日 凌晨，深圳市坪山区马峦街道心海城小区一民宅发生火灾，造成 3 人死亡、1 人受伤，过火面积 15 平方米。

28 日 省三防办、省森防办、省安委办、省应急管理厅发出通知，要求各地、各单位切实做好近期冷空气影响期间安全防范工作。

重大自然灾害事件

寒潮

2月19—22日，受强冷空气影响，广东省出现大范围降温和降雨天气，过程降温幅度6～12℃，粤北和珠三角地区连续出现2～5℃低温。其中，粤北高寒山区-3～0℃，清远市阳山县称架镇石坑崆录得全省最低气温-4.8℃（海拔1807米）；清远连州和连山、韶关乐昌和乳源、肇庆怀集的高寒山区出现雨夹雪和冰冻。惠东、紫金、惠阳3个县（市、区）达到寒潮级别，广州和恩平、遂溪等48个市、县（市、区）达到强冷空气级别。此次过程具有降水范围广、累积雨量大、低温时间长、山区冰冻多的特点。

全省平均累积雨量129.6毫米，较历史同期（17.5毫米）偏多6.4倍。连续5日出现稳定性降水，范围覆盖全省，各市普遍录得累积雨量90～150毫米，其中，江门台山市录得全省最大累积雨量243.5毫米。

此次降雨过程造成肇庆、清远、韶关、江门、茂名、惠州6个市、10个县（市、区）、1.11万人受灾，倒塌房屋18间，农作物受灾面积5670公顷，直接经济损失1.71亿元。

5月10—15日暴雨

5月10—15日，广东省出现大范围暴雨到大暴雨、局地特大暴雨，其中清远、珠海、江门、阳江、中山等地出现特大暴雨。本次过程是广东近20年最强的5月暴雨，具有暴雨范围广、持续时间长、累积雨量大、短时雨强强的特点。其中，江门台山市赤溪镇录得全省最大过程雨量939.9毫米，同时录得最大日雨量571.6毫米（12日）。

暴雨范围广：全省21个地级以上市（93个区县，全省占比76%）均出现日雨量超过100毫米的大暴雨及以上量级降水。其中，清远、珠海、江门、阳江、广州、中山、汕尾、深圳、佛山共9个市、17个县（市、区）出现日雨量超过250毫米的特大暴雨。

持续时间长：暴雨过程从5月10日早晨至14日早晨共持续4天。其中，阳江及珠三角沿海地区强降水持续4天，清远、河源南部、广州北部、惠州北部地区持续3天（10—12日）。

累积雨量大：10日6时至14日8时，全省平均雨量151.5毫米，中山、江门、汕尾、珠海、深圳、清远6市累积雨量超过500毫米。其中，中山市三乡镇录得全省最大累积雨量799.9毫米。其他累积雨量较大的站点有：江门台山市赤溪镇795.6毫米，汕尾市红海湾区遮浪街道701.8毫米，珠海市金湾区平沙镇677.3毫米，深圳市龙岗区南澳街道621.2毫米，清远市佛冈县石角镇516毫米。

短时雨强强：过程期间，大部分地区最大小时雨量达50～80毫米。其中，阳江市（阳东区、阳西县、江城区）、汕尾市（红海湾区）、珠海市（金湾区）、江门（台山市）最大小时雨量超过100毫米，阳江市阳东区大沟镇录得最大小时雨量149毫米（11日5—6时）。

此次强降水过程造成全省20个地级以上市、100个县（市、区）、35.37万人受灾，农作物受灾面积1.95万公顷，倒塌房屋55间，直接经济损失9.02亿元。

6月5—10日暴雨

6月5—10日，广东省连续5天出现大范围暴雨到大暴雨、局地特大暴雨过程，具有暴雨范围广、累积雨量大、持续时间长、短时雨强强的特点。

暴雨范围广：全省19个地级以上市（83个县区，全省占比63%）出现日雨量超过100毫米的大暴雨及以上量级降水。其中，茂名信宜、高州、化州和江门台山、汕尾城区、清远佛冈、惠州惠东、珠海金湾区共8个县（市、区）出现日雨量超过250毫米的特大暴雨，汕尾城区捷胜镇录得最大日雨量393.4毫米。

累积雨量大：5日8时至10日8时，全省平均雨量127.6毫米，汕尾、惠州、湛江、清远、茂名5市最大累积雨量超过400毫米。其中，汕尾城区捷胜镇录得全省最大累积雨量596.7毫米。其他累积雨量较大的站点有：惠州市惠东县平海镇484.6毫米，湛江廉江市高桥镇444.8毫米，清远市佛冈县高岗镇430.5毫米，茂名信宜市大成镇415.8毫米。

持续时间长：全省暴雨过程从6月5日下午至10日早晨共持续5天。其中，粤西北地区强降水持续5天，粤东地区持续4天，沿海地区持续3天。

短时雨强强：过程期间，大部分地区最大小时雨量40～60毫米，揭阳市揭西县、惠州市（大亚湾区、惠东县）、湛江雷州市最大小时雨量超过100毫米。其中，揭阳市揭西县金和镇录得最大小时雨量147.7毫米（6日16时），刷新揭阳市1小时雨量极值。

受此次强降水影响，全省共有11个市、4.97万人受灾，转移人口7544人，倒塌房屋118间，农作物受灾面积2875公顷，直接经济损失1.9亿元。

6月13—21日暴雨

6月13—21日，广东省连续9天出现大范围强降水，具有降水时间长、累积雨量大、暴雨落区重叠、多种灾害叠加的特点。

降水时间长：13—21日，各地出现大范围强降水，每日均有大暴雨及以上量级的降水。其中，14日和17—21日共6天局地出现特大暴雨。

累积雨量大：全省共有328个镇街录得超过250毫米的累积雨量，其中，清远英德市东华镇录得过程最大累积雨量990.5毫米，韶关市翁源县新江镇录得979.4毫米。有15个县（市、区）日雨量超过250毫米（特大暴雨量级）。

暴雨落区重叠：暴雨落区高度重叠，重复出现在粤北和珠三角北部地区。13—14日和18—21日，韶关、清远二市连续出现暴雨到大暴雨、局部特大暴雨。

多种灾害叠加：广东和周边省份多日持续强降水导致江河底水高、上游来水大，北江流域出现特大洪水，西江也出现近年少见的洪水。粤北地区出现严重的城乡积涝，山区地区出现严重的滑坡、泥石流等地质灾害。多灾种叠加，导致广东灾害极重。

此外，大部分地区还出现短时强降水和8级左右的雷暴大风。18日6时，江门开平市龙胜镇录得过程最大小时雨量109.3毫米；14日14时，阳江市阳西县织篢镇录得过程最大阵风27.2米/秒（10级）；16日傍晚广州市从化区、19日早晨佛山市南海区先后出现小龙卷风，分别持续约5分钟、1~2分钟。

此次强降水造成全省共有14个市、188.18万人受灾，转移人口30.08万人，死亡12人（其中4人因次生地质灾害死亡），失踪1人，倒塌房屋6046间，农作物受灾面积10万公顷，直接经济损失147.26亿元。

台风"暹芭"

6月30日8时,2022年第3号台风"暹芭"在南海中部从热带低压加强为热带风暴级,随后向西北方向移动,强度逐渐增加,并于7月2日15时以台风级别在茂名市电白区沿海地区登陆,登陆时中心附近最大风速35米/秒(12级),中心最低气压965百帕。"暹芭"登陆后继续向北偏西方向移动,强度缓慢减弱,2日22时从茂名化州移入广西玉林境内后缓慢向偏北方向移动,4日8时在桂林市境内停编(停止编号)。"暹芭"是2022年第一个登陆广东的台风,较常年偏晚7天,具有台风强度强、影响范围广、累积雨量大、台风龙卷多、致灾风险高的特点。

"暹芭"是近20年间登陆广东的最强南海"土"台风,与2001年登陆湛江的台风"榴莲"强度相当,也是继2015年台风"彩虹"以后登陆粤西的最强台风。"暹芭"影响期间,全省21个地市均出现日雨量超过100毫米的大暴雨,有14个地级以上市出现日雨量超过250毫米的特大暴雨。"暹芭"停编之后,其残余环流继续给广东带来强降水。据气象站点统计,7月2—7日,全省平均雨量为211.7毫米,茂名、阳江、江门、云浮、清远、韶关、汕头、汕尾等市过程雨量超过500毫米,其中,茂名信宜市大成镇录得全省最大过程雨量844.9毫米。7月1日8时至6日8时,录得累积雨量较大的站点有:清远市清城区飞来峡镇591毫米,阳江市阳西县新圩镇539.4毫米,云浮罗定市龙湾镇529毫米,汕头市潮南区峡山街道513毫米,江门台山市四九镇493.5毫米,韶关市乳源瑶族自治县大布镇488.2毫米,湛江市遂溪县北坡镇470.6毫米,河源市连平县隆街镇436毫米。

"暹芭"影响期间,南海中北部、北部湾海面、广东中西部海面、粤西沿海地区出现10～12级大风,阳江市阳西县大树岛录得最大阵风45.8米/秒(14级)。此外,受"暹芭"及其外围环流影响,广东先后出现5个陆地龙卷风(广州市花都区和黄埔区、佛山市三水区和西樵镇、潮州市潮安区)和2个海上龙卷风(汕头市南澳县、湛江吴川市),历史罕见。

受"暹芭"影响,全省有18个市、80个县(市、区)、90.34万人受灾,转移人口5.8万人,倒塌房屋423间,农作物受灾面积11.88万公顷,直接经济损失36.54亿元。

台风"马鞍"

8月22日11时，位于菲律宾以东洋面上的热带低压加强为2022年第9号台风"马鞍"；23日8时加强为强热带风暴，随后穿过菲律宾吕宋岛，快速向广东沿海方向移动；24日20时加强为台风；25日10时30分以强热带风暴级别在茂名市电白区沿海地区登陆，登陆时中心附近最大风速30米/秒（11级），中心最低气压982百帕。"马鞍"登陆后强度逐渐减弱并继续向西偏北方向移动，25日14时45分前后进入广西玉林市境内，后移入广西近海，25日夜间在越南二次登陆，26日8时减弱停编。

"马鞍"是2022年第一个登陆广东的西太平洋台风，具有移动速度快、结构不对称、风雨不均匀的特点。受其影响，江门和粤西地区出现暴雨到大暴雨、局部特大暴雨。其中，特大暴雨集中在湛江市徐闻县，珠三角南部和粤东地区出现大雨到暴雨、局部大暴雨，其余地区出现阵雨、局部大雨。据气象站点统计，8月24—26日，全省平均雨量35.1毫米，湛江市徐闻县角尾乡录得全省最大过程雨量275.7毫米，同时录得最大小时雨量85.1毫米（25日11时）。广东省中西部沿海地区和海面、南海北部海面出现平均风9～12级、阵风13～14级的大风，江门台山市川岛镇录得海岛最大阵风48.9米/秒（15级），阳江市阳东区东平镇录得陆地最大阵风45.8米/秒（14级）。

受其影响，8月24日8时至25日14时，广东省沿海出现10～152厘米的风暴增水，累计有17个潮位站水位超警戒，部分站点出现10～30年一遇的高潮位。其中，黄金站、三江口站出现30年一遇的最高潮位，北津港站出现2.45米最高潮位（十年一遇），过程最大增水为150厘米。

台风"马鞍"造成深圳、珠海、江门、湛江、茂名、肇庆、惠州、汕尾、阳江、云浮共10个地级以上市、52个县（市、区）、50.72万人受灾，倒塌房屋58间，农作物受灾面积1099公顷，直接经济损失8555万元。

自然灾害分述

气象和水文灾害

2022年，受拉尼娜事件和西太平洋副热带高压异常偏强等的影响，广东气候明显异常，极端天气气候事件多发，暴雨洪涝和台风灾害严重。广东天气气候总体特征是：开汛偏早，"龙舟水"强，降水极端洪涝严重，初台（首个登陆的台风）晚登陆台风多，高温日数多强度强，秋冬气象干旱明显。2022年广东气候总体上年景偏差。

【基本气候特点】

2022年，全省平均气温22.2℃，与常年基本持平，但各月气温起伏波动大，高温日数31.8天，为历史第二多，其中7月出现历史第二强高温过程；平均降水量2057.6毫米，较常年偏多14%，但阶段性明显。3月24日开汛，较常年偏早18天，前汛期出现近20年最强5月暴雨过程以及有气象记录以来第三强"龙舟水"，北江发生超百年一遇洪水。初台偏晚，全年有6个热带气旋登陆或严重影响广东省，登陆个数较历史平均偏多1.3个。2月出现历史同期少见的持续低温阴雨寡照天气。9—10月温高雨少，气象干旱严重。全省灰霾日数继续维持较低水平。

1月，全省平均气温15.1℃，较常年同期偏高1.6℃；全省平均降水量30.6毫米，较常年同期偏少40%。1月29—31日，受强冷空气自北向南影响，出现明显降温，曲江、封开和怀集3个站点达到寒潮标准；郁南、德庆、连平、信宜等19个站点达到强冷空气标准。2月，全省平均气温11.9℃，较常年同期偏低3.2℃，为2009年以来最低；全省平均降水量211.0毫米，较常年同期偏多2.7倍，为历史同期第三多。2月1—24日，受频繁南下的强冷空气和南支槽影响，全省出现持续低温阴雨寡照天气。其中，2月1—3日、19—21日还出现冬季暴雨，粤北山区出现冰冻。

春季（3—5月），全省平均气温22.1℃，较常年同期偏高0.2℃，其中3月偏高2.5℃，为有气象记录以来同期最高；4月偏低0.2℃，5月偏低1.9℃，为有气象记录以来同期最低。全省平均降水量565.5毫米，与常年同期持平，其中，3月偏多22%、4月偏少63%、5月偏多41%。3月下旬，受高空槽、切变线和冷空气的共同影响，全省大部出现大雨到暴雨、局部大暴雨的降水过程，降水频繁导致广东在3月24日开汛。5月10—15日，全省出现大范围暴雨到大暴雨、局地特大暴雨，其中，清远、珠海、江门、阳江、中山等地出现特大暴雨。此次强降水过程是广东近20年最强5月暴雨，造成全省35.37万人受灾，农作物受灾面积1.95万公顷，直接经济损失9.02亿元。

夏季（6—8月），全省平均气温28.4℃，较常年偏高0.2℃。其中，6月偏低0.3℃，7月偏高0.8℃，8月与常年持平。全省平均高温日数23.8天，较常年同期偏多5.8天。全省共出现7次大范围高温天气过程。全省平均降水量981.8毫米，较常年同期偏多18%；其中，6月和7月分别偏多36%和10%，8月与常年同期持平。6月5—10日，广东持续5天出现大范围暴雨到大暴雨、局地特大暴雨过程，造成全省4.97万人受灾，直接经济损失1.9亿元；6月13—21

日，广东出现降水时间长、累积雨量大、暴雨落区重叠、多种灾害叠加的区域性暴雨过程，造成全省188.18万人受灾，直接经济损失147.26亿元。广东和周边省份多日持续强降水导致江河底水高、上游来水大，北江流域出现超百年一遇的特大洪水，西江也出现近年少见的洪水。初台"暹芭"7月2日以台风级在茂名市电白区沿海地区登陆，较常年偏晚7天，是近20年登陆广东的最强南海"土"台风，并在广州、佛山、潮州、汕头、湛江5市激发了5个陆地龙卷风和2个海上龙卷风，历史罕见。7月9日—8月2日，出现持续25天的大范围高温天气过程。8月台风三连击，南海热带低压、台风"木兰"（热带风暴级）和"马鞍"（台风级）先后登陆广东，给广东带来一定的风雨影响。

秋季（9—11月），全省平均气温24.8℃，较常年同期偏高1.2℃，为历史同期最高。各月气温均较常年同期偏高，其中11月偏高达2.0℃，为历史同期最高。全省平均降水量248.9毫米，较常年同期偏少9%，其中9月偏少45%，仁化、五华、始兴、惠阳、丰顺等14个县（市、区）创历史同期最少纪录；10月偏少70%，乐昌、始兴、仁化、连平、曲江和连州等地滴雨未下；11月偏多2.2倍，为历史同期第三多，惠阳、翁源等10个县（市、区）降水破历史同期最多纪录。9月，广东平均高温日数6.9天，较常年同期偏多2.3天，为1951年以来历史同期第二多，其中9月10—20日全省连续11天出现高温过程。9—10月，广东天气气候总体呈现暖干特征，气象干旱持续发展；至10月31日，除粤西以外的大部地区出现中等以上的气象干旱，其中，18个县（市、区）为特旱，16个县（市、区）为重旱；进入11月后，随着降水增多，气象干旱逐步得到缓解。10月16—20日，受台风"纳沙"和冷空气叠加影响，广东海陆和南海海面持续出现大风。

12月，全省平均气温13.0℃，较常年同期偏低2.1℃；全省平均降水量19.7毫米，较常年同期偏少51%。11月29日—12月2日和12月16—19日的2次强冷空气过程给全省大部分地区带来明显降温和大风天气。

1. 气温

- **年平均气温**

2022年，全省平均气温22.2℃，较常年（22.1℃）偏高0.1℃。各地年平均气温介于19.5℃（连山）～24.2℃（徐闻）。清远北部、韶关大部、河源北部等地平均气温19.5～21℃，佛山东部、广州南部、东莞南部、深圳、中山、珠海、江门东部、阳江西南部、茂名南部和湛江大部等地平均气温23.0～24.2℃，其余地区21～23℃。与常年相比，湛江南部、茂名大部、云浮大部、江门西部、清远中部、汕尾大部、河源南部、潮州西部、揭阳南部及汕头等地平均气温偏低0.1～1.1℃，其余地区正常或偏高0.1～0.8℃。年内各月平均气温起伏波动明显：1月、3月和11月显著偏高，2月、5月和12月显著偏低；其中，3月和11月为有气象记录以来最高，全省分别有27个和47个县（市、区）月平均气温破历史同期最高纪录；5月为有气象记录以来最低，全省有28个县（市、区）月平均气温破历史同期最低纪录。

- **年极端最高气温**

2022年，全省各地年极端最高气温介于35.0℃（南澳）～40.2℃（始兴）。

- **年极端最低气温**

2022年，全省各地年极端最低气温介于-1.7℃（仁化）～8.1℃（徐闻）。

2. 降水

• 年降水量

2022年，全省平均降水量2057.6毫米，较常年（1798.8毫米）偏多14%。各地降水量介于1400.6毫米（南澳）～3610.1毫米（海丰），其中韶关市翁源县降水量为历史同期最多。韶关南部、清远大部、惠州南部、河源西部、汕尾、揭阳、广州北部、中山南部、珠海、江门大部、阳江、茂名东部和湛江南部等地介于2000.0～3610.1毫米，其余地区介于1400.6～2000.0毫米。与常年相比，广州东部、东莞、惠州西南部、深圳大部，以及茂名化州、梅州大埔等地降水偏少2%～8%，其余大部分地区偏多2%～56%。年内降水阶段性变化大，1月、4月、9月、10月、12月降水偏少，8月正常，其余各月均偏多。其中，2月显著偏多2.7倍，为历史同期第三多；4月显著偏少63%，珠海市斗门区、阳江市降水量为历史同期最少；10月显著偏少69%，曲江、连平、乳源等7个县（市、区）创历史同期最少纪录；11月显著偏多2.2倍，为历史同期第三多，惠阳、翁源等10个县（市、区）为历史同期最多；12月显著偏少51%。按气象行业标准，广东于3月24日开汛，较常年平均开汛日期（4月11日）偏早18天。

• 最大日雨量

5月10日20时—11日20时，珠海站录得雨量306.3毫米，为年内全省20时—次日20时最大日雨量。6月12日8时—13日8时，汕尾海丰站录得雨量238.4毫米，为年内全省8时—次日8时最大日雨量。

• 年雨日

2022年，全省各地年降水日数在118天（惠来、南澳）～173天（恩平）。与常年相比，湛江大部、茂名、阳江大部、云浮、江门大部、广州中部、惠州南部、河源东南部、梅州南部、汕尾、揭阳、汕尾及潮州等地偏多0.1～17.4天，其余地区偏少0.1～14.3天。

3. 日照

2022年，全省平均日照时数1856.5小时，较常年（1748.9小时）偏多6%。汕头、揭阳大部、潮州南部、汕尾沿海、梅州中部、湛江南部、茂名北部及清远局地日照时数介于2000.0～2930.6小时，其余大部分地区介于1856.5.8～2000.0小时。与常年相比，除清远连州市、湛江雷州市分别偏少13%、12%外，其余大部正常或偏多10%～55%。

【热带气旋】

2022年，西北太平洋和南海共有25个台风（中心附近最大风力≥8级）生成，生成个数接近常年（25.1个），其中有5个登陆中国。年内有6个热带气旋（"暹芭""木兰""马鞍""尼格""纳沙"和1个热带低压）登陆或严重影响广东省，较历史平均登陆数（3.7个）偏多1.3个。其中，未登陆广东的台风"纳沙"给广东带来持续大风影响。初台"暹芭"于7月2日在茂名沿海地区登陆，较常年偏晚7天。2022年广东台风具有初台和终台偏晚、登陆台风偏多的特点。据统计，2022年台风共导致全省163.77万人受灾，未造成人员死亡或失踪，农作物受灾面积11.98万公顷，倒塌房屋625间，直接经济损失48亿元。

1. 初台"暹芭"登陆茂名，较常年偏晚

7月2日15时，台风"暹芭"在茂名市电白区沿海地区登陆，登陆时中心附近最大风力12级（35米/秒），中心最低气压965百帕。"暹芭"影响期间，全省21个地市均出现日雨量超过100毫米的大暴雨，有14个地市出现日雨量超过250毫米的特大暴雨。"暹芭"停编之后，其残余环流继续给广东带来强降水。据气象站点统计，7月2—7日，全省平均雨量为211.7毫米，茂名、阳江、江门、云浮、清远、韶关、汕头、汕尾等市过程雨量超过500毫米，其中，茂名信宜市大成镇录得全省最大过程雨量844.9毫米。南海中北部、北部湾海面、广东中西部海面、粤西沿海地区出现10～12级大风，阳江市阳西县大树岛录得最大阵风45.8米/秒（14级）。此外，受"暹芭"及其外围环流影响，广东先后出现5个陆地龙卷风和2个海上龙卷风，历史罕见。受其影响，全省有90.34万人受灾，倒塌房屋423间，造成直接经济损失36.54亿元（详见"重大自然灾害事件"）。

2. 南海热带低压带来"解暑雨"

8月3日17时，南海北部的东风波动在汕尾东偏南方向约255公里的海面上发展为热带低压，随后向西北方向移动，于4日9时40分在惠州市惠东县沿海地区登陆，登陆时中心附近最大风力6级（13米/秒），中心最低气压1002百帕。热带低压登陆后风力进一步减弱，4日14时停编。受东风波动及其后来发展成的热带低压影响，8月3—5日，粤东、珠三角和粤西地区先后出现大雨到暴雨、局部大暴雨，粤北地区出现中到大雨、局部暴雨。据气象站点统计，3日8时—5日20时，全省平均雨量70.3毫米，其中，深圳市龙岗区葵涌街道录得全省最大累积雨量271.1毫米，清远市清新区禾云镇录得最大小时雨量93.3毫米（3日19时）。另外，广东省海面出现平均风6～7级、阵风8～10级的大风，珠江口外附近海面石油平台录得全省最大阵风32.4米/秒（11级）。南海热带低压带来的降水有效缓解7月9日—8月2日期间广东出现的大范围持续性高温炎热天气，解暑降温作用明显。

3. 台风"木兰"风雨明显

8月8日14时，位于南海中部的热带云团加强为热带低压，9日10时加强为热带风暴级，并于10日8时15分在湛江市徐闻县沿海地区登陆，登陆时中心附近最大风力8级（20米/秒），中心最低气压995百帕。台风"木兰"登陆后穿过雷州半岛移入北部湾海面，11时5时以热带低压级登陆越南北部沿海地区，随后继续减弱西行并于11日8时停编。

"木兰"是典型的南海"空心"台风，具有生命周期短、影响范围广、外围风雨大、局地雨强强的特点。受其影响，8月8—11日，粤西、珠三角南部和粤东地区出现暴雨到大暴雨，其中，阳江阳春和阳西、茂名电白和高州地区出现特大暴雨。据气象站点统计，8—11日，全省平均雨量84.9毫米，阳江市阳西县新圩镇录得全省最大过程雨量425.2毫米和最大日雨量311.2毫米（10日），阳西县程村镇录得最大小时雨量71.7毫米（10日15时），该站录得累积雨量达406.5毫米。此外，南海北部、广东省海面和沿海地区出现平均风7～9级、阵风10～11级的大风，江门台山市川岛镇录得最大阵风34.8米/秒（12级）。据统计，"木兰"造成韶关、珠海、湛江、茂名、梅州、汕尾、阳江、云浮共8个市、26个县（市、区）、7.97万人受灾，农作物受灾面积93.76公顷，倒塌房屋17间，直接经济损失2565万元。

4. 台风"马鞍"带来狂风骤雨

台风"马鞍"于25日10时30分以强热带风暴级别在茂名市电白区沿海地区登陆，登陆时

中心附近最大风速30米/秒（11级），中心最低气压982百帕。"马鞍"是2022年第一个登陆广东的西太平洋台风，具有移动速度快、结构不对称、风雨不均匀的特点。受其影响，江门和粤西地区出现暴雨到大暴雨、局部特大暴雨，其中，特大暴雨集中在湛江市徐闻县；珠三角南部和粤东地区出现大雨到暴雨、局部大暴雨，其余地区出现阵雨、局部大雨。广东省中西部沿海地区和海面、南海北部海面出现平均风9～12级、阵风13～14级的大风。8月24日8时至25日14时，广东省沿海出现10～152厘米的风暴增水，累计有17个潮位站水位超警戒，部分站点出现10～30年一遇高潮位。"马鞍"造成深圳、珠海、江门、湛江、茂名、肇庆、惠州、汕尾、阳江、云浮10个地级以上市、52个县（市、区）、50.72万人受灾，倒塌房屋58间，直接经济损失8555万元（详见"重大自然灾害事件"）。

5. 台风"纳沙"携手冷空气带来持续大风

10月15日14时，位于菲律宾以东洋面的热带低压发展为2022年第20号台风"纳沙"，之后不断向偏西方向移动，强度逐渐增强，16日14时加强为台风级，17日转向西南方向移动趋向海南南部海面，17日20时加强为强台风级，18日14时减弱为台风级，20日8时在北部湾南部海面减弱消失。受台风"纳沙"和冷空气叠加影响，10月16—20日，广东省海陆和南海海面持续出现大风，具有范围广、风力大、时间长的特点："纳沙"叠加冷空气影响，台湾海峡、广东省海面、琼州海峡、南海中北部海面、巴士海峡和北部湾海面均出现持续性大风；台湾海峡、广东省中东部海面和南海北部海面出现11～13级阵风，南海北部石油平台录得阵风44米/秒（14级），粤西海面阵风9～11级，海岛和高地也出现8～10级阵风。"纳沙"于16日进入南海后，南海中北部风力逐渐加大到8级，并持续至20日，大风持续时间超过4天。

6. 台风"尼格"11月登陆珠海

10月27日8时，2022年第22号台风"尼格"（热带风暴级）在菲律宾以东的西北太平洋洋面上生成。生成后最强达到台风级（12级，33米/秒），并于11月3日4时50分以热带低压强度在珠海市香洲区沿海地区登陆，登陆时中心附近最大风速15米/秒（7级），中心最低气压1002百帕。"尼格"为2022年登陆或影响广东的终台（最后一个登陆的台风），较常年偏晚37天。

"尼格"具有风大雨小、路径复杂的特点，"尼格"和冷空气叠加引起的海上大风持续时间长、影响范围广、瞬时阵风大，南海北部石油平台录得阵风42.1米/秒（14级）；受"尼格"和人工增雨作业共同影响，11月1—2日，粤东、珠三角部分地区和河源、梅州市出现中到大雨、局部暴雨降水。"尼格"造成珠海和惠州2个市、4个县（市、区）、1.92万人受灾，农作物受灾面积646公顷，直接经济损失2384万元。

2022年登陆中国、2022年影响广东的热带气旋的情况分别如表2、表3所示。

表2 2022年登陆中国的热带气旋情况一览表

中央台编号	国际编号	名称	最大强度	登陆时间	登陆地点	登陆时中心气压（百帕）	登陆时最大风力（级）	登陆时最大风速（米/秒）
2203	2203	暹芭	台风	7月2日15时	广东茂名	965	12	35
—	—	—	热带低压	8月4日9时40分	广东惠州	1002	6	13

(续上表)

中央台编号	国际编号	名称	最大强度	登陆时间	登陆地点	登陆时中心气压（百帕）	登陆时最大风力（级）	登陆时最大风速（米/秒）
2207	2207	木兰	热带风暴	8月10日8时15分	广东湛江	995	8	20
2209	2209	马鞍	台风	8月25日10时30分	广东茂名	982	11	30
2212	2212	梅花	强台风	9月14日20时30分	浙江舟山	965	13	40
				9月15日0时30分	上海奉贤	975	12	35
				9月16日0时	山东青岛	990	9	23
				9月16日11时25分	辽宁大连	992	9	23
2222	2222	尼格	台风	11月3日4时50分	广东珠海	1002	7	15

表3 2022年影响广东的热带气旋简况一览表

编号	名称	最大强度	影响起止日期	过程最大雨量及录得地区		风速①（米/秒）		
				雨量（毫米）	地区	最大风速	极大风速	大风影响日期
2203	暹芭	台风	6月30—7月5日	385.5	翁源	20.5（珠海）	30.5（上川岛）	7月2日
—	—	热带低压	8月3—5日	231.4	揭西	11.8（潮阳）	18.0（新丰）	8月3日② 8月4日③
2207	木兰	热带风暴	8月9—11日	245.8	上川岛	14.7（珠海）	24.2（上川岛）	8月10日
2209	马鞍	台风	8月24—26日	167.5	徐闻	19.4（上川岛）	31.9（上川岛）	8月25日
2220	纳沙	强台风	10月16—20日	73.4	徐闻	17.7（上川岛）	28.5（上川岛）	10月18日
2222	尼格	台风	11月1—3日	163.2	海丰	18.6（上川岛）	24.7（清远）	11月1日

注：①风速值后括号中的地区为该最大/极大风速录得地区。②该日期为极大风速影响期。③该日期为最大风速影响期。

台风"暹芭"、热带风暴"木兰"、台风"马鞍"、强台风"纳沙"和台风"尼格"的移动路径情况如图6、图7所示。

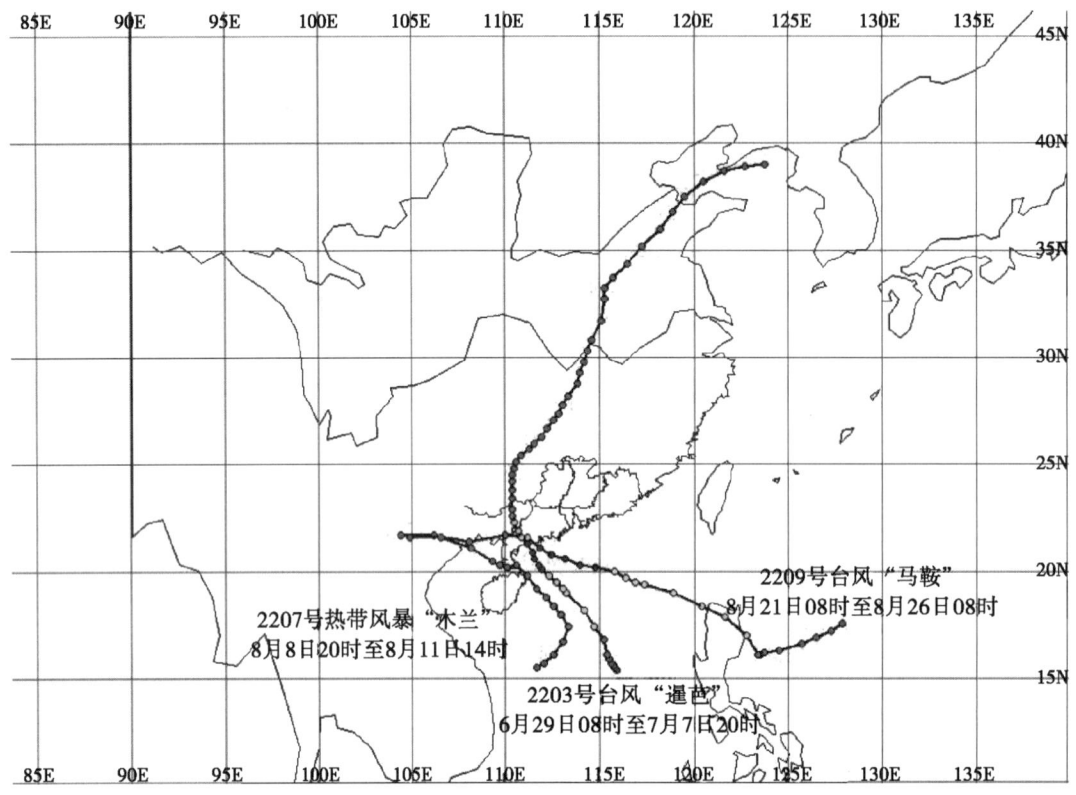

图6 台风"暹芭"、热带风暴"木兰"和台风"马鞍"的移动路径图

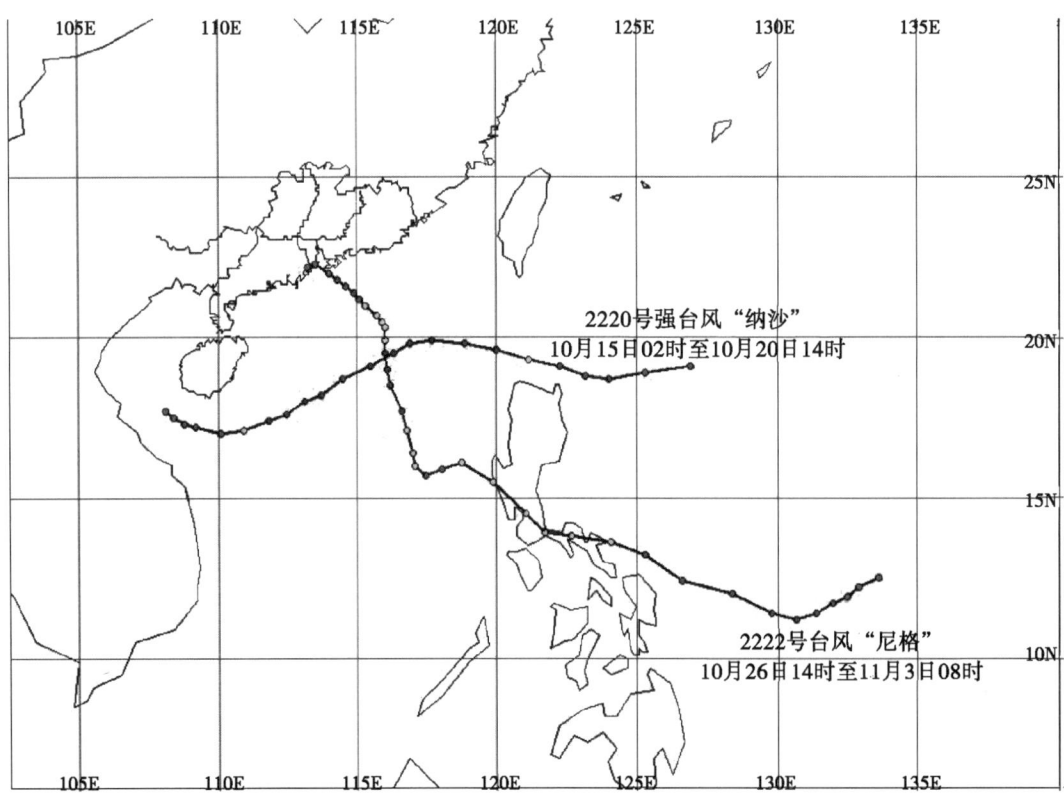

图7 强台风"纳沙"和台风"尼格"的移动路径图

【暴雨洪水】

2022年，全省共出现19次区域性暴雨过程，其中，5月出现近20年最强5月暴雨过程，6月13—21日北江出现超百年一遇洪水。全省共出现暴雨（日降水量≥50毫米）810站日，较常年（652站日）偏多24.2%。3月24日广东开汛，较常年开汛日期（4月11日）偏早18天。据统计，2022年洪涝灾害导致全省264.12万人受灾，8人死亡、1人失踪，农作物受灾面积12.43万公顷，直接经济损失168.24亿元。

1. 2月出现2次冬季暴雨

2月1—3日，受冷空气和南支槽影响，广东省大部出现连续较明显降水，梅州、河源、韶关等地出现大到暴雨。据气象站点统计，全省平均降水量48.5毫米，除沿海地市、清远西北部和韶关西北部外，全省大部分地区累积雨量超过50毫米。其中，韶关市新丰县黄礤镇录得最大过程雨量126.6毫米，3日梅州市蕉岭县长潭镇录得最大日雨量72.5毫米。此次降水过程一定程度上缓解了旱情，增加水库蓄水量和河流来水量，缓和了珠江河口强咸潮的影响和粤东地区供水的压力。

2月19—21日，受强冷空气影响，在自然降水和人工增雨的共同作用下，全省出现大范围冬季暴雨过程，云浮、阳江、江门、茂名、中山、汕头等地出现暴雨到大暴雨，粤北高寒山区出现雨夹雪和冻雨。据气象站点统计，全省平均降水量108.5毫米，各市普遍录得累计雨量50~150毫米，茂名信宜市合水镇录得最大过程雨量245.8毫米、最大日降水量119.9毫米。此次降水过程有效缓解了旱情，增加土壤墒情，利于山塘水库蓄水，为春耕春播提供了较好的墒情和水源保障，可谓春耕春播之及时雨。

2. 开汛偏早

3月23—25日，受较强冷空气影响，粤北地区出现暴雨、局部大暴雨，珠三角、粤东地区出现大雨到暴雨、局部大暴雨，粤西地区出现雷阵雨、局部大雨或暴雨，导致广东3月24日开汛，较常年开汛日期（4月11日）偏早18天。据气象站点统计，全省平均降水量75.1毫米，惠州市龙门县龙江镇录得最大过程雨量184.5毫米，东莞市寮步镇录得最大日雨量126.2毫米（24日）。

3. 近20年最强5月暴雨过程

5月10—15日，广东省出现大范围暴雨到大暴雨、局地特大暴雨，清远、珠海、江门、阳江、中山等地出现特大暴雨。本次过程具有暴雨范围广、持续时间长、累积雨量大、短时雨强强的特点，是广东近20年最强5月暴雨。据气象站点统计，全省平均降水量194.1毫米，共有57个站点录得超过250毫米的特大暴雨，899个站点录得100~250毫米的大暴雨。其中，江门台山市赤溪镇录得全省最大过程雨量939.9毫米，同时录得最大日雨量571.6毫米（12日）。中山市三乡镇、汕尾红海湾开发区、珠海市斗门区和金湾区等地也录得超过750毫米的过程雨量。此次强降水过程造成全省20个地级以上市、100个县（市、区）、35.37万人受灾，倒塌房屋55间，直接经济损失9.02亿元（详见"重大自然灾害事件"）。

4. "龙舟水"偏重，北江出现超百年一遇洪水

"龙舟水"期间（5月21日—6月21日），全省平均雨量514.5毫米，较常年同期偏多

54%，为有气象记录以来第三多，乐昌、翁源等18个县（市、区）"龙舟水"破历史纪录。其间每日均有区县出现暴雨，其中有26天出现大暴雨，12天出现特大暴雨。"龙舟水"空间分布严重不均，呈现异常的"北多南少"态势，主降水区高度集中在粤北地区。韶关、清远分别录得平均雨量847.2毫米、845.8毫米（比历史同期偏多1.9倍、1.3倍），双双刷新当地历史纪录。2022年"龙舟水"共造成全省193.15万人受灾，因灾死亡12人（其中4人因次生地质灾害死亡）、失踪1人，农作物受灾面积10.29万公顷，倒塌房屋6164间，直接经济损失149.16亿元。

6月5—10日，广东省持续5天出现大范围暴雨到大暴雨、局地特大暴雨。本次过程具有暴雨范围广、累积雨量大、持续时间长、短时雨强强的特点。全省19个地级以上市（83个县、市区，全省占比63%）出现日雨量超过100毫米的大暴雨及以上降水。5日8时—10日8时，全省平均雨量127.6毫米，汕尾、惠州、湛江、清远、茂名5市最大累积雨量超过400毫米；全省暴雨过程从6月5日下午至10日早晨持续5天。过程期间，大部分地区最大小时雨量40～60毫米，揭阳市揭西县、惠州市（大亚湾区、惠东县）、湛江雷州市最大小时雨量超过100毫米。此次强降水造成全省4.97万人受灾，倒塌房屋118间，直接经济损失1.9亿元（详见"重大自然灾害事件"）。

6月13—21日，广东省出现降水时间长、累积雨量大、暴雨落区重叠、多种灾害叠加的区域性暴雨过程。其间每日均有市、县（市、区）出现大暴雨及以上量级降水，其中14日和17—21日局地出现特大暴雨；全省共有328个镇街录得超过250毫米的累积雨量，其中，清远英德市东华镇录得过程最大累积雨量990.5毫米，韶关翁源县新江镇录得979.4毫米。有15个县（市、区）日雨量超过250毫米（特大暴雨量级）；此间暴雨重复出现在粤北和珠三角北部地区，13—14日和18—21日韶关、清远2市连续出现暴雨到大暴雨、局部特大暴雨。广东和周边省份多日持续强降水导致江河底水高、上游来水大，北江流域出现超百年一遇特大洪水，西江也出现近年少见的洪水。粤北地区出现严重的城乡积涝，山区出现严重的滑坡、泥石流等地质灾害，多灾种叠加，导致广东受灾极重。此次强降水造成全省188.18万人受灾，死亡12人（其中4人因次生地质灾害死亡），失踪1人，倒塌房屋6046间，直接经济损失147.26亿元（详见"重大自然灾害事件"）。

【低温】

2022年，全省平均低温日数（日最低气温≤5℃）为6.2天，较常年偏少2.4天。全省各地低温日数介于0～36天（连山），与常年相比，除清远西北部、汕尾海丰等地偏多1～6天外，其余大部分地区偏少1～8天。影响广东的冷空气总体偏弱，较强及以上冷空气过程（含寒潮）主要出现在1月、2月、3月、11月和12月。其中，2月出现历史同期少见的持续低温阴雨寡照天气。据统计，2022年低温冷冻共造成全省1.12万人受灾，农作物受灾面积5680公顷，直接经济损失1.71亿元。

1月29—31日，受强冷空气自北向南影响，全省出现明显降温，韶关北部、清远北部、粤东大部和湛江南部等地过程降温6～10℃，茂名北部、阳江北部、云浮大部、肇庆中部、佛山北部、清远东南部、广州北部、韶关南部和河源中部等地过程降温幅度达12～13℃，其余大部分地区过程降温达10～12℃。过程最低气温为粤北和肇庆北部地区3～5℃，其中高寒山区−2～3℃，南部沿海地区9～12℃，其余地区6～9℃。清远市连山30日录得全省过程最低气温1.9℃。曲江、封开和怀集3个测站达到寒潮标准，郁南、德庆、连平、信宜等19个测站达到强冷空气标准。

2月1—24日，受频繁南下的强冷空气和南支槽影响，全省出现持续低温阴雨寡照天气。此次过程具有阴雨寒冷时间长、降水显著偏多、日照显著偏少、粤北冰冻多的特点。全省平均气温11.3℃，较常年同期偏低3.6℃，为2009年以来同期最低；全省平均降水量211.0毫米，较常年同期偏多3.5倍，为历史同期第三多，也为1986年以来最多；平均日照时数为36.1小时，较常年同期偏少53%，其中1—13日日均日照时数不到1小时，四会、仁化地区持续无日照天数达13天。全省平均雨日15.4天，较常年同期偏多7.1天，其中仁化、连州、云浮、连南、乳源地区为20~21天，几乎天天下雨。粤北地区在1—3日、8—10日、19—22日出现低于5℃的低温天气，高海拔山区最低气温-3~1℃，出现雨雪冰冻天气。

2月19—22日，受强冷空气影响，全省出现大范围降温和降雨天气，过程降温幅度6~12℃，粤北和珠三角地区连续出现2~5℃的低温。其中，粤北高寒山区-3~0℃，清远市阳山县称架镇石坑崆录得全省最低气温-4.8℃（海拔1807米）；清远连州和连山、韶关乐昌和乳源、肇庆怀集高寒山区出现雨夹雪和冰冻。惠东、紫金、惠阳3个县（市、区）达到寒潮级别，广州、恩平、遂溪等48个县（市、区）达到强冷空气级别。此次过程造成全省1.11万人受灾，倒塌房屋18间，直接经济损失1.71亿元（详见"重大自然灾害事件"）。

11月29日—12月2日，受强冷空气影响，全省大部分地区出现明显降温和大风天气。强冷空气前锋29日早晨进入韶关北部和清远北部，29日白天影响粤北偏北地区，夜间南下影响全省，造成全省出现大范围降温，12月1日的日平均气温较11月30日仍有明显下降：中南部大部地区下降6~9℃，北部地区下降3~6℃。12月2日早晨出现本次过程的最低气温：粤北、肇庆西部地区2~5℃，其中高海拔山区-3~2℃，清远连州市三水南风坳录得最低气温-3.1℃，南部沿海地区10~12℃，其余地区6~10℃。粤北和珠三角陆地普遍出现5~7级、局部8级阵风。受此次强冷空气影响，全省天气阴冷，普遍出现小雨，局地出现大雨到暴雨。

【高温】

2022年，全省平均高温日数（日最高气温≥35℃）31.8天，较常年（21.5天）偏多10.3天，为有气象记录以来第二多（最多为2021年，42.9天）。各地高温日数介于1天（南澳）~67天（兴宁），从沿海向内陆递增，仁化、乳源等10个县（市、区）为有气象记录以来最多。梅州大部、河源中部和东北部、韶关中部和北部、清远中部和西北部、肇庆北部、佛山东北部、广州西部等地的高温日数超过40天，其中，兴宁高温日数达67天，为全省最多；而南澳仅出现一天高温日，为全省最少。与常年相比，除湛江中南部、茂名信宜、云浮西北及揭阳东南部等地高温日数偏少1~20天外，其余大部分偏多1~35天；其中，韶关中部和西北部、清远西北局部、肇庆西北局部、梅州北部、河源中部等地偏多20~35天。

6月—10月，全省共出现11次大范围高温天气过程：6月23—25日、6月28—29日、7月9日—8月2日、8月7日、8月14—17日、8月22—24日、8月27—30日、9月6日、9月10—20日、9月26—28日、10月3—4日。

7月9日—8月2日，受西北太平洋副热带高压影响，广东省连续25天出现大范围持续性高温天气过程。顺德、兴宁等32个县（市、区）高温日数（日最高气温≥35℃）创下历史同期最多纪录。其中，24—25日高温范围最广、强度最强，25日五华和高要的日最高气温（分别为

39.6℃和38.8℃）创本站历史新高；兴宁、花都和南海3个站平本站有气象记录以来极端最高气温纪录；25日顺德、29日惠阳和南雄分别录得38.8℃、38.7℃和39.8℃的日最高气温，创下本站7月极端最高气温纪录。根据广东省区域性高温过程综合强度指数，本次高温过程历史排名第二。

9月10—20日，全省连续11天出现高温过程，平均最高气温36.4℃，共有15站突破历史同期最高气温。其中，清远连州市录得36.4℃的最高气温（9月18日）。

【干旱】

9—10月，广东气候总体呈现暖干特征：全省平均气温（26.2℃）较常年同期偏高0.7℃，为有气象记录以来历史同期第六高；而全省平均降水量仅111.3毫米，较常年同期偏少51%，为历史同期第四少，其中，仁化、五华、南雄等22个县（市、区）为历史同期最少。暖干导致9月起粤东地区气象干旱开始露头，随后粤北、粤东和珠三角东侧地区的气象干旱持续发展，范围逐渐扩大。至10月31日，粤西以外的大部地区出现中等以上的气象干旱，其中，18个县（市、区）为特旱，16个县（市、区）为重旱，16个县（市、区）为中旱；进入11月后，随着降水增多，气象干旱逐步得到缓解；12月下旬，粤西部分地区气象干旱露头，4个县（市、区）出现中旱。

【灰霾】

2022年，全省平均灰霾日数为14.8天，较常年偏少26.3天，比上年少0.2天，为1980年以来第二低。从地域分布看，灰霾天气污染带与往年基本一致，主要分布在珠三角西部、粤西西南部及粤东个别地区。有27个观测站的灰霾日数超过全省平均水平，其中，全省灰霾日数较多的有10个站：廉江（93天）、遂溪（83天）、吴川（72天）、雷州（50天）、新会（50天）、丰顺（47天）、新兴（36天）、三水（35天）、鹤山（35天）、徐闻（34天）；全省灰霾日数较少的有7个站：连平（0天）、韶关（0天）、电白（0天）、蕉岭（1天）、大埔（1天）、河源（1天）、惠阳（1天）。灰霾天气主要发生在1月、3月和11月，夏季较少，冬春季较多。其中，1月最多，全省平均灰霾日数为5天；6月、7月和8月最少，均为0.1天。自2007年起，全省灰霾日数总体呈下降趋势。

【强对流天气】

1. 概况

2022年，广东首次强对流天气发生在3月17日，是日清远、梅州2市出现8级雷雨大风。年内影响广东的首次大范围强对流天气发生在6月6日，是日广州、东莞等11个地级以上市出现8～9级雷雨大风。前汛期影响广东范围最广的强对流天气发生在6月7日，是日深圳、阳江等14个地级以上市出现8～10级雷雨大风。后汛期影响广东范围最广（也是全年影响广东范围最大）的强对流天气出现在8月8日，是日广州、湛江等17个地级以上市出现8～11级雷雨大风。年内广东最后一次强对流天气过程发生在10月4日，是日河源市部分地区出现8～9级雷雨大风；同日河源、韶关2市的局部地区出现降雹天气。

全年广东省共有85个强对流日①。强对流天气以雷雨大风为主，冰雹、龙卷风也有发生。

2. 强对流天气区域分布

2022年，广东省各地级以上市均有强对流天气发生；出现天数较多的有佛山、肇庆和湛江，各有36天。

3. 强对流天气活动特点

2022年，首次强对流天气发生在3月17日，出现时间基本正常；最后一次强对流天气出现在10月4日，结束时间比常年稍晚。

年内强对流天气活动频繁。全年共出现强对流日85天（表4），其中，影响范围超过5个地级以上市的强对流天气过程共有35天。6月和8月强对流天气活动最为频繁，但4—5月强对流天气活动比常年异常偏少。

年内龙卷风天气在广东活动比常年异常频繁。全年出现龙卷风天气共有6天，分别发生在6月和7月。共有降雹天气6天，分别发生在3月、7月、9月和10月。

全年强对流天气非常强烈，雷雨大风极大风速达34.2米/秒（12级），分别出现在汕尾市海丰县赤坑镇流冲（6月9日）和东莞市凤岗镇凤平路（7月29日）。2022年广东省各地级以上市发生强对流天气天数情况如表5所示。

表4 2022年广东省强对流日情况一览表

月份	发生日期	天气现象	天数
3	17、22、26	雷雨大风、冰雹	3
4	22—26	雷雨大风	5
5	11、12、27、28、31	雷雨大风	5
6	1—4、6—16、19、20、26、27、29、30	雷雨大风、龙卷风	21
7	1、2、4—7、9、15—20、28—31	雷雨大风、冰雹、龙卷风	17
8	1—6、8、9、11、12、15—17、19、20、23、24、28—31	雷雨大风	21
9	1、7、8、11、12、14、15、17—20、24	雷雨大风、冰雹	12
10	4	雷雨大风、冰雹	1
合计			85

表5 2022年广东省各地级以上市发生强对流天气天数情况一览表

市别	天数	市别	天数	市别	天数
广州	34	惠州	18	韶关	25
佛山	36	河源	32	清远	23
深圳	16	汕头	8	肇庆	36

---

① 在一天之中，若在全省范围内有两个或两个以上的市、县（市、区）出现强对流天气，则定义为一个强对流日。

（续上表）

市别	天数	市别	天数	市别	天数
珠海	17	汕尾	13	云浮	18
中山	10	潮州	7	阳江	18
江门	23	揭阳	16	茂名	24
东莞	22	梅州	20	湛江	36

【雷电】

1. 灾害概况

2022年，全省防雷安全形势总体平稳。据调查统计，全省共发生雷电灾害134起，较上年减少34.12%；造成直接经济损失517.96万元、间接经济损失968.98万元。其中，雷灾造成人员伤亡事故4起，死亡7人、受伤1人。雷灾事故主要发生在湛江、汕头、广州3市的农村户外。

全省雷电活动频繁时段主要分布在13—19时，雷电活动集中在5—8月，雷电次数占全年雷电总数的91.24%，此时段也是雷灾高发时段。雷灾发生地区主要集中在珠三角和粤北地区，其中，东莞市雷灾事故总数最多（43起），其次是云浮（11起）。从事故所处区域看，农村雷灾事故18起，其中中山最多（4起）；从雷灾损失类别看，办公电子电器设备受损严重，占雷灾事故总数的78.36%；从雷灾发生行业分布看，住房建筑行业受雷电灾害影响最大，占雷灾事故总数的50%，其次是石化易燃行业。

2. 雷电灾害实例

• 3月

3月20日11时30分，位于珠海市香洲区人民东路2号的珠海市机关事务管理局市政府大院和市政协门卫室遭雷击，击坏消防控制主机回路板4块、消防栓按钮27套、室外监控光纤交换机7台、机械停车库控制柜内PLC控制单元28个、开关电源10个、交流接触器1个、总线控制盘1块，造成直接经济损失约9.1万元。

• 4月

4月23日20时，位于东莞市麻涌镇新沙港工业区的玖龙纸业（东莞）有限公司遭雷击，击坏消防防水控制设备1台，造成直接经济损失10万元、间接经济损失20万元。

• 5月

5月13日14时，位于东莞市茶山镇茶山站前路342号101室的广东新比克斯实业股份有限公司遭雷击，击坏S11-M-630Kva/10油浸式变压器1台，造成直接经济损失15万元、间接经济损失30万元。

• 6月

6月3日13时30分，位于惠州市大亚湾区的可隆（惠州）电子材料化工有限公司厂区遭雷击，损坏OC车间配电室的DCS控制柜里的4块主板和电源模块，损坏监控室的电脑1台、显示屏4个、路由/交换机3台和监控摄像头18个，损坏大门的电动机1台、OC车间的电子秤12台、消防主机主板1台，影响可燃气体报警系统的部分功能，造成直接经济损失约19.6万元。

自然灾害分述   49

6月3日15时10分，位于惠州市大亚湾区的中海油惠州石化有限公司228单元汽车装车装置遭雷击，击坏PLC装置的AI卡，损坏可燃气体报警仪3台、批控器输入板2块、电脑1台、打印机1台和显示器2个，造成直接经济损失约15万元。雷灾原因是该厂感应雷防护措施不够完善。

6月6日19时，中山市德俊仓储有限公司遭雷击，损坏办公室内的储罐液位监控系统、可燃气体报警系统、视频监控系统（中控室）、UPS电源系统，损坏电脑1台、打印机1台、摄像头21处，损坏罐区A区发油台自动装车设备（B1D 4发油系统仪表盘）、D区配电柜电源电气线路，造成直接经济损失约8万元。

6月7日1时，位于清远市清新区山塘镇的中交清远投资发展有限公司回澜收费站遭雷击，损坏收费站设备18件，造成直接经济损失7.3万元、间接经济损失7.3万元。

6月7日9时34分，在珠海市香洲区湾仔街道沿海路侧前山水道停靠的208艇、505艇及其附属浮动码头遭雷击，导致艇内空气开关、电路板、雷达天线、喇叭、接线盒、发电机主板等若干设备受损，浮动码头总配电箱内1个空气开关损坏，浮动码头内1个电锅炉、有线电视电缆分线箱损坏，造成直接经济损失约9万元。

6月7日12时10分，位于广州市黄埔区云埔街的广州立邦涂料有限公司遭雷击，烧毁可燃气体报警器45台，击坏摄像机及电子围栏相关设备44台，造成直接经济损失19万元。

6月7日24时16分，位于深圳市龙岗区宝龙街道的深圳九星印刷包装集团有限公司龙岗分公司遭雷击，部分电源开关跳闸，损坏设备设施包括：监控设备海康威视枪式摄像机5台、交换机5台，外围墙红外报警设备海威达报警主机1台、报警器6个、模块8个，门禁系统人脸识别终端2台、刷卡机1台、门禁控制器2台，地磅系统TP-LINK交换机1台，大堂保镖KVM切换器1台，造成直接经济损失6万元、间接损失25万元。

6月12日，广州市白云区广清高速公路庆丰收费站遭雷击，击坏车道计重设备2台，造成直接经济损失8.65万元、间接经济损失20万元。

6月12日12时，位于东莞市东城（街道）桑园社区银凯路2号的东莞市龙兴机动车检测有限公司遭雷击，击坏机动车环保检测线3条、机动车安全性能检测线1条、监控摄像头8个，造成直接经济损失8万元、间接经济损失16万元。

6月12日12时40分，位于河源市的广东省路桥建设发展有限公司汕湛分公司遭雷击，1台机电设备受损，造成直接经济损失10.52万元。

6月14日13时20分，茂名高州市秀观小学遭雷击，损坏教学楼内打印机2台、电脑2台、摄像枪5台、路由器5台、风扇6台、广播扩音器1台以及室外LED显示屏等设备，造成直接经济损失5万元。

6月14日15时30分，位于江门市新会区崖门镇的上海丹燕机械设备租聘有限公司遭雷击，击坏拉力传感器1台，造成直接经济损失5.5万元。

● 7月

7月5日16时7分至17时21分，云浮市新区锦绣山河遭雷击，击坏小区内东区、西区消防控制室内2台消防火灾报警控制器，损坏液晶显示屏、主板、回路板、消防广播主机等，造成直接经济损失约5万元。

7月6日6时，汕头市后宅镇后江渔港章××父子2人在出海作业时遇雷击，最终章××（72岁）身亡，其子（44岁）受伤。

7月6日14时，位于清远市清新区山塘镇的中交清远投资发展有限公司回澜收费站遭雷击，损坏监控设备1台，造成直接经济损失10万元、间接经济损失10万元。

7月7日13时，位于东莞市寮步镇金福二路的广东凯金新能源科技股份有限公司遭雷击，击坏母线槽1台，造成直接经济损失6.5万元、间接经济损失13万元。

7月29日17时，位于潮州市的中山（潮州）产业转移工业园径南分园潮州明园新材料有限公司遭雷击，击坏程控交换机1台、监控设备1个、水位控制器1个、消防控制板1块、应急照明设备1部，造成直接经济损失6万元、间接经济损失2万元。

7月29日17时30分，位于潮州市潮安区金石镇的远光农场"大度晏"广东东山湖温泉度假村有限公司遭雷击，击毁檐角1处，击坏程控交换机1台、监控设备1个、水位控制器1个、消防控制板1块、应急照明设备1部，造成直接经济损失7万元、间接经济损失2万元。

7月30日5时，位于东莞市沙田镇立沙大道43号的中海油销售东莞储运有限公司遭雷击，击坏污水电磁流量计1台、装车读卡器通讯板2台、装车批控器通讯板3台，造成直接经济损失12.5万元、间接经济损失25万元。

7月30日11时26分，位于深圳市龙岗区平湖街道的深圳麦克维尔空调有限公司遭雷击，损坏地磅传感器4个，造成直接经济损失7.03万元、间接经济损失10万元。

7月31日14时30分，位于潮州市潮安区古巷镇枫三管理区的广东创发陶瓷实业有限公司遭雷击，造成直接经济损失8万元、间接经济损失6万元。

● 8月

8月3日16时15分，位于梅州市梅江区的广东安信电力工程有限公司遭雷击，击坏变压器1台，造成直接经济损失5.5万元、间接经济损失10万元。

8月8日25时23分，河源市万绿湖风景区遭雷击，击坏建筑物2处、电子设备56台，供电发生故障9处，造成直接经济损失25万元、间接经济损失60万元。

8月18日4时30分，茂名化州市长岐镇南岭上新塘李××住宅楼遭雷击，击毁墙面3处、室内线路5层，击坏电源开关4个、吸顶灯3盏、大吊灯1只，造成直接经济损失8万元、间接经济损失11万元。

8月26日15时，位于广州市增城区增江街塔山大道168号的北汽（广州）汽车有限公司遭雷击，部分设备受损，造成直接经济损失29.4万元。

● 9月

9月1日19时25分，湛江市遂溪县港门海域庞××（男）驾驶渔船（粤遂渔03524，国库船）出海放网捕鱼时遇雷击身亡。

9月9日15时16分，湛江市遂溪县港门镇县道X684线坡仔村附近4人（林××、伍××、李××、陈××）耕地劳作时遇雷击身亡。

9月18日18时20分，位于深圳市南山区招商街道的中海油销售深圳有限公司一湾仓储分公司遭雷击，损坏PLC油泵控制模块1台，造成直接经济损失17.6万元、间接经济损失20万元。

9月19日2时，位于东莞市塘厦镇迎宾大道的三正半山酒店有限公司遭雷击，击坏监控设备50个、电源适配器1台、网络转换器4台、模块1台、模拟硬盘录像机1台，造成直接经济损失7.5万元、间接经济损失15万元。

9月19日24时前后，广州市白云区人和镇南方村裴××（女）在菜地为农作物盖膜时遇雷击身亡。

9月20日，中广核新兴风力发电有限公司新兴象窝风电场遭雷击，损坏风电发电机叶片7片，造成直接经济损失12万元。

2022年广东各地级以上市雷电灾害事故发生情况如表6所示。

表6 2022年广东各地级以上市雷电灾害情况统计表

市别	雷灾起数（起）	火灾或爆炸（起）	灾害情况 人身事故 起	灾害情况 人身事故 伤（人）	灾害情况 人身事故 亡（人）	建（构）筑物受损（起）	办公电子电器设备受损 起	办公电子电器设备受损 件	家用电子电器设备受损 起	家用电子电器设备受损 件	直接经济损失（万元）	间接经济损失（万元）	电力行业（起）	石化行业（起）	通信行业（起）	交通行业（起）	住房建筑（起）	学校（起）
广州	10	0	1	0	1	0	8	113	1	15	84.32	509.02	0	2	0	1	6	0
深圳	8	0	0	0	0	0	7	57	0	0	41.08	113	0	1	0	2	0	0
珠海	10	0	0	0	0	0	10	109	0	0	27.6	12	0	0	0	0	0	0
汕头	1	0	1	1	1	0	0	0	0	0	25	0	0	0	0	0	0	0
佛山	0	0	0	0	0	0	0	0	0	0	0	0	0	0	0	0	0	0
韶关	4	0	0	0	0	1	2	7	2	16	3.01	0	0	0	0	0	3	0
湛江	4	0	2	0	5	0	2	12	0	0	2.3	2.6	0	1	0	0	0	1
肇庆	0	0	0	0	0	0	0	0	0	0	0	0	0	0	0	0	0	0
江门	2	0	0	0	0	0	2	3	0	0	6.4	0	0	0	0	0	0	0
茂名	4	0	0	0	0	2	2	24	2	10	16	11	0	0	0	0	1	1
惠州	3	0	0	0	0	0	3	87	0	0	36.60	0	0	2	0	0	0	1
梅州	4	0	0	0	0	0	4	30	0	0	27	5.8	0	0	0	2	0	1
汕尾	3	0	0	0	0	0	3	12	0	0	7	6	0	2	0	0	3	0
河源	4	0	0	0	0	2	4	76	1	7	37.02	65	0	0	0	0	0	1
阳江	2	0	0	0	0	2	1	4	1	10	2.1	0.5	0	0	0	0	1	1
清远	8	1	0	0	0	0	7	33	0	0	30.3	27.3	0	2	0	0	0	0
东莞	43	0	0	0	0	2	28	288	15	143	102.38	204.76	0	3	1	1	20	0
中山	4	0	0	0	0	0	4	89	0	0	13.58	0	0	1	0	0	2	1
潮州	3	0	0	0	0	3	2	10	0	0	21	10	0	0	0	0	2	0
揭阳	6	0	0	0	0	0	6	24	0	0	16.27	2	0	0	0	2	4	0
云浮	11	0	0	0	0	1	10	61	1	2	19	0	0	0	3	3	0	0
总计	134	1	4	1	7	13	105	1039	23	203	517.96	968.98	0	12	4	11	42	6

注：资料由各市、县（市、区）气象局防雷设施检测所和省直有关厅局提供，截止日期为2022年12月31日。

地震灾害

【地震活动特点】

1. 地震活动概况

2022年,广东省及邻近海域共发生1.0级(含1.0级)以上地震185次,其中1.0～1.9级地震147次,2.0～2.9级地震31次,3.0～3.9级地震6次,4.0～4.9级地震1次,最大级别为3月14日发生在惠东海域的4.1级地震。

2. 地震活动特征

2022年广东省地震活动分布较广,基本处于正常水平,地震频度略低于上一年,但强度高于上一年度。2.0级以上地震主要发生在河源、阳江、汕头海域、惠东海域、丰顺等地。最大地震为3月14日发生在惠东海域的4.1级地震,是继1936年顺德5.0级地震后粤港澳大湾区附近发生的最大地震。惠东4.1级地震发生前,震中附近分别发生2.1级和2.8级地震;主震发生后,共记录到余震30多次,属前震－主震－余震型。广东及邻区2.0级以上地震主要分布在河源、南澳海域和阳江3个传统地震多发区,但与上年相比,3区地震发生数占比明显下降。显著地震延续了以往地震活动的特征,即2015年以来显著地震由地震多发区向地震少发区和弱发区迁移。

2022年广东省陆地及近海 $M \geq 1.0$ 级地震震中分布情况如图8所示。2022年广东省及近海 $M \geq 2.5$ 级地震发生情况如表7所示。2000—2022年广东省及近海地震频度情况如表8所示。

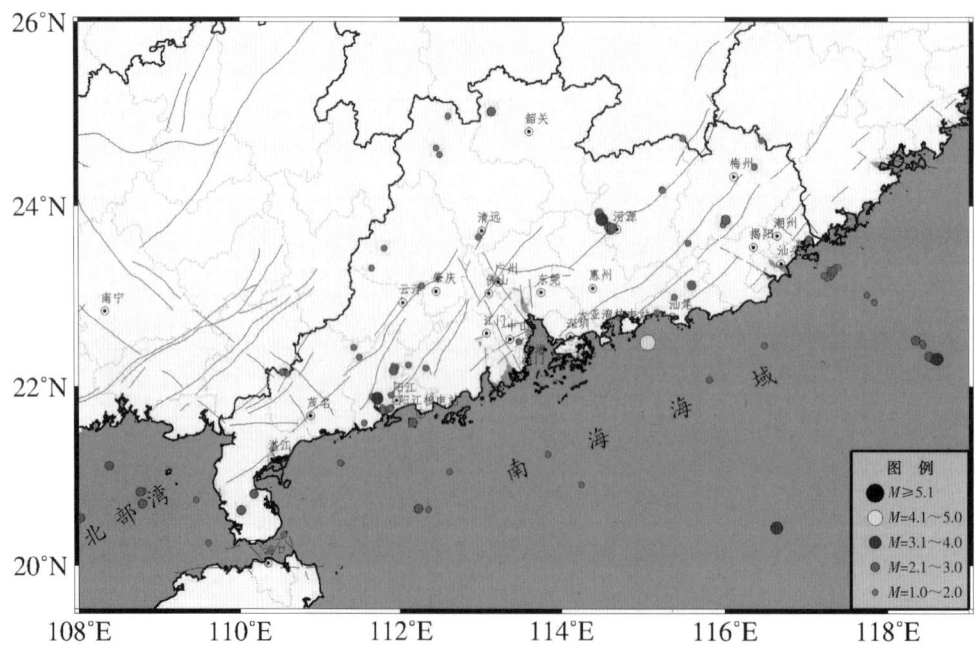

图8　2022年广东省陆地及近海 $M \geq 1.0$ 地震震中分布示意图

自然灾害分述

表7 2022年广东省及近海 $M \geqslant 2.5$ 地震情况表

序号	发生时间	经纬度	震级（M）	参考震中
1	1月25日17时30分	20.82°N，108.76°E	2.7	北部湾
2	2月7日6时	23.85°N，114.51°E	3.1	东源
3	2月18日14时49分	20.42°N，116.63°E	3.0	南海
4	3月14日2时28分	22.49°N，115.06°E	2.8	惠东海域
5	3月14日2时28分	22.49°N，115.06°E	4.1	惠东海域
6	3月26日14时49分	20.53°N，108.02°E	2.8	北部湾
7	4月19日7时25分	21.87°N，111.72°E	3.5	阳西
8	5月4日6时1分	22.18°N，111.92°E	2.8	阳春
9	7月18日3时48分	20.80°N，110.17°E	2.5	雷州
10	7月24日16时13分	23.74°N，114.62°E	2.9	河源
11	9月7日20时25分	23.84°N，116.01°E	2.5	五华
12	9月12日23时51分	21.11°N，108.38°E	2.9	北部湾
13	9月18日17时47分	18.97°N，112.13°E	2.9	南海
14	9月27日19时54分	22.48°N，115.07°E	3.2	惠东海域
15	11月10日8时26分	23.76°N，114.63°E	2.5	河源
16	12月21日1时3分	23.85°N，114.51°E	3.6	东源
17	12月28日9时32分	22.30°N，118.61°E	2.7	南海
18	12月28日10时32分	22.31°N，118.61°E	3.8	南海
19	12月28日14时	22.29°N，118.61°E	2.7	南海
20	12月29日22时10分	22.31°N，118.56°E	2.9	南海
21	12月30日19时9分	23.85°N，116.01°E	2.8	丰顺
22	12月31日17时45分	22.34°N，118.51°E	2.6	南海

表8 2000—2022年广东省及近海地震频度统计表[①]

年份	地震频度（次） 震级（M）				最大震级（M_{max}）	地震总能量[②]（焦耳）
	2.0～2.9	3.0～3.9	4.0～4.9	5.0～5.9		
2000	52	8	1	0	4.0	8.89^{e+10}
2001	23	3	1	0	4.2	1.46^{e+11}
2002	31	2	0	0	3.4	1.91^{e+10}

(续上表)

年份	地震频度（次） 震级（M）				最大震级 (M_{max})	地震总能量[②]（焦耳）
	2.0～2.9	3.0～3.9	4.0～4.9	5.0～5.9		
2003	36	2	0	0	3.1	1.08^{e+10}
2004	42	4	1	0	4.8	1.03^{e+12}
2005	32	4	0	0	3.4	5.66^{e+10}
2006	34	1	1	0	4.0	7.72^{e+10}
2007	22	6	0	0	3.4	2.64^{e+10}
2008	21	2	0	0	3.2	1.83^{e+10}
2009	13	1	0	0	3.3	4.08^{e+9}
2010	16	2	0	0	3.3	1.48^{e+10}
2011	22	1	0	0	3.0	1.30^{e+9}
2012	32	2	2	0	4.8	1.21^{e+12}
2013	34	4	1	0	4.7	9.88^{e+11}
2014	27	2	1	0	4.0	2.78^{e+10}
2015	30	6	0	0	3.8	3.65^{e+10}
2016	15	4	0	0	3.4	1.84^{e+9}
2017	20	4	0	0	3.1	1.04^{e+9}
2018	19	4	0	0	3.7	4.08^{e+9}
2019	26	7	1	1	5.1	2.98^{e+12}
2020	34	4	0	0	3.7	1.61^{e+10}
2021	34	4	0	0	3.8	4.75^{e+10}
2022	31	6	1	0	4.1	1.72^{e+11}
平均值	28.09	3.61	0.43	0.04	3.80	3.09^{e+11}

注：①统计时间为每年1月1日至12月31日。②本列数据中，$e+N=10^N$。

地质灾害

【灾害概况】

2022年,全省共发生地质灾害352处,其中广州14处、韶关235处、河源74处、梅州6处、茂名3处、清远14处、汕头1处、湛江2处、肇庆2处、中山1处。造成7人死亡、1人失踪、3人受伤,直接经济损失1.63亿元。省自然资源厅联合省气象局成功预报地质灾害18起,652人成功避险。

全年全省共有地质灾害隐患点3491处,威胁总人口24.11万人,潜在经济损失84.08亿元。其中,威胁100人(含)~1000人地质灾害隐患点541处,威胁人口18.5万人,潜在经济损失60.20亿元;威胁1000人(含)以上地质灾害隐患点46处,威胁人口8.63万人,潜在经济损失20.61亿元。

海洋与渔业灾害

【船舶遇险】

1. 船舶遇险概况

2022年,广东省海上搜救中心共接报遇险船舶391艘,其中,获救347艘,沉没44艘;遇险人数2083人,其中,救起遇险生还者2011人,死亡、失踪72人。

2. 船舶遇险实例

• 1月

4日下午,"粤建航168"(清远籍散货船,船长64.3米、宽13.0米,总吨1118吨,从深圳开往珠海,船上4人)在珠江广州港35号浮标东侧1千米处机舱起火,请求救助。广州市海上搜救中心接报后立即协调派出"海巡09079"前往应急处置,协调附近"粤清远货5666""南沙号""穗港30""海特1502"等船舶前往救助。最终4名遇险人员被安全转移到"海巡09079"船上,遇险船上火势基本得到控制。

16日晚上,海南籍渔船"琼儋渔11303"(船上4人)在珠江口珠海市大万山岛以南约25海里处与一艘外轮发生碰撞,渔船进水,请求救助。珠海市海上搜救中心接报后,立即协调当地渔政部门协助救助;同时协调过往船舶参与救助。稍后,遇险船上4人全部被"粤湛渔01389"渔船安全救起。

17日中午,游艇"那琴半岛"(船长14.68米、宽4.5米,船上3人)在江门台山市虎跳门水道八顷渡口下游1.5公里附近水域处触碰礁石,尾轴断裂,船舶进水,请求救助。江门市海上搜救分中心接报后,立即协调派出"海巡09428"前往现场处置;协调附近商船"粤新会货9898"救助。稍后,拖轮"银洲湖拖1"到达事发位置,成功拖带游艇回船厂维修,人员、船舶安全。

22日凌晨,一艘无名快艇在珠江口珠海市桂山大蜘洲岛以东海面翻扣,船上5人落水,有穿救生衣,请求救助。省海上搜救中心接报后,立即协调渔政、海警、海事等单位派出力量前往救助,协调过往船舶"鑫达油8""中谷9"等参与搜救。最终"鑫达油8"成功救起5名落水人员。

• 2月

9日上午,"仕泰318"轮(船上6人)在湛江市外罗水道水域沉没,其中4人登上救生筏、2人落水漂浮(穿救生衣)。省海上搜救中心和湛江海上搜救分中心接报后,立即协调救助、海事、海警等单位派出直升机、"海巡0925""南海救311""中国海警21505""中国海警21025"等力量前往救助,同时协调附近渔船参与救助。稍后,"鸿信838"救起5人,渔船救起1人。

20日清晨,一艘平板船(船上3人)在汕头南澳岛西南海域发生火灾,船上明火已扑灭,但船舶失去动力且进水,请求救助。省海上搜救中心接报后,立即协调派出"海巡0920""南海救111"赶往现场搜救；协调广州海岸电台播发航行警告，提醒过往商船协助搜救；协调省海洋综合执法总队组织附近渔船参与搜救。下午，救助直升机B-7358将3名遇险人员全部救起，转运至揭阳机场，人员安全。

20日上午，一艘铁质船"浙临机906"（船上5人）在揭阳市惠来县靖海以南约22海里处发生机舱进水，请求救助。省海上搜救中心接报后，立即协调海事、救助、海警等单位派出"海巡0965""海警21502"和救助直升机搜救；协调过往商船"嘉安山"轮协助搜救；协调省海洋综合执法总队组织附近渔船参与搜救。下午，南海救助局救助直升机B-7358抵达现场，成功救起5名遇险人员。

- 3月

5日凌晨，"粤安顺666"（清远籍散货船，船上5人）与"蓝海启航"（芜湖籍集装箱船，船上17人）在广州市南沙区龙穴岛以南约7海里附近水域发生擦碰，"粤安顺666"右舷破洞进水。随后，"粤安顺666"又与香港籍集装箱船"中远泰国"（船上24人）发生擦碰，事故导致"粤安顺666"翻扣，船上5人及时上了工作艇，人员平安。广州市海上搜救中心接报后，立即启动水上突发事件Ⅳ级应急响应，协调派出"海巡0929""海巡09077""海巡09079"赶赴现场，协调广州交管中心对伶仃航道进行临时封航，并发布航警信息，提醒过往船舶注意航行安全，协调广州海事测绘中心对事发水域进行扫测，并协调打捞、清污力量及时处置，避免发生次生事故。

12日中午，贵港籍散货船"桂平宏远0823"（船上4人）因船体进水在珠海斗门泥湾门水道井岸大桥约1海里水域处航道边冲滩，船体发生倾斜，进水严重。珠海市海上搜救中心接报后，立即协调派出"海巡09168"现场警戒。船上4人全部安全转移上岸。

17日凌晨，渔船"琼洋渔34001"（船上5人）在珠江口珠海市万山群岛以南约9海里水域处着火，5名渔民弃船逃生，过往船舶越南籍外轮"TAN CANG PIONEER"将全部人员安全救起，渔船沉没。广州市海上搜救中心接报后，立即通知海事、船东处置。稍后，船东协调"琼儋渔16368"接送获救渔民至桂山锚地。

29日晚上，喀麦隆籍渔船"LOJET"（船上8人）在汕头市表角东南约73海里处发生机舱进水，请求救助。省海上搜救中心接报后，立即要求汕头市海上搜寻救助分中心核实相关情况，并协调派出"海巡0921""南海救112"前往现场救助。30日凌晨，过往商船"建兴"轮抵达渔船LOJET附近水域，成功将8名遇险渔民全部转移到"建兴"轮上。

30日夜晚，渣土运输船"平南东顺688"（船长66米、宽16米，总吨1992吨，船上5人）在珠海市高栏港神华码头旁的临时装卸区（离岸约100米）停泊时发生船舶着火，船上5人已安全转移上岸。珠海市海上搜救中心接报后，立即协调海事、港口部门派出"海巡09183""珠港拖12""珠消01"等船舶灭火，并沟通当地消防队派出4辆消防车共同灭火。最终船上明火被扑灭，险情解除。

- 4月

12日清晨，渔船"闽诏渔60868"（船上13人）在汕头南澳岛东南约40海里处疑似与韩国籍商船发生碰撞。"闽诏渔60868"受损进水，请求救助。汕头市海上搜寻救助分中心接报后，立即通报福建省漳州市渔政支队，漳州市渔政支队协调周边渔船"闽诏渔60782""闽诏渔60888""闽诏渔60761"前往救助。拂晓，"闽诏渔60782"成功救起13名遇险渔民，随后遇险渔船沉没。

16日下午,"CHUANG YI"轮(巴拿马籍,船长119米、宽16米,总吨5547吨,装载3000吨柴油,船上13人)在东沙群岛附近水域航行时,船上发电机发生着火,造成船上8人受伤,"中华台北搜救协会"协调船艇从东沙岛出发参与救援,请求协调空中力量参与救助。省海上搜救中心接报后,通报香港海上救援协调中心,请求派出直升机前往救助伤员,同时协调发布航行警告。16日晚上,香港救助飞机接回6名伤员返回香港医院救治,其他人员留在船上,1人死亡。26日上午,由船东联系拖轮拖带遇险船舶至高雄港西南12海里处锚泊。

● 5月

5日早上,无名小船(长9.6米、宽2.5米,船上4人)从湛江市徐闻县前山镇南安湾附近出海前往罗斗沙钓鱼时失联,请求救助。省海上搜救中心和湛江海上搜救分中心接报后,立即协调播发航行警告,提醒过往船舶注意搜寻,协调南海救助局派出救助直升机B-7341开展搜寻,通报省海洋综合执法总队、湛江渔政、湛江海警、湛江救助基地等单位派出"中国渔政44612-1""中国海警21544"前往搜寻。下午,"中国渔政44612-1"在湛江外罗水域一处无名小岛上找到4名失联人员,最终全部人员安全转移。

17日深夜,拖轮"盐田拖12"与油轮"光汇318"在深圳盐田港内发生碰撞,"盐田拖12"沉没,船上5人全部落水(3人被"盐港拖6"救起、2人失踪),油轮"光汇318"未受损,现场无污染。深圳海上搜救中心接报后,立即协调盐田海事局、南海救助局、深圳消防以及盐田拖轮公司等单位派出"海巡14106""海巡14303""盐田拖18""盐田拖16""盐田拖20""盐港拖6"及救助潜水队等力量参与救助。20日深夜,沉船"盐田拖12"被打捞出水,在船舱内找到2名失踪人员遗体。

27日上午,"海巡09002"船在汕头广澳港西南方向约1.2海里处巡航时发现一艘无名渔船翻扣漂泊,3名渔民坐在渔船船壳上待救,船壳上有渔网缠绕。汕头市海上搜寻救助分中心接报后,立即协调"海巡09002"船开展救助,并通报汕头市海洋综合执法支队派出力量前往救助。稍后,渔船"粤濠渔53055"到达现场,成功将3名遇险人员救起。

30日凌晨,散货船"平南永佳392"(船上3人)与散货船"粤华信11"(船上4人)在广州市南沙区凫洲水道口发生碰撞,"平南永佳392"船舶驾驶台受损,3名船员受伤;"粤华信11"船舶和船员均无大碍。广州市海上搜救中心接报后,立即派出"海巡09080"前往现场应急处置,并要求两艘事故船前往安全水域锚泊等候调查。稍后,"海巡09080"将2名受伤船员送岸。

● 6月

4日下午,无名渔排在揭阳市神泉渔港南岸附近水域翻扣,渔排上3人落水后爬到翻扣的渔排上,报警求助。揭阳市海(水)上搜救分中心接报后,立即进一步核实现场情况;并将情况通报海事、渔政请求协调力量前往搜救。稍后,经惠来县搜救分中心协调当地渔政派出船舶,最终渔政船舶救起3名遇险人员。

12日早上,渔船"粤陆渔13253"(国库渔船)与一艘"大飞"(外观黄色)在陆丰市甲子港以南3海里附近海域相撞,木质渔船翻扣,5人落水,"大飞"逃逸。汕尾市海上搜救分中心接报后,立即核实情况,报警人船舶"粤汕城渔17197"在附近海域救起3人,另有2人落水失联。同时立即协调当地海事、海警、海洋综合执法支队等单位派出"海巡09318""中国海警21096""中国渔政44066"前往救助;协调播发航行警告,并协调过往船舶"昌裕3""中通风能06"等协助搜寻。15日上午,找到1名失踪人员遗体。最终,3人获救,1人死亡,1人失踪。

19日上午，韶关市曲江区白土镇权兴船舶修造有限公司3艘新建造船舶（"粤韶关货6686""粤韶关货6992""粤韶关货6268"，船上6人）发生走锚险情，卡在志祥船舶修造有限公司船厂水域。韶关市水上搜救分中心接报后，全力组织力量对漂流船舶进行处置，协调两家船厂派出8艘大马力机尾艇/拖船在3艘走锚遇险船舶上下游顶推守护（上游4艘、下游4艘），遇险船舶保持稳定。20日下午，水流较为平缓后，3艘新船均抛锚加固，处于安全状态。

22日中午，"耀阳运维169"在珠海市金湾机场东南方向约8海里海域航行时发现一艘钓鱼船沉没，请求救助。珠海市海上搜救中心接报后，立即核实险情信息，并组织力量前往救助。稍后，"耀阳运维169"成功救起1名落水人员，另外2人由"海电运维102"船在珠海金湾风电场塔筒上救起。最终，3名遇险人员全部获救。

23日凌晨，客船"清远客6691"在清远市五一码头缆绳断裂，船舶有移位风险，情况紧急，急需救援。清远市水上搜救中心接报后，立即协调应急拖轮将3艘客船依次转移至下游约500米处水流较缓且安全的水域进行锚泊。经应急处置，成功将3艘船舶转移到安全水域锚泊，未发生船舶损坏及人员受伤情况。

30日早上，散货船"正航安达"轮在汕头南澳岛东南方向水域约7海里处航行时搁浅，艏尖舱破损进水，请求救助。汕头市海上搜寻救助分中心接报后，立即协调派出"海巡0920""南海救131"前往现场处置，清污船"海虹3"、拖轮"凯运8"前往做好防油污和应急值守工作。7月1日上午，船上13人安全转移至"汕港拖8"。多天后，船舶断为两截沉没。

● 7月

7月2日凌晨，"福景001"轮（工程船，船上30人）在阳江闸坡海域2号锚地防台时走锚遇险，报警求助。省海上搜救中心和阳江市海上搜救中心接报后，立即协调粤、港、琼三方联动，军地协同，开展陆海空水下立体搜寻。经过连续多日大规模岸边、空中、水面、水下搜寻，累计协调派出救助船艇5743艘次、飞机84架次、潜水队员16名、无人机306架、船岸搜救人员9万多人次，搜寻海域面积超过1万平方海里。最终，成功救起4人，打捞起遇难者遗体25具，1人失踪。

4日子夜，"粤阳江渔06028"渔船（船上10人）在汕头市南澳岛东南方向11海里附近水域触礁，随即渔船失去联系，请求救助。汕头市海上搜寻救助分中心接报后，协调过往船只"松鑫5号"前往救助，在南澳岛东南方向10海里处附近发现1只救生筏，并成功救起救生筏上10人。

24日凌晨，"永大58"轮在汕头市南澳岛官屿南侧2海里处航行时与一艘无名渔船发生碰撞，渔船上3人落水，请求救助。汕头市海上搜寻救助分中心接报后，立即协调海事、救助、海警、渔政等单位派出"海巡09006""南海救512""海警21075""中国渔政44504"及执法人员前往事发水域附近搜救。最终，2人被救起、1人失踪。

● 8月

5日早上，"实验1"船在珠海市大万山岛南面约2海里水域发现一艘翻扣的快艇，艇上有2人，请求救助。珠海市海上搜救中心接报后，立即协调附近"海富69"轮前往救助。稍后，"海富69"成功救起2人。从2名获救人员中获悉，快艇上共有3人，还有1人落水失联。珠海市海上搜救中心继续协调过往船舶和"中国渔政44176"前往搜救失联人员。随后，过往船舶"华船128"轮成功救起另1名遇险人员。

● 9 月

3日晚上，7名男子乘渔船从湛江市徐闻县新寮镇出海钓鱼，渔船航行至外罗港对开海域约7海里处时出现动力故障，失去动力，请求救助。湛江海上搜救分中心接报后，立即协调海事、海警、海洋综合执法等单位，要求派出力量救助；同时协调附近船舶前往协助。稍后，附近船舶"中蓝26"接应3人、"中国渔政44290"接应4人，并返回外罗港码头靠岸，人员安全。

11日晚上，木质渔船"粤潮阳渔11178"与不明船舶在汕头市海门港以南约12海里处发生碰撞，"粤潮阳渔11178"翻沉，船上7名渔民落水，其中2人被附近渔船救起，1具遗体被捞起，另有4人失联。经多日搜救，共协调派出直升机11架次，救助船艇344艘次，搜寻面积约7000多平方千米。最终，2人获救，5人死亡。

13日中午，渔船"粤江城渔98866"（船上8人）在江门台山市鱼塘港对开水域发生火灾，请求救助。江门市海上搜救分中心接报后，立即协调派出"海巡09427""中国海警21532"等船舶前往现场应急处置，协调台山电厂消拖两用船"金浪"前往协助灭火，协调地方救助志愿者队伍参与救助。稍后，台山市海宁海上救援志愿者队伍抵达现场并成功转移船上8人。失事渔船明火被扑灭，无人员伤亡。

21日夜晚，一艘无名船舶在珠海市万山岛西南5海里处货舱进水，船上5人落水。珠海市海上搜救中心接报后，立即协调海事、海洋综合执法、海警等单位派出力量前往搜救，同时协调附近商船"海翔辉"前往救援。深夜，5名落水人员全部被"海翔辉"安全救起。

● 10 月

6日凌晨，木质渔船"粤珠渔运31090"在珠海大九洲岛西侧水域进水沉没，船上4人全部落水。珠海市海上搜救中心接报后，立即协调"海巡09097""中国渔政44189"前往现场搜救。凌晨1时，落水人员全部被渔船"粤台渔运05288"安全救起，生命体征稳定。

20日上午，"新荣顺"（船上13人）在茂名市大放鸡岛以南约20海里处沉没，船舶自动发出DSC报警。省海上搜救中心接到DSC报警后，推测该船疑似遇险沉没，立即组织救助、海事、海警、渔政和香港海上救援协调中心派出救助飞机、船艇前往搜救。中午，协调的过往船舶"圣油239"轮在疑似沉船水域救起9人。经过多日大规模搜救，省海上搜救中心和茂名市海上搜救中心共组织协调救助直升机15架次、专业救助船4艘次、公务船32艘次、港口企业船舶16艘次在现场水域开展搜救，协调附近作业渔船234艘次、过往商船98艘次参与搜救。最终，成功救起9人，发现并打捞起4具遗体。

● 11 月

11日凌晨，渔船"珠香2503"（船上7人）在珠海市高栏岛以东水域触损进水，请求救助。珠海市海上搜救中心接报后，立即协调海事、海洋综合执法、金湾区海上搜救中心调派力量前往救助，同时协调附近船舶前往救助。稍后，遇险的7人被金湾区海上自救协会"快艇09""快艇10"救起，并安全转移上岸。

19日深夜，拖轮"绿源拖8"（船上8人）拖带无动力工程船"粤广州工0222"轮（船上7人）航经琼州海峡北水道时拖缆断裂，"粤广州工0222"轮失控漂航。稍后，"粤广州工0222"轮漂航至徐闻前山镇东面距岸约10海里处时搁浅。湛江海上搜救分中心接报后，立即协调南海救助局湛江救助基地、船东等单位派出力量前往救助，同时协调过往船舶救助。第二日凌晨，船东的渔船"徐闻锦和建设016"到达现场，将"粤广州工0222"船上7人全部转移到渔船上，并安全送达徐闻外罗渔港。

● 12月

10日上午，"中阜沙自FL049"（中山籍自用木质收废品船，船长21米、宽3.4米，船上3人）在珠海市桂山岛附近水域黄花排灯桩西南水域收废铁时，风浪过大导致船舶沉没，船上3人落水。过往油船"宝裕合鑫"发现3名落水人员，并全部安全救起。

13日上午，一艘乡镇自用船（驾驶员1人、游客6人，共7人）在惠州市惠东县平海电厂码头前沿水域200米附近水域因操作不当造成侧翻，7人落水，请求救助。惠州市海上应急搜救中心接报后，立即启动响应，协调当地海事、渔政、公安等单位派出力量前往现场救助。稍后，7名落水人员被附近船舶安全救起，翻扣船舶被拖到安全水域。

16日凌晨，"深蛇6688"和"深蛇6689"在珠海外伶仃岛南约3海里海域并靠在一起时，"深蛇6688"机舱着火，两船上共有14名船员，请求消防力量协助灭火。珠海市海上搜救中心接报后，立即协调"海巡0933""南海救101"前往救助失火渔船，同时协调当地渔政、海警、消防等单位增派力量救助。最终，渔船火灾被扑灭，无人员伤亡。

17日清晨，渔船"粤湛渔04129"在珠海市大万山岛南面9海里处水域与一艘不明过路船舶发生碰撞沉没，船上8人落水。省海上搜救中心和珠海市海上搜救中心接报后，立即协调派出"海巡0935""海巡0933""珠港拖11"轮等船艇前往事发水域开展搜救，协调过往商船"飞达178""华凯""粤湛渔01238""粤湛渔01887""粤湛渔04268"等船艇参与搜救。稍后，8名落水人员被渔船"粤湛渔01887"全部救起，并送往珠海万山港，人员平安。

【风暴潮】

2022年，广东沿岸共发生2次台风风暴潮灾害，分别为"暹芭"和"马鞍"台风风暴潮，造成直接经济损失7.65亿元。

7月2日15时，台风"暹芭"在茂名市电白区沿海地区登陆，登陆时中心附近最大风力12级（35米/秒），中心最低气压965百帕。受其影响，粤东沿岸出现33～70厘米风暴增水，珠江口沿岸出现61～104厘米风暴增水，粤西沿岸出现58～153厘米风暴增水。其中，最大增水出现在北津站，为153厘米；最大增水超过100厘米的站点还有5个：台山站104厘米、闸坡站131厘米、水东站109厘米、湛江站101厘米、南渡154厘米。达到当地橙色警戒潮位的站点有2个：闸坡站和北津站，最高潮位分别为321厘米和322厘米。达到当地黄色警戒潮位的站点有3个：珠海站、黄埔站和横门站，最高潮位分别为246厘米、288厘米和278厘米。达到当地蓝色警戒潮位的站点有3个：赤湾站、水东站和台山站，最高潮位分别为235厘米、260厘米和270厘米。风暴潮造成全省共5.8万人受灾、紧急转移安置人口1.46万人，倒塌房屋3间、损坏房屋26间；广东沿岸水产养殖受灾面积7488.65公顷、损失产量1.85万吨，养殖设备、设施损失352个，损毁渔船46艘、损坏渔船72艘、损坏船只3艘，损坏防坡堤2280米，损毁海堤和护岸6座、长度1310米，损坏海水浴场护网4500米、摧毁红树林木栈道1000米，淹没农田937.28公顷，直接经济损失7.43亿元。

8月25日10时30分，台风"马鞍"在茂名市电白区沿海地区登陆，登陆时中心附近最大风力12级（33米/秒），中心最低气压975百帕。受其影响，粤东沿岸出现39～78厘米风暴增水，珠江口沿岸出现75～114厘米风暴增水，粤西沿岸出现41～170厘米风暴增水。其中，最大增水出现在北津站，为170厘米；最大增水超过100厘米的站点还有6个：黄埔站105厘米、珠海站102厘米、台山站114厘米、闸坡站127厘米、水东站100厘米、南渡站155厘米。北津站最高潮位318厘米，超过当地橙色警戒潮位；珠海站最高潮位237厘米，超过当地黄色警戒潮位；超过当地蓝色警戒潮位的站点有4个：赤湾站最高潮位235厘米、黄埔站最高潮位272厘米、台山站最高潮位269厘米、闸坡站最高潮位270厘米。风暴潮造成广东紧急转移安置人口3504人，损坏房屋6间，沿岸水产养殖受灾面积0.92公顷、损失产量29吨，损坏防坡堤300米，损毁海堤和护岸长度805米，直接经济损失2145.9万元。

【赤潮】

2022年，广东沿海共发生赤潮14次，累计面积约252.0平方千米，主要发生在上半年，有11次。赤潮生物种类主要有红色赤潮藻、夜光藻、娄氏藻、角毛藻、中肋骨条藻、海链藻、旋链角毛藻、洛氏角毛藻、锥状斯克里普藻、拟菱形藻等。最大面积赤潮发生在8月16—26日，其间，汕头东海岸-莱芜湾、广澳湾、田心湾海域发生锥状斯克里普藻赤潮，面积达78.7平方千米；其次为6月4—10日，湛江市硇洲岛南部、东里镇东部、新寮岛东北部海域发生旋链角毛藻赤潮，面积达76平方千米。赤潮发生情况如表9所示。

表9　2022年广东海域赤潮发生情况一览表

起止时间	发生海域	面积（平方千米）	赤潮生物种类
3月2—5日	深圳市大鹏湾盐田港附近海域	1.2	红色赤潮藻
3月9—21日	深圳市大鹏湾南澳柚柑湾附近海域至大亚湾杨梅坑附近海域、惠州市大亚湾大辣甲和东山海海域	10	夜光藻
3月15—21日	湛江湾海域	2	夜光藻
3月16—21日	阳江海陵岛保利银滩南侧海域	1	夜光藻
4月7—27日	深圳市大鹏湾南澳周边海域	1	夜光藻
4月10—15日	湛江湾海域	3	娄氏藻、角毛藻
4月12—15日	珠江口矾石附近海域、深圳湾大桥附近海域	28	中肋骨条藻、海链藻
4月12—27日	大鹏湾金沙湾附近海域和盐田港附近海域	0.001	夜光藻
4月12—14日	珠海市万山岛周边海域	0.1	夜光藻
6月24—30日	湛江市硇洲岛南部、东里镇东部、新寮岛东北部海域	76	旋链角毛藻
6月30日	湛江湾渔港公园至海湾大桥一带海域	7	洛氏角毛藻
7月11—16日	湛江东海岛东南码头至硇洲岛一带海域	40	中肋骨条藻
8月16—26日	汕头东海岸-莱芜湾、广澳湾、田心湾海域	78.7	锥状斯克里普藻
9月20—27日	湛江东海岛滨海旅游区东侧海域	4	洛氏角毛藻、拟菱形藻、中肋骨条藻

【咸潮入侵】

2022年，珠江口共监测到咸潮入侵过程9次，主要发生在秋季和冬季。其中，盐度最高的咸潮入侵过程于12月14日开始，持续时间13天。12月19日19时52分，全禄水厂监测到该次过程的最高盐度为10.16‰（氯度5624毫克/升）；其次为10月18日开始的咸潮入侵，持续时间8天，10月20日7时39分全禄水厂监测到该次过程的最高盐度为9.39‰（氯度5202毫克/升）。咸潮入侵情况如表10所示。

表10　2022年珠江口咸潮入侵①情况一览表

发生时间	持续天数（天）	最高盐度出现时间	最高盐度值（psu）
1月2—3日	2	1月2日0时15分	2.83
1月11—12日	2	1月12日21时45分	8.35
1月14—18日	5	1月14日22时15分	8.77
1月28—29日	2	1月28日21时30分	1.71
10月18—25日	8	10月20日7时39分	9.39
11月1—8日	8	11月3日7时45分	7.04
11月17—23日	7	11月21日23时	5.30
12月3—8日	6	12月3日22时10分	3.34
12月14—26日	13	12月19日19时52分	10.16

注：①咸潮入侵标准：氯化物>250毫克/升（盐度>0.45‰）。

【渔业灾害】

2022年，台风、洪涝、病害、污染和干旱给广东渔业造成较大影响。据省农业农村厅统计，全省渔业直接经济损失9.82亿元，较上年同比上升112%，其中，水产品损失7.09万吨，造成经济损失8.85亿元；全省因台风、洪涝损毁的渔业设施有池塘1614公顷、网箱781箱、围栏5千米、堤坝2.7万米、涵闸10座、护岸725米、防波堤820米，造成经济损失9705万元。全省水产养殖受灾面积2.76万公顷，其中，台风和洪涝致渔业受灾面积1.2万公顷，损失水产品3.71万吨，造成经济损失6.03亿元；病害受灾面积5272公顷，损失水产品2.21万吨，造成经济损失2.23亿元；干旱受灾面积861公顷，损失水产品1891吨，造成经济损失1907万元；污染受灾面积207公顷，损失水产品285吨，造成经济损失347万元。

环境灾害

【突发事件】

2022年,广东省发生一般突发环境事件8起(其中,揭阳2起、广州1起、韶关1起、茂名1起、江门1起、东莞1起、中山1起),同比减少66.7%,未发生较大及以上突发环境事件。按照事件类型,属水污染事件6起,属大气污染事件1起;按照事件起因,属安全生产事故引发的4起,属交通事故引发的4起。事件均得到当地政府和生态环境部门及时妥善的处置,最大程度减少了对群众生产生活和周边环境的影响。

【酸雨】

2022年,全省城市降水pH均值为5.75,范围在5.21(珠海)～7.07(汕尾)之间;酸雨频率为13.0%。其中,15个城市出现酸雨($pH_{min}<5.6$),4个城市受酸雨污染($pH_{avg}<5.6$),无重酸雨区($pH_{avg}<4.5$或$4.5 \leqslant pH_{avg}<5.0$且酸雨频率>50%)。

降水化学监测结果分析表明,全省降水中主要阳离子为钙离子和铵离子,分别占离子总当量浓度的20.2%和15.5%;主要阴离子为氯离子和硫酸根离子,分别占离子总当量的15.4%和14.0%。降水中硫酸根离子和硝酸根离子的当量浓度比为1.2,硫酸化合物为广东省降水中的主要致酸物质。

与去年相比,虽然酸雨频率略升2.3个百分点,但全省城市降水pH均值升高0.03个pH单位,且连续3年未出现重酸雨区城市,降水质量状况总体有所改善。在酸雨控制区内,珠三角9个地级以上市和韶关、清远、湛江、云浮4市均出现过酸雨,其中,珠海、佛山、江门、云浮4市受酸雨污染;汕头、汕尾、潮州、揭阳4市未出现过酸雨。在非酸雨控制区内,梅州、茂名2市出现过酸雨,河源、阳江2市未出现酸雨;非控制区内4市均未受酸雨污染。

农田作物灾害和农田生物灾害

【农田作物灾害】

2022年1月，全省仍持续自2020年秋季以来的干旱态势，农业生产用水偏紧，对春耕春播预期不利。2月上旬，全省普遍降水，连续两轮降水全面缓解了持续将近20个月的农业生产用水紧张形势，对稳定春播信心起到"及时雨"作用。但同期气温偏低，日照偏少，对早稻浸种育秧、春耕办田等农事作业不利。到3月上旬，全省春耕办田进度比2021年慢0.5个百分点，浸种育秧进度慢3个百分点。同时，长时间的阴冷寡照天气使作物光合作用明显减弱，作物生长受阻，蔬菜和冬种作物生长发育速度减慢，不利于产量和品质形成，对部分热带作物如香蕉、木瓜以及番茄、辣椒、草莓等喜温喜光作物生长不利，影响成熟冬种作物的收获，韶关、肇庆、云浮等部分地区越冬作物受冻面积达1.32万亩。

3月气温回升，除东莞、中山、汕尾、阳江等地受新冠肺炎疫情影响，进度慢于2021年同期外，其他各地春播春耕进度明显加快。到3月下旬，春播进度赶超2021年同期。此后，全省大部分地区春播春种天气条件较好，但降水不均。到4月下旬，粤东和粤西沿海局部地区干旱露头，约5万亩早稻栽插后缺水灌溉。

5月，全省光温条件一般，光照、积温不如上年同期。5月中旬开始持续4轮降水，造成部分地区受灾。据统计，至5月20日，全省种植业受灾（受淹）面积26.84万亩（其中，成灾8.93万亩，绝收1.56万亩）。受灾面积中，早稻受灾（受淹）面积10.9万亩（其中成灾4.42万亩、绝收0.28万亩）。受灾（受淹）面积较大的有阳江、珠海、汕尾、清远4市，面积均超过3万亩。本次降水影响的特点是受灾面广，但受灾程度不大，受灾时间相对不长，绝收面积占比不高。早稻处于分蘖至孕穗期，对降水的自然抵御能力较强，主要是以蔬菜生产受灾为主。同时，5月整体温度偏低，影响幼穗分化，早稻生育期普遍推迟5～7天。

6月上中旬，"龙舟水"造成全省大部分地区（除深圳、汕头、中山外）均不同程度受灾，北江流域的韶关、清远有大片作物被淹成灾。据统计，全省农作物受灾面积157万亩（其中成灾94.9万亩、绝收46.6万亩）。其间正值早稻孕穗－抽穗期，部分地区和品种出现雨打禾花现象，结实率和实粒数明显下降。"龙舟水"造成早稻受灾面积56.6万亩（其中成灾27万亩、绝收12.8万亩）。主要受灾地区有清远市（早稻受灾面积17.3万亩，其中成灾10.4万亩、绝收6.3万亩）和韶关市（早稻受灾面积9.4万亩，其中成灾4.3万亩、绝收2.2万亩）。早稻受灾程度为近十年最严重。

7月2日，台风"暹芭"在茂名市电白区登陆，其间正值热带水果集中上市期和早稻成熟期。台风登陆前，已抢收早稻近3成，但台风仍造成各类作物受灾面积达105.1万亩（其中成灾9.3万亩、绝收0.7万亩）。受灾面积中，早稻受灾面积56.8万亩（包括倒伏19.9万亩、成灾6.1万亩、绝收0.27万亩）。叠加春季低温、5月低温、"龙舟水"和台风"暹芭"的影响，全省早稻在面积增加的情况下仍然减产4万多吨。

8月10日，台风"木兰"在湛江市徐闻县登陆，未对夏季农业生产造成严重影响，仅给茂名、云浮2市局部作物带来一定的灾害影响，受灾面积达3287亩。

【农田生物灾害】

1. 灾害概况

2022年，全省农作物生物灾害（病虫草鼠螺害）总体偏重发生。发生面积1876.13万公顷次，受灾面积1.72万公顷（成灾0.49万公顷），造成粮食损失50.24万吨、蔬菜损失38.81万吨、水果损失22.14万吨、油料损失2.56万吨、茶叶损失0.32万吨、其他经济作物损失5.42万吨。其中，稻纹枯病、草地贪夜蛾、小菜蛾、黄曲条跳甲、霜霉病、炭疽病、桔小实蝇、柑桔红蜘蛛等偏重发生；稻飞虱、稻纵卷叶螟、玉米螟、玉米大小斑病、瓜蓟马、瓜实蝇、疫病、青枯病、荔枝蒂蛀虫、荔枝蝽、荔枝霜疫霉病、柑桔褐斑病、香蕉叶斑病等局部偏重发生。

2. 病虫害

全省农作物病虫害总体偏重发生，与上年持平。发生面积1359.68万公顷次，造成粮食损失32.84万吨、蔬菜损失35.31万吨、水果损失20.25万吨、油料损失2.06万吨、茶叶损失0.23万吨、其他经济作物损失4.90万吨。

• **水稻病虫害**

水稻病虫害中等、局部偏重发生。发生面积530.28万公顷次，实际损失稻谷23.68万吨。早稻病害重于虫害，晚稻虫害重于病害。稻纵卷叶螟早稻粤西部分地区监测到迁入峰，其余地区未监测到明显蛾峰，晚稻迁入早、峰次多、虫量大，主迁入峰在9月上旬；田间发生早稻偏轻发生，晚稻偏重发生。稻飞虱迁入峰次多，迁入虫量较大，田间发生重于去年。钻蛀性螟虫中等发生，以二化螟和大螟为主，部分地区失管田块受害较重。纹枯病早稻重于晚稻，在低洼积水和密植田块发生较重。稻瘟病在早稻瘟区感病品种上发生较重，部分地区个别主栽品种呈现流行趋势。水稻细菌性病害在晚稻上发生早、发生重，其中，细菌性条斑病在粤西地区及粤东沿海地区发生较重；橙叶病、水稻瘤矮病毒病、水稻条纹花叶病毒病等叶蝉传播的病毒病在云浮、肇庆、茂名等历史病区发生较重；水稻新害虫稻粉虱在粤西和珠三角局部地区发生为害较重。

稻纵卷叶螟 中等、局部偏重发生。早稻迁入虫量少、未监测到明显的迁入峰，粤西部分地区田间蛾量稍大，其余大部分地区成虫密度偏低。田间大部分田块虫口密度不高，粤西早插和浓绿田块发生较重。晚稻受8月初的南海热带低压、8月中下旬以后受台风外围环流天气影响，迁入早、峰次多、虫量大，其中9月上旬迁入蛾峰大、范围广。田间早稻偏轻发生，在粤西迟插田发生略重；晚稻偏重发生，以粤东、粤西和珠三角地区发生突出。4—6月全省监测点卷叶率平均为1.1%，百丛幼虫量7.3头；8—10月卷叶率平均为2.2%，百丛幼虫量23.8头。

稻飞虱 中等、局部偏重发生，重于去年，轻于常年。早稻全省于4月末至5月初、5月下旬至6月上旬、7月3—6日监测到三次迁入虫峰，前两次虫峰诱虫量较小，以7月上旬的迁入虫量大；晚稻8月中下旬至9月中旬，受"木兰""马鞍""轩岚诺""梅花"等台风及外围环流天气和10月上旬以后冷空气频繁南下等天气影响，出现多个迁入虫峰，迁入虫量较大，持续时间长。田间晚稻重于早稻，珠三角、粤西和粤北等稻作区部分地区发生较重。早稻4月1日—

7月1日，全省监测站点大田百丛虫量平均为206.6头，高于去年的153.1头；晚稻8月20日—10月31日，全省监测站点大田百丛虫量平均为693.2头，高于去年的342.6头和常年的569.1头。早稻破口期遇到持续降雨和晚稻稻飞虱回迁虫量大、持续时间长等的影响，部分地区防效较差，田间虫量大，个别田块出现"穿顶"。

钻蛀性螟虫 中等发生。主要的螟虫有二化螟、大螟、三化螟和台湾稻螟，其中，二化螟在全省上升为害，为害加重、范围扩大，个别失管田块受害较重；三化螟种群继续呈下降趋势，主要在粤西和粤东北部分地区发生；大螟在全省继续上升为害，一般与二化螟混合发生，局部地区发生较重；台湾稻螟在个别地区发生为害。全省大部稻区田间虫口密度不高，全省监测站点亩幼虫量平均为265.6头，低于去年的325.8头，螟害率一般在1%以下；枯心率平均为0.49%，高于去年的0.36%，但局部地区个别为害重的田块可达20%以上。

纹枯病 偏重发生，早稻重于晚稻。早稻生长前期气温低，病害发生较轻，主要在早插低洼积水和浓绿田块发生。5月上旬后受气温升高和强降雨天气多发影响，病害迅速扩展；6月上旬水稻进入生长中后期后，病害逐渐由水平扩展转向垂直扩散，田间部分地区发生较重，个别田块上穗为害造成枯穗。晚稻生长前期降雨多，发病早，低洼积水和浓绿田块发生较重，水稻进入生长中后期后，降雨少，纹枯病发生受到一定抑制。5—6月全省监测点病丛率平均为16.4%，9—10月病丛率平均为16.8%。

稻瘟病 偏轻发生，重于去年，早稻重于晚稻。受4—5月持续阴雨天气影响，早稻叶瘟发生较重，2022年是近五年发生最重年份之一，部分地区个别主栽品种呈现暴发流行趋势。3月24日入汛后温度适宜、雨日多、雨量大，4月上旬叶瘟开始发生，之后迅速扩散，在常发地区感病品种上发生较重，出现"坐蔸"。由于前期病菌积累，又破口期遭遇持续降雨，早稻穗颈瘟在瘟区感病品种发生较普遍，部分发病田块病穗率高；晚稻生长前期降雨多，稻瘟病发病早，部分地区稻瘟病发生较重，9月中旬以后降雨少，稻瘟病得到遏制，发生渐轻。4—6月全省监测点病叶（穗）率平均为2.6%；8—10月病叶（穗）率平均为1.8%。

水稻细菌性病害 重于去年。细菌性条斑病早稻轻发生，晚稻中等发生。受台风"木兰"和"马鞍"等影响，晚稻发病早，8月上旬开始发病，至9月中旬晚稻生长中后期，湛江、茂名、阳江等粤西地区感病品种上发生较重，病叶率较高，病叶率一般为8%～15%，高的为30%～50%。白叶枯病主要在湛江、茂名、汕尾等沿海地区的晚稻上发生，发病田块病叶率一般为2.3%～6.8%，高的为30%～80%。

水稻病毒病 中等发生。橙叶病、水稻瘤矮病毒病、水稻条纹花叶病毒病等叶蝉传播的病毒病在云浮、肇庆、茂名等历史病区中等发生。南方水稻黑条矮缩病毒病发生轻，主要在粤西历史病区和粤北中造田上发生。

稻粉虱 水稻新害虫稻粉虱在部分地区晚稻上发现为害，发生面积约0.33万公顷。发生范围包括：廉江、雷州、遂溪、高州、茂南、广宁、封开、博罗、惠东、英德、清新、连平、和平、开平、恩平、高明、三水、潮安、新兴10个市的19个县（市、区）。廉江、博罗、广宁、遂溪和高州等地被害田虫口密度大、为害重，虫量一般为800头/丛以上，被害稻田叶片枯黄萎蔫、植株矮小，个别田块不能正常抽穗；其余地区虫量相对较低，一般为3～10头/丛，表现为被害稻田叶片发黄、稻株营养不良等。

2022年广东省水稻主要病虫害发生、防治及造成的损失情况如表11所示。

表11　2022年广东省水稻主要病虫害发生、防治及造成的损失情况表

发生种类	发生面积（万公顷次）	防治面积（万公顷次）	挽回损失（万吨）	实际损失（万吨）
稻纵卷叶螟	123.69	156.33	39.03	4.84
稻飞虱	153.80	198.72	52.79	6.14
钻蛀性螟虫	64.35	90.47	24.00	2.92
纹枯病	123.41	160.05	46.49	5.54
稻瘟病	22.31	34.21	9.15	1.21
白叶枯病	6.43	8.48	3.03	0.39
水稻病毒病	1.99	3.57	1.45	0.48

● **蔬菜病虫害**

偏重发生。发生面积352.04万公顷次，实际损失35.31万吨。上半年病害重于虫害，下半年病虫并重。2月持续低温阴雨天气，又春季温度偏低，春季蔬菜虫害受到抑制；开汛期偏早半个多月，前汛期雨日多、雨量大、持续时间长，7—9月受多个台风影响，病害发生早、发展快、为害重；9月以后降雨减少，小菜蛾、黄曲条跳甲等虫害的发生发展快。主要为害病虫有黄曲条跳甲、小菜蛾、瓜蓟马、瓜实蝇、斜纹夜蛾、美洲斑潜蝇、烟粉虱、霜霉病、炭疽病、疫病、青枯病、白粉病、病毒病和软腐病等。

黄曲条跳甲　偏重发生。春、秋两季发生较重。3—6月，全省监测点百株虫量平均为36.2头，低于去年的46.4头；株受害率为37.7%，低于去年的41.6%。9—11月，全省监测点百株成虫量平均为25.9头，株受害率为36.6%，与去年持平。

小菜蛾　偏重发生。3—6月，全省监测点百株幼虫量平均为22.4头，低于去年的36.4头；株受害率平均为12.2%，低于去年的19.9%。9—11月，全省监测点百株幼虫量平均为4.8头，低于去年的5.5头；株受害率平均为3.1%，低于去年的5.3%。

瓜蓟马　中等、局部偏重发生。以4—6月和10—11月发生最重。4—6月，全省监测点百梢虫量平均为173.2头，低于去年的477.2头；梢为害率为28.2%，低于去年的32.3%。10—11月，全省监测点百梢虫量平均为151.7头，高于去年的54.8头；梢受害率为16.6%，高于去年的13.1%。

瓜实蝇　中等、局部偏重发生。以5—10月发生较重，全省监测点每芯候诱虫量平均为53.0头，高于去年的38.9；百株虫量为13.3头，高于去年的7.6头；果受害率为8.9%，高于去年的5.0%。

斜纹夜蛾　中等发生。以初夏发生较重。4—6月，全省监测点百株幼虫量平均为2.6头，低于去年的3.5头；每芯候诱虫量为202.1头，低于去年的381.9头；受害率平均为3.4%，低于去年的9.5%。

美洲斑潜蝇　中等发生。以5—11月发生较重，全省监测点百叶虫量平均为113.55头，低于去年的157.5头；叶受害率为28.9%，低于去年的46.7%；虫情指数为9.02，低于去年的11.1。

烟粉虱　中等发生。以4—9月发生最重,全省监测点百叶虫量平均为120.0头,高于去年的55.7头;每黄板候诱虫量为21.5头,与去年持平;受害率为21.5%,高于去年的19.8%。

霜霉病　偏重发生;以春、夏季发生最重。4—6月,全省监测点病叶率平均为19.8%,高于去年的10.6%;病情指数为8.63,高于去年的3.84。

炭疽病　偏重发生。4—6月,全省监测点病叶率平均为24.0%,高于去年的9.6%;病情指数为6.34,高于去年的3.63。

疫病　中等、局部偏重发生。全年监测点病株率平均为8.0%,高于去年的7.2%;病情指数平均为3.61,与去年持平。

青枯病　中等、局部偏重发生。4—11月发生较重,全省监测点病株率平均为13.2%,高于去年的5.3%;病情指数为10.83,高于去年的2.91。

白粉病　中等发生。全年全省监测点病株率平均为4.7%,低于去年的12.8%;病情指数平均为1.96,低于去年的5.99。

病毒病　中等发生。全年全省监测点病株率平均为5.7%,低于去年的8.9%;病情指数平均为1.83,低于去年的3.14。

软腐病　中等发生。全年全省监测点病株率平均为4.3%,低于去年的6.4%;病情指数平均为1.95,低于去年的2.71。

2022年广东省蔬菜主要病虫害发生、防治及造成的损失情况如表12所示。

表12　2022年广东省蔬菜主要病虫害发生、防治及造成的损失情况表

发生种类	发生面积（万公顷次）	防治面积（万公顷次）	挽回损失（万吨）	实际损失（万吨）
黄曲条跳甲	39.30	49.94	26.34	4.27
小菜蛾	32.26	43.95	21.07	4.34
瓜蓟马	18.27	27.11	9.38	0.92
瓜实蝇	9.37	12.51	10.86	2.40
斜纹夜蛾	23.25	29.07	14.20	1.69
美洲斑潜蝇	10.42	13.49	4.65	0.69
烟粉虱	13.91	21.14	4.58	0.87
霜霉病	22.03	28.89	18.68	2.46
炭疽病	10.23	13.85	8.18	1.19
疫病	10.66	17.83	10.40	1.67
青枯病	2.27	3.25	2.25	0.57
白粉病	9.58	12.61	6.89	0.93
病毒病	3.74	7.21	3.44	0.93
软腐病	8.29	10.45	5.34	0.74

● **果树病虫害**

中等、局部偏重发生。发生面积277.61万公顷次,实际损失20.25万吨。荔枝:受早春低

温及开汛早、降雨多等影响，开花和挂果少，是荔枝小年，价格高，管理精细；由于挂果少，果期病虫害发生较往年轻。柑桔：受入汛期早、降雨天气多的影响，柑桔病害发生较去年重。香蕉：病虫害中等发生，香蕉叶斑病发生较突出。主要发生的果树病虫有：荔枝蒂蛀虫、荔枝蝽蟓、荔枝瘿螨、荔枝霜疫霉病、荔枝炭疽病、桔小实蝇、柑桔红蜘蛛、柑桔锈蜘蛛、柑桔潜叶蛾、柑桔溃疡病、柑桔褐斑病和香蕉叶斑病等。此外，荔枝尺蠖、柑桔木虱、介壳虫、香蕉弄蝶等也有不同程度发生。

荔枝蒂蛀虫　中等、局部偏重发生，较去年轻。发生期较常年明显偏迟，果期落地果蛀果率一般为2%～8%，百果虫量为1～5头。

荔枝蝽蟓　中等、局部偏重发生，重于去年。花穗期百梢虫量一般为6～9头。

荔枝瘿螨　中等发生，重于去年。2—5月，全省监测点新梢叶受害率为9.1%，高于去年的8.3%。

荔枝霜疫霉病　中等、局部偏重发生。4—6月，全省监测点病果率平均为3.8%，低于去年的4.6%；病情指数为1.19，高于去年的0.76。

荔枝炭疽病　中等发生。3—6月，全省监测点病果率平均为4.1%，低于去年的5.4%；病情指数为0.61，低于去年的0.66。

桔小实蝇　偏重发生，在番石榴、杨桃、芒果、枇杷等果树上发生较重，在砂糖桔、柚子等早熟柑桔品种上中等发生。全年全省监测点果园单瓶性诱候诱虫量平均为14.7头，低于去年的26.9头；番石榴等果园树上果百果虫量平均为31.3头，低于去年的43.8头；蛀果率为4.1%，高于去年的3.1%；落地果百果虫量为321.6头，与去年相近。

柑桔红蜘蛛　中等偏重发生，重于去年。4—6月全省监测点百叶螨量平均为250.8头，高于去年的178.1头；9—11月监测点百叶螨量平均为159.9头，高于去年的99.5头。

柑桔锈蜘蛛　偏轻、局部中等发生，轻于去年。夏季7—8月螨量最高，监测点百叶螨量平均为81.09头，低于去年的389.2头。

柑桔潜叶蛾　中等发生。全年全省监测点百叶幼虫量平均为5.9头，略高于去年。

柑橘溃疡病　中等发生，在沃柑、贡柑和橙类等品种上发生较重。全年全省监测点病叶率平均为6.4%，低于去年的7.3%；病果率为47.9%，高于去年的43.0%。

柑桔褐斑病　中等、局部偏重发生，重于去年。发生较去年早，在贡柑、砂糖桔、年桔等品种上发生较重。春夏之际发生最重，4—6月全省监测点病叶率平均为5.4%，高于去年的2.6%；病果率为1.7%，高于去年的1.2%。

香蕉叶斑病　中等、局部偏重发生，重于去年。高峰期时病叶率平均为31.6%，高于去年的24.6%；病情指数为8.75，高于去年的6.56。

2022年广东省果树主要病虫害发生、防治及造成的损失情况如表13所示。

表13　2022年广东省果树主要病虫害发生、防治及造成的损失情况表

发生种类	发生面积（万公顷次）	防治面积（万公顷次）	挽回损失（万吨）	实际损失（万吨）
荔枝蒂蛀虫	37.98	43.19	14.28	2.58
荔枝蝽蟓	13.28	15.67	3.78	0.63
荔枝瘿螨	3.38	4.12	0.50	0.12

(续上表)

发生种类	发生面积（万公顷次）	防治面积（万公顷次）	挽回损失（万吨）	实际损失（万吨）
荔枝霜疫霉病	13.46	15.46	4.74	1.06
荔枝炭疽病	5.25	6.07	1.03	0.30
桔小实蝇	8.16	11.22	4.98	1.07
柑桔红蜘蛛	30.55	38.49	15.78	2.09
柑桔锈蜘蛛	15.18	20.64	6.48	1.14
柑桔潜叶蛾	15.92	19.62	5.86	0.81
柑桔溃疡病	3.56	6.13	4.39	0.38
柑桔褐斑病	10.17	21.68	7.33	0.85
香蕉叶斑病	5.20	7.60	18.10	2.38

- **玉米病虫**

偏重发生。发生面积51.22万公顷次，实际损失6.80万吨。主要发生病虫有草地贪夜蛾、玉米螟、玉米大小斑病和纹枯病，蚜虫、锈病等也有不同程度发生。

草地贪夜蛾　偏重发生。受2月持续低温阴雨寡照天气影响，部分冬玉米区域提前收获或冬玉米受冻改种，草地贪夜蛾的发生区域缩减，扩散速度较去年慢。冬玉米上偏轻、局部中等发生，夏秋玉米上偏重发生。为害作物有玉米、甘蔗、水稻等，全年累计发生面积10.08万公顷，绝大部分发生在玉米地。全年玉米被害株率平均为7.0%，百株幼虫量为5.7头，低于去年。

玉米螟　中等、局部偏重发生。受与草地贪夜蛾生态位竞争及前期防治用药多等因素影响，玉米螟发生较往年轻，田间虫量和为害明显低于常年。玉米螟田间被害株率一般为5%~20%，百株虫量一般为3~5头，高的为10头。

玉米大、小斑病　中等、局部偏重发生。受降雨多和温度升高影响，玉米大、小斑病于4月中下旬开始发生，5月上旬至7月病害尤其是大斑病在田间扩散快、发病较普遍，大斑病病叶率一般为10%~30%，小斑病病叶率一般为5%~10%。

纹枯病　中等发生。受降雨多影响，4—6月田间发生较重，病株率一般为5%~20%。

- **其他作物病虫害**

马铃薯病虫　偏轻发生。广东的马铃薯以冬种栽培为主，主要发生病虫有蚜虫、蛴螬、早疫病、晚疫病、疮痂病、黑痣病等，迟植田块（12月移植）晚疫病等发生较突出。发生面积4万公顷次，实际损失0.67万吨。

花生病虫　中等、局部偏重发生。主要发生病虫有蚜虫、斜纹夜蛾、蓟马、叶螨、叶斑病、锈病、病毒病、炭疽病、青枯病等。发生面积72.38万公顷次，实际损失2.04万吨。

- **蝗虫**

偏轻发生，发生面积0.95万公顷次。主要发生的蝗虫种类有越北腹露蝗、异岐蔗蝗、稻蝗和黄脊竹蝗等。异岐蔗蝗、稻蝗和黄脊竹蝗在茂名、湛江、肇庆等地点状零星发生，轻于去年。

越北腹露蝗在清远偏轻发生，轻于去年；3月下旬至4月上旬中期出土，比去年迟6—11天，主要发生在桑田、沿河两岸滩涂杂草上。

3. 农田草害

偏重发生。发生面积309.71万公顷次，实际损失11.46万吨。杂草种类多，主要有稗草、牛筋草、看麦娘、莎草、马唐、千金子、牛繁缕、凹头苋、眼子菜、鸭舌草、马齿苋等。多在水稻田、蔬菜地、果园、花生地和茶园等发生，程度较重。

4. 农区鼠害

中等、局部偏重发生，较去年轻，其中珠三角地区发生较重。发生面积146.18万公顷次，实际损失粮食11.05万吨。主要鼠种有黄毛鼠、黄胸鼠、小家鼠、板齿鼠和褐家鼠等，其中，黄毛鼠和黄胸鼠为优势种群，占65%以上。全省鼠情监测点平均捕获率为2.9%，低于去年的4.3%。

5. 农田螺害

中等发生。发生面积60.56万公顷次，实际损失粮食1.38万吨。螺害以福寿螺为主，发生面积58.15万公顷次，实际损失粮食1.28万吨。

畜禽疫病灾害

【灾害概况】

2022年，全省重大动物疫病常年免疫密度维持在90%以上，主要病种免疫抗体合格率达70%以上，重大动物疫情形势总体保持平稳。全省未报告发生重大动物疫情，猪瘟、猪繁殖与呼吸综合征、猪伪狂犬病等主要猪病流行强度明显降低，但牛羊布鲁氏菌病呈局部散发状态。

【畜禽疫病新动态】

1. 高致病性禽流感

高致病性禽流感流行毒株的血清型和基因型复杂多样，广东以血清型H5N6亚型为主，基因型主要属于2.3.4.4b分支。全球H5N1亚型禽流感疫情大范围暴发，通过候鸟迁徙或货运传入中国的可能性很大；广东是水禽养殖大省，水禽免疫保护率偏低，散养场户点多面广，维持整体免疫抗体合格的难度大，气温较低的冬春季疫情发生的风险较高。H7N9亚型禽流感免疫抗体水平较高，流行强度处于低位，疫情发生风险较低，但不排除蛋鸡场和免疫力不足的肉鸡场零星发病。H9亚型禽流感病毒广泛存在，活禽交易市场环境污染严重，气温较低的冬春季节存在疫情发生的风险。

2. 口蹄疫

口蹄疫病毒污染面仍较广，流行毒株依然复杂，有境外不断传入新毒株的风险。疫苗防控是有效的手段，但在免疫薄弱环节（场点），存在散发O型口蹄疫疫情的可能，发生区域性流行的可能性较小。

3. 高致病性猪蓝耳病

高致病性猪蓝耳病（猪繁殖与呼吸综合征引发）在田间仍然呈现多毒株流行的局面，部分猪群还存在不同流行毒株的混合感染。感染情况复杂，且病毒污染面较广，需要高度关注。

4. 猪瘟

猪瘟抗体合格率较高，建立了较好的免疫屏障，处于良好的控制状态。但猪瘟病毒在猪群中依然存在，有散发猪瘟的可能。

5. 布鲁氏菌病

家畜布鲁氏菌病时有发生，以散发为主，但不会出现大面积暴发。广东是牛羊消费大省，省外调入牛羊数量较多，省外传入风险较大，接触隐性感染动物引发人感染布鲁氏菌病的风险依然较高。

6. 非洲猪瘟

非洲猪瘟病毒已在中国定殖，境外疫情传入风险较高。屠宰场、无害化处理厂、农贸市场等环节污染面大，中小规模养殖场（户）生物安全防护能力不足，野猪疫情状况不明，流行毒株复杂，受到基因缺失株、自然变异株、自然弱毒株等变异株的威胁，病毒难以精准剔除。阴雨季节局部地区发生非洲猪瘟疫情的可能性较大。

7. 猪伪狂犬病

猪伪狂犬病免疫抗体合格率较高，原种猪场猪伪狂犬病野毒阳性率逐年下降，但个别原种猪场存在猪伪狂犬病野毒感染情况，需继续推进种猪场猪伪狂犬病净化工作，进一步从源头上控制猪伪狂犬病。

8. 猪圆环病毒病

种猪群普遍存在猪圆环病毒感染。猪圆环病毒病和猪繁殖与呼吸综合征是猪的免疫抑制性疾病，猪只感染后免疫力会大大下降，易感染其他病原，从而造成多病原混合感染和免疫失败，因此需要高度重视该病的防控。

林业灾害

【森林火灾】

2022年,全省林火卫星热点、火灾数量同比大幅减少。全年共发生森林火灾45起(一般森林火灾22起、较大森林火灾23起,无重大以上森林火灾),火场总面积为625.81公顷,其中受害森林面积为270.14公顷,因森林火灾死亡1人。与上年相比,森林火灾起数下降53%、火场总面积下降76.8%、受害森林面积下降78%。

【林业生物灾害】

1. 灾害概况

2022年,全省林业有害生物总体以轻度发生为主,发生面积44.73万公顷,与上年同比下降14.10%。其中,轻度发生面积42.39万公顷,中度发生面积2.22万公顷,重度发生面积0.12万公顷;主要危害种类有松材线虫病、薇甘菊、红火蚁、松突圆蚧、湿地松粉蚧、松褐天牛、马尾松毛虫、黄脊竹蝗、竹笋禾夜蛾、油桐尺蛾、桉树焦枯病等40多种。总体特征表现为:①检疫性林业有害生物危害扩散势头得到控制,松材线虫病在广东的19个地级以上市、75个县(市、区)级行政区(含6个省直属林场)发生,发生面积比上年减少1.85万公顷,实现3个疫区县、38个疫点镇无疫情;薇甘菊在21个地级以上市均有发生,发生面积同比下降,在局部地区危害较重;红火蚁林地范围发生较少,主要在林缘周边、森林公园草坪、城市绿道周边等地带跳跃式发生。②常发性林业有害生物控制良好,马尾松毛虫、松茸毒蛾、萧氏松茎象等食叶害虫防控体系较成熟,基本控制有虫不成灾;竹林、肉桂和沉香等经济林病虫害整体发生平稳。③松树枝干害虫继续保持较低危害水平,松突圆蚧、湿地松粉蚧等外来有害生物基本不成灾害。④桉树等阔叶树病虫害在局部地区危害呈上升趋势。

2. 主要有害生物

• **松材线虫病**

总体重度发生。在全省19个地级以上市、75个县(市、区)、603个乡镇发生,发生面积27.69万公顷,病死树81.45万株,比上年同期减少。阳江市江城区1个县级疫区,病死树减少11.67万株。河源市发生面积达7.38万公顷,防控形势依然严峻。

• **薇甘菊**

总体轻度发生。21个地级以上市均有分布,发生面积4.27万公顷,比上年减少1.09万公顷。受防治经费影响,粤西、粤东沿海地区危害程度比较严重,部分地区已从林缘地带进入林区危害,对桉树种植区造成较大影响,对封育好的生态林和耕种管护良好的农田影响较小。

• **红火蚁**

全省各地均有分布,发生面积6031公顷,主要在林缘周边、森林公园公共活动区等地带发生，植被丰富的林地范围内发生较少、危害较轻。红火蚁叮咬人畜及对植物影响较少，未造成人员伤害事件。

- 松突圆蚧

总体轻度发生。全省均有分布，发生面积2.56万公顷，比上年下降33.78%，主要发生在云浮、阳江、茂名、梅州、肇庆、韶关、江门和汕尾等地。本地寄生蜂天敌种群稳定，有效抑制松突圆蚧，发生区林间虫口密度低，危害逐年减轻，基本不成灾害。

- 湿地松粉蚧

总体轻度发生。发生面积1.08万公顷，比上年下降17.56%。主要发生在粤西的阳江市阳东区和阳西县、云浮市云城区和云安区、茂名市电白区、肇庆市高要区、江门鹤山市等湿地松种植区，发生区虫口密度低，不影响松树生长。

- 松褐天牛

全省松林区普遍有分布，总体轻度发生。发生面积5.07万公顷，比上年下降22.6%。单独发生影响小，局部地区虫口密度较高，主要是在松材线虫病发生区传播疫病，造成松树枯死。其中，河源市东源县、新丰江、紫金县、和平县、连平县、龙川县，惠州市惠东县，肇庆市封开县、德庆县，云浮罗定市，梅州市五华县等地发生面积较大。

- 马尾松毛虫

全省松林均有分布，发生面积0.77万公顷，比上年下降31.86%，危害持续减轻。主要发生在云浮市云安区、罗定市、新兴县、云城区、江门台山市、恩平市、梅州市五华县、河源市新丰江，云浮市郁南县，韶关市浈江区等地。通过抓监测预报和采取生物、仿生物防治措施，全省未出现大面积成灾。

- 竹林害虫

危害竹林的种类主要为黄脊竹蝗和竹笋禾夜蛾。黄脊竹蝗发生面积3685公顷，比上年下降17.51%，单位面积跳蝻数量明显减少，主要发生在肇庆市广宁县，河源市和平县，韶关市曲江区、南雄市、始兴县、仁化县，江门恩平市等地。竹笋禾夜蛾发生面积2221公顷，主要危害茶杆竹，轻度发生，主要分布在肇庆市怀集县和广宁县。

- 桉树病虫害

桉树林主要危害种类有油桐尺蛾、桉树焦枯病、桉树青枯病、桉蝙蛾、桉树紫斑病、桉树枯梢病、桉树枝瘿姬小蜂等，发生面积1.82万公顷，比上年下降21.55%。油桐尺蛾发生面积1.55万公顷，比上年下降18.42%，主要发生在肇庆市高要区、封开县、怀集县，江门鹤山市、恩平市，清远市清新区，河源市东源县等地。桉树焦枯病发生面积1261公顷，主要发生在肇庆市德庆县、广宁县，阳江阳春市，江门恩平市，茂名高州市等地。桉树青枯病发生面积572公顷，主要发生在江门开平市、台山市、鹤山市，阳江市阳西县、阳春市。桉蝙蛾发生面积507公顷，主要发生在肇庆市德庆县，茂名高州市、化州市等地。桉树紫斑病发生面积207公顷，主要发生在云浮罗定市。桉树枯梢病发生面积120公顷，主要发生在河源市紫金县。桉树枝瘿姬小蜂发生面积31公顷，主要发生在湛江市遂溪县、廉江市。

- 其他有害生物

沉香黄野螟发生面积781公顷，轻度危害为主，主要发生在茂名市电白区、高州市、信宜市、化州市，以及中山市等地。局部地区发生虫口密度大，偏重发生。金钟藤发生面积303公顷，主要发生在广州市白云区、阳江阳春市等地。广州小斑螟和栗黄枯叶蛾共计发生面积348公顷，主要发生在湛江市麻章区、遂溪县、廉江市，茂名市电白区等地。肉桂双瓣卷蛾发生面积273公顷，主要发生在云浮罗定市等地。松茸毒蛾发生面积219公顷，主要发生在阳江市阳东区、阳西县、阳春市等地。杉木枯梢病发生面积213公顷，主要发生在云浮罗定市等地。

2022年广东省主要林业有害生物危害程度及发生情况如表14所示。

表14 2022年广东省主要林业有害生物危害程度及发生情况表

有害生物名称	危害程度评估①	发生面积（公顷）	主要寄主树种	发生及危害情况
松材线虫病	＋＋＋＋＋	276865	马尾松 黑松	全省大部分区域有发生，涉及松林小班约3.3万个，疫情扩散势头略有减缓，河源、清远、韶关、梅州、肇庆、揭阳等市的纯松林地区病死树仍未清理完毕，防控形势依然严峻
薇甘菊	＋＋＋＋	42741	植物	全省大部分区域有分布，弃耕农田、果园、高速沿线、征用待建设区、村庄四旁、沟渠湿地周边灾害明显，部分地区已从林缘地带进入林区危害，对林木生长造成较大影响
红火蚁	＋＋＋＋	6031	植物 人畜	全省普遍分布，林业主要在苗圃、林缘、农林混作区、森林公园、湿地公园等地带发生，叮咬人畜，影响林业生产
松突圆蚧	＋＋＋	25629	马尾松	普遍发生，主要发生在云浮、阳江、茂名、梅州、肇庆、韶关、江门和汕尾等地，低虫口发生
湿地松粉蚧	＋＋＋	10762	湿地松	湿地松种植区普遍分布，灾害较轻
马尾松毛虫	＋＋＋	7659	松属	普遍发生，云浮、江门、梅州、河源、韶关5市局部区域有零星灾害
松褐天牛	＋＋＋	50699	马尾松	普遍发生，局部地区虫口密度较高，河源、惠州、肇庆等地发生面积较大
黄脊竹蝗	＋＋＋	3685	竹类	竹产区普遍发生，未出现局部成灾现象
竹笋夜蛾	＋＋＋	2221	竹类	主要在肇庆市怀集县和广宁县局部发生
木麻黄青枯病	＋＋＋	182	木麻黄	主要在湛江市和阳江市局部区域灾害较重
桉蝙蛾	＋＋＋	507	桉属	主要在肇庆、茂名、阳江3市局部发生
肉桂双瓣卷蛾	＋＋＋	273	肉桂	主要在云浮罗定市局部发生
肉桂枝枯病	＋＋＋	93	肉桂	主要在云浮罗定市局部发生
松茸毒蛾	＋＋＋	219	松树	主要在阳江市阳西县、阳春市和阳东区局部发生
桉树枝瘿姬小蜂	＋＋＋	11	桉属	主要在湛江市遂溪县和廉江市零星发生

（续上表）

有害生物名称	危害程度评估①	发生面积（公顷）	主要寄主树种	发生及危害情况
黄野螟	+++	781	沉香	主要在茂名市和中山市局部发生
油桐尺蛾	+++	15538	桉属	普遍发生，主要在肇庆、江门、茂名、云浮、河源、清远、韶关、梅州、惠州等地发生
桉树焦枯病	+++	1261	桉属	主要在肇庆、阳江、河源、云浮、茂名、江门等地发生
桉树青枯病	+++	572	桉属	主要在江门台山市、开平市、鹤山市，阳江阳西县、阳春市发生
金钟藤	+++	303	乔木	主要在广州市白云区和阳江阳春市发生
广州小斑螟	+++	297	白骨壤、桐花、秋茄	主要在湛江市、茂名市、阳江市发生
杉木枯梢病	+++	213	杉木	主要在云浮罗定市发生
桉树紫斑病	+++	207	桉属	主要在云浮罗定市发生
椰心叶甲	+++	141	棕榈科	主要在湛江、江门、中山发生
桉树枯梢病	+++	120	桉属	主要在河源紫金县发生
栗黄枯叶蛾	+++	51	红树林	主要在茂名电白区发生
杉叶小卷蛾	+++	47	杉木	主要在云浮罗定市发生
油茶尺蛾	+++	47	杂食	主要在云浮罗定市发生
橙带蓝尺蛾	+++	36	罗汉松竹柏	主要在茂名市属林场和阳江阳春市发生
油茶褐斑病	+++	33	油茶	主要在云浮罗定市发生
小粒材小蠹	+++	13	杂食	主要在肇庆市属林场发生
栗六点天蛾	+++	8	栗	主要在湛江麻章区零星发生
椰子织蛾	+++	7	棕榈科	主要在湛江麻章区零星发生
刺桐姬小蜂	+++	7	刺桐属	主要在湛江遂溪县和中山市零星发生
小小蠹	+++	6	桉属	主要在韶关新丰县零星发生
多纹豹蠹蛾	+++	6	苹果、核桃、枣树等	主要在湛江雷州市零星发生
朱红毛斑蛾	+++	3	细叶榕	主要在茂名电白区零星发生
椰柱犀金龟	+++	1	棕榈科	主要在湛江徐闻县零星发生
红棕象甲	+++	0.07	棕榈科	主要在中山市零星发生

注：①"危害程度评估"一列中，+++表示"为害中等，需防治"；++++表示"为害严重，需紧急防治"；+++++表示"为害极为严重，需全力防治"。

城乡火灾

【火灾概况】

2022年，全省火灾形势保持持续稳定状态，共发生火灾55 629起，同比下降13.2%；因火灾死亡123人（含人为放火案件死亡38人），同比持平；受伤233人（含人为放火案件受伤18人），同比下降4.9%；造成直接财产损失7.1亿元，同比下降5.0%。其中，发生建（构）筑物火灾27 132起，同比上升2.0%。除放火案件外，全省发生较大火灾5起，共造成21人死亡、3人受伤，直接财产损失292万元。全年未发生重大以上火灾事故，全省社会面火灾形势持续平稳。

【火灾特点】

1. 从地区风险看

广州、珠海、汕头、佛山、梅州、汕尾、江门、阳江、清远、揭阳10个地级以上市火灾亡人数同比下降；深圳、韶关、河源、惠州、东莞、中山、茂名、肇庆、潮州9个地级以上市火灾亡人数同比上升；湛江、云浮2个市火灾亡人数同比持平。除人为放火外，全省共发生5起较大亡人火灾：清远、佛山、东莞、潮州、深圳5市各发生1起，分别造成5人、3人、7人、3人、3人死亡。汕尾、阳江2市全年未发生亡人火灾。

2. 从区域风险看

城市区域火灾亡人最多，集镇区域火灾发生起数最多。城市建成区发生火灾14 405起，占火灾总起数的25.9%，与去年基本持平；县城区域发生火灾7925起，占火灾总起数的14.3%，同比上升17.8%；集镇区域发生火灾19 608起，占火灾总起数的35.3%，同比下降0.7%；农村区域发生火灾12 024起，占火灾总起数的21.6%，同比下降36%。

3. 从场所风险看

建（构）筑物发生火灾27 132起，占火灾总起数的48.8%。发生在居住类场所的火灾最多，共18 359起，占建（构）筑物火灾总起数的67.7%；发生亡人火灾64起，造成73人死亡，亡人火灾起数和亡人数分别占火灾总起数和总亡人数的70.3%和59.8%。其中，发生在自建住宅的火灾造成42人死亡、99人受伤；发生在非自建住宅（商品房、公寓房等）的火灾造成31人死亡、36人受伤。商业场所、批发市场、停用厂房、经营性小场所、高层住宅各发生1起较大火灾。

4. 从行为风险看

电气原因、用火不慎、自燃、遗留火种、吸烟、生产作业是造成火灾的主要原因，占火灾总起数的96.6%。因电气起火20 309起，占火灾总起数的36.5%；因用火不慎起火12 224起，占火灾总起数的22.0%；因自燃起火8044起，占火灾总起数的14.5%；因遗留火种起火8102起，占火灾总起数的14.6%；因吸烟起火3124起，占火灾总起数的5.6%；因生产作业起火1958起，占火灾总起数的3.5%。5起较大火灾原因分别为：遗留火种、用火不慎、电气线路故障、电动车锂电池故障、生产作业焊割不当。

5. 从时间风险看

10月火灾起数最多，共6147起，占火灾总起数的11.0%；12月火灾亡人最多，死亡17人，占总亡人数的13.8%。第四季度火灾起数（14457起）和死亡人数（35人）占比最高，分别占火灾总数的26.0%和28.5%。18时至20时为火灾高发时段，全年共发生火灾7313起，占火灾总起数的13.1%；2时至4时为亡人火灾高发时段，发生火灾2526起、死亡17人，该时段虽然火灾起数仅占火灾总起数的4.5%，但死亡人数占总亡人数的13.9%，5起较大火灾中有2起发生在该时段。

【较大火灾】

1月23日12时38分，位于清远市佛冈县石角镇的树茶（广东）餐饮服务有限公司（店铺招牌为"星茶LABTEA"）发生火灾。火灾造成5人死亡，过火面积300平方米。起火原因是星茶奶茶店厨房工作台上电炸炉油锅通电后持续加热，油温过高起火，员工处置不当引燃周边可燃物。

4月7日1时，位于佛山市南海区狮山镇街边社区的华南国际水果副食城A区1号大棚发生火灾。火灾造成3人死亡、2人受伤，过火面积1080平方米。起火原因是遗留火种引燃大棚30号铺中部北边靠近冷库的杂物堆上的纸箱、纸张、塑料筐等可燃物。

9月2日10时58分，位于东莞市清溪镇长山头村清溪大道62号的东莞市园仔山食用菌有限公司发生火灾。火灾造成7人死亡，过火面积1万平方米。起火原因是东莞市桂顺再生资源回收有限公司雇用的无特种作业操作证人员违规使用射吸式割炬（气割枪）对金属管道吊架进行切割作业时，引燃聚氨酯泡沫保温材料并发生轰燃。

11月14日3时5分，位于潮州市枫溪区詹厝村的啊盛摩托车维修店发生火灾。火灾造成3人死亡，过火面积106平方米。起火原因是电动自行车锂电池在充电过程中发热失控起火，引燃周边可燃物。

12月22日凌晨，深圳市坪山区马峦街道心海城小区一民宅发生火灾。火灾造成3人死亡、1人受伤，过火面积15平方米。起火原因是住户在使用艾灸熏蒸仪时，用火不慎引燃周边可燃物。

省直部分单位防灾减灾工作

广东省应急管理厅

【防汛防旱防风措施】

2022年，受拉尼娜事件等影响，广东省极端灾害天气频发，先后经历东江流域近60年最严重旱情、近20年最强5月暴雨、历史性"龙舟水"、北江流域超百年一遇特大洪水、近20年登陆广东最强南海"土"台风"暹芭"等。在国家防总、应急管理部和省委、省政府的坚强领导下，全省上下坚持人民至上、生命至上，坚持安全第一、预防为主，有力有序有效开展防汛防旱防风防冻工作。全年全省共启动应急响应10次、累计时长达1272小时，其中启动防汛Ⅰ级应急响应，为历史上首次；累计投入抢险救援人员74.42万人，提前转移危险区域群众155万人次，确保人民群众生命财产安全，把灾害损失降至最低程度。

1. 查漏补缺抓备汛

全面汲取河南郑州"7·20"特大暴雨灾害的深刻教训，切实做好防汛备汛工作。一是强化责任落实，全省共核定、通报30.33万名三防责任人，并要求100%安装"应急一键通"APP。二是强化工作培训，各地通过异地视频、集中培训等方式培训三防责任人39.97万人次。三是强化汛前检查，共组织排查水利工程隐患1829处、山洪灾害隐患4366处、削坡建房8.55万处、易涝点2738处等，对发现的问题全部登记造册并督促抓好整改。四是强化应急救援力量建设，构建以综合性消防救援队伍为主力、专业救援队伍为协同、社会应急力量为补充的应急救援力量体系，建设三防抢险队伍5190支，储备应急物资10.84亿元。12月7日，国家东南区域应急救援中心正式开工建设，同时编制粤北区域应急救援中心项目建议书，提请省发展改革委立项。五是强化机制建设，建立每日常态化会商和重大天气滚动会商工作机制，出台《广东省防汛防旱防风总指挥部会商工作指引（试行）》《广东省三防督导检查工作指引（试行）》《广东省三防信息报送工作指引（试行）》等。

2. 全面动员防大汛

面对严峻的汛情考验，全省应急管理部门始终把保障人民群众生命财产安全放在首位，空前重视、周密部署、全面动员，确保防汛救灾各项措施落细、落实、落到位。一是五级书记齐抓防汛。省委书记带头第一时间深入一线和省应急指挥中心调研指导，省委、省人大、省政府、省政协22名领导多次对接定点联系市、县（市、区）并指导做好防汛工作，市、县（市、区）、镇、村各级书记亲自部署、深入一线、靠前指挥，各级行政主要领导履职尽责、狠抓落实。二是各级防指统筹有力。省防总主要负责人多次连续数十小时坐镇省应急指挥中心，研判部署灾前、灾中、灾后防汛和救灾复产工作。省三防办、省应急管理厅统筹各方，坚持每日会商、滚动研判、全程跟踪部署、全程调度检查。各级防指及时启动应急响应，指导各地提前转移危险区域群众，果断采取停课、停工、停产、停运、停业等措施。三是各部门精准应对。水利部门统筹做好流域、区域统一调度，共发布调度指令1102道，减淹城镇284个，减淹耕地445.82万亩，避免人员转移296万人次。自然资源部门狠抓汛期基层群测群防工作，全省共出动巡排查人员30.8万人次，巡查隐患点、风险点14.4万处次，转移避险12万人。驻粤解放军、武警部队以及各地公安、交通、电力、通信、消防等部门及时派出抢险救援力量投入防汛救灾。

3. 突出重点防台风

强化机制建设和监督执行，确保防台风"六个百分百"要求刚性落实。一是完善机制强化工作指导。省三防办、省应急管理厅先后出台《防台风"六个百分百"工作指引（暂行）》《海上风电施工平台和渔船渔排防台风工作指引》，细化适用范围、责任主体、启动条件、具体要求、纪律执行等内容，确保执行期间职责明确、任务清晰，提高工作效率。联合福建、广西、海南等省（区）防指建立《粤闽桂琼四省区海上渔船防台风协同机制》，实现台风影响期间渔船按照"同一海域执行同一防台风指令"的原则，就近安排、统一管理，并严格落实疫情防控各项措施。二是敢于斗争，严肃工作纪律。省三防办、省应急管理厅组织召开全省落实防台风"六个百分百"措施工作交流会，对防台风"六个百分百"落实统一思想认识，并对执行时存在的"问题"行为进行严肃通报批评、约谈提醒。台风"马鞍"影响期间，针对揭阳、湛江渔船未按指令规定时间回港问题提出严肃通报；台风"纳沙"影响期间，针对海上风电平台"海狮5"违反防风指令问题进行专题处理，取消该船水上水下作业和活动许可，列入永久黑名单，并开展一系列警示约谈，有力维护了三防指令的权威性。三是强化联动凝聚工作合力。台风影响期间，各地各部门坚持每日7时、15时、23时"一日三报"防台风"六个百分百"落实情况，属地和行业"条块结合"互相比对核实，确保数据准确，坚决防止漏船漏人现象发生。针对年内影响时间最长的台风"尼格"，全省上下高效联动，既抓海上又抓陆上、既抓渔船又抓商船、既抓防风又抓防疫、既抓线下又抓线上，及时组织全省8.5万艘海上渔船全部提前回港避风，回港船只100%落实避风措施，8565名渔排人员、33个海上风电平台共499人全部提前上岸避险，80个滨海景区和海滨浴场全部提前关闭，珠海、中山和江门台山市等主要影响区域均果断采取停课、停运、停工等措施，实现防台风零伤亡目标。

4. 守好底线战旱情

时刻把保障群众饮用水安全放在防旱抗旱最突出位置，加强组织领导、强化责任担当，提前防范和化解供水安全领域的重大风险。一是加强信息综合。省三防办、省应急管理厅加强全省防旱抗旱工作统筹，年初紧盯东江、韩江等重点流域内的居民饮用水保障问题，坚持每日会商、每日调度、每日一报和一线督导；汛后紧盯局地散发旱情，坚持旱情周报，确保掌握工作主动。二是加强水资源科学调度。进一步加强水利工程抗旱调度，以骨干水库为重点，构建抗旱保供水"三道防线"，持续实施"日会商、日报告、时调度"联动机制，精准调度，高效利用有限水资源，有力保障生产生活供水。三是加强基础设施建设。三洲榕南干渠抗旱应急引水工程于1月8日正式通水，每日可为"两潮"地区供水12万立方米。揭阳市乌石水厂扩建工程于1月20日完工并全线通水，解决了普宁市城区及东部五镇，特别是麒麟镇13.4万人口的用水问题。汕尾市黄江河抗旱应急引水工程春节前投入使用，能够保证每天供水5万立方米，有效缓解市区用水资源紧张的问题。

【减灾救灾】

1. 精准实施灾害救助，坚守民生保障底线

全年累计启动省Ⅳ级救灾应急响应1次、省Ⅲ级救灾应急响应1次，下拨省级生活救助资金

4.2亿元和中央生活救助资金1.26亿元,调拨1.23万顶帐篷、2.09万张折叠床、1.03万床毛巾被等省级物资,有力应对近20年最强5月"龙舟水"、6月严重洪涝灾害以及台风"暹芭""木兰"等自然灾害。派出8个工作组到清远、韶关、河源等受灾地区,指导灾情核查和灾害救助工作。组织全省939户"全倒户"、583户"严损户"开展倒损房屋恢复重建。组织开展过渡期生活救助、冬春生活救助、因灾死亡(失踪)人员家属抚慰等。

2. 强化应急物资管理,提升应急保障能力

建立"应急物资信息化运营机制"和"救灾物资全省一盘棋调拨机制",起草"广东省基层(县域)应急物资储备分类指引",全方位系统构建全省应急物资保障格局。集成开发"一网统管"应急物资专题,接入全省2100多家应急物资仓库数据。采购7台大型排涝应急抢险装备(价值2000万元)和1台应急保障车,配发至7个地级以上市并交付使用。组织研发设计省级应急救援救助帐篷,包括指挥帐篷、安置帐篷、作业帐篷、卫浴帐篷、仓储帐篷5大类帐篷体系共9个品种,推动全省救灾帐篷升级换代。

3. 做好全域灾情统计,健全灾情报送体系

主动适应"全灾种、大应急"改革需求,将道路交通、水利设施、自然资源、电力供应、通信保障等有关行业灾情险情指标纳入灾情统计范围,编写灾情快报44期,制定灾情"一张图"、灾情手册,为领导决策提供全方位参考。

4. 坚持夯实基层基础,全面提升综合防灾减灾救灾能力

大力开展行政村(社区)防灾减灾救灾能力"十个有"建设。一是样板示范引领。分区域选择5个典型村(居)打造样板村;选择部分雨窝点、地质灾害点等多灾易灾村(居)285个建设应急值班值守系统,建设"大喇叭"样板镇,严把样板建设标准关、质量关、验收关。二是高位推进。印发《关于深入开展行政村(社区)防灾减灾救灾能力"十个有"建设的通知》,要求各地制定"十个有"建设时间表、路线图,倒排工期,压实责任。对九项重点工程创建的全国综合减灾示范社区开展"十个有"抽查。三是强化指导。深入12个地级以上市和35个镇村指导"十个有"建设,做到"三及时":及时掌握全省"十个有"建设情况,及时总结推广好经验好做法,及时协调解决遇到的难题。至年底,全省共有25 591个村(居)开展"十个有"建设,占比98.5%;其中,12 961个村(居)已具备"十个有"要求,占比49.9%。

大力开展全国综合减灾示范社区创建。一是精心谋划部署。印发《关于大力开展全国综合减灾示范社区和示范县创建工作的通知》,从强化思想认识、强化组织领导、强化目标导向、强化审核检查、强化维护管理等方面提出创建要求。二是提高创建质量。要求开展全国综合减灾示范社区创建的村(居)同步建成"十个有",以"十个有"创建充实和提高示范社区创建质量。三是创建成效显著。2022年,国家减灾委印发通知,命名广东省75个社区为全国综合减灾示范社区,成功创建数连续4年位居全国首位;全省共创建示范社区1441个,亦居全国首位。

大力开展全国综合减灾示范县创建。一是坚持省市县三级联建。统筹各方资源,压实各级责任,构建齐抓共管格局,将南澳县全国综合减灾示范县打造成广东综合减灾"名片",推出"广东范本"。二是协调国家和省投入专项资金,助力南澳县开展风险普查、建设南澳县防灾减灾宣教基地、完善各镇应急管理"四个一"建设、全覆盖建设46个村应急值守等。三是强化技术支撑,组织省各行业应急管理专家赴南澳县,针对示范县创建内容逐条逐项开展帮扶指导。组织专家对标示范县创建标准严格审验,确保高质量创建示范县试点。四是持续指导广州市天

河区、深圳市盐田区、珠海市金湾区、江门市江海区、梅州市梅江区、惠州市博罗县、肇庆市端州区、清远市阳山县、潮州市饶平县等地开展示范县创建工作。

大力开展防灾减灾知识"五进"。2022年全国防灾减灾日期间，广泛发动全省各地、省减灾委各成员单位及其系统单位开展防灾减灾活动，全面开展防灾减灾知识"五进"活动，线上宣传活动参与人次超过3000万。一是组织钢铁企业安全特派员督促防灾减灾宣传，利用全省加油站开展减灾宣传进企业，组织村（居）利用"十个有"建设成果开展宣传和演练，在全省电视开机画面和电视大屏开设防灾减灾专区进家庭画面，为全省中小学生、幼儿园学童和家长同上一堂"防灾减灾教育课"，在全省中小学校开展防灾减灾手抄报征集活动。二是在主流媒体、综合门户网站、省减灾委成员单位及其系统单位宣传窗口开展防灾减灾宣传。策划"广东防灾减灾"微博热点话题，制作主题海报和宣传片，组织防灾减灾知识盲盒答题活动，组织全省各地以主题点亮地标建筑，并在户外电子大屏滚动播放主题海报和宣传片。充分发挥"应急一键通"APP直达责任人的作用，在APP上开展防灾减灾宣传活动，强化应急责任人的防灾减灾意识。

【森林防火减灾】

2022年，全省各地各有关部门坚决落实国家森林防灭火指挥部和省委、省政府决策部署，狠抓森林防灭火责任落实，进一步完善体制机制，深入推进乡镇森林防灭火工作规范化管理试点，持续深化火灾隐患"五清"、林区输配电设施火灾隐患整治、"猎火"行动等专项工作，确保春节、清明、党的二十大召开期间等重要时间节点不发生重大以上森林火灾。成功处置清远阳山、连南和韶关乳源、南雄（仁化）以及梅州兴宁、佛山南海、广州花都等多起较大森林火灾，全省森林防灭火形势总体稳定，火灾起数、火场面积和受害森林面积同比全面下降，确保人民群众生命财产安全和大局稳定。

1. 抓好统筹协调

省森防指办公室充分发挥组织协调、指导和督促职能，抓好全省森林防灭火工作综合统筹。一是抓住责任制考核，进一步落实森林防灭火行政首长负责制，推动《广东省基层森林防灭火十条硬措施》落地见效，建立和完善基层森林防灭火镇"六有"和村"九个一"体系机制。二是拟定省森林防灭火工作2022年工作要点，结合地方党委、政府换届，将森林防灭火工作纳入地方党政负责人集中培训的重要内容，结合"林长制"的推行，压紧压实各级林长森林防灭火责任，推动森林防灭火县领导包镇、镇领导包村、村干部包村小组、村小组包山头的网格化责任落实。三是针对清明、国庆和党的二十大等重点时期部分地级以上市火灾多发频发等问题，加强督办提醒，组织督导检查。全年发出督办函、提醒函7次，约谈有关地级以上市人民政府1次、有关责任单位3次；在两会、冬残奥会、清明、国庆和元旦前后，组织15个督导工作组对重点地级以上市加强检查。四是强化管控措施。进入森林特别防护期和高火险等级天气时，及时通报森林火灾情况，加强督导检查，紧盯重点区域、重点部位、重点对象，加强宣传引导，落实监管责任，指导各地加强巡山护林，设卡检查，严管野外火源。10月进入森林特别防护期后，全省12个地级以上市、92个林业重点县（市、区）发布森林防火禁火令，采取超常规手段，严防死守，确保防灭火形势稳定。五是加强和规范森林火案调查工作。认真执行《广东省森林火灾调查工作规范》，对有关地市发生的典型森林火灾紧盯不放，派出工作组，发出督办函，对相关责任单位和责任人依法严肃处理。

2. 完善体制机制

一是完善机制。制定完善《广东省森林火险预警与响应工作机制（试行）》和《广东省森林防灭火会商调度机制（试行）》，提高预警准确性，突出响应时效性。加强林火卫星热点核查，进一步规范火情信息报送，印发《关于进一步加强森林火灾信息报送工作的通知》和《广东省森林火灾信息通报机制》。二是规范程序。印发《全省森林火灾扑救应急力量调遣方案》和《广东省森林火灾应急响应联动机制（试行）》，确立森林火灾应急响应原则、力量编成、调动规定和分级组织指挥、处置程序等规范要求，明确启动应急响应条件和要求，制定全省各地森林火灾应急处置力量三级梯队调度表。三是强化工作指引。印发《关于做好2022—2023年度森林特别防护期有关森林防灭火工作的通知》，制定《2022—2023年度森林特别防护期防灭火工作方案》。清明、国庆、党的二十大期间和元旦前印发有关加强森林防灭火工作通知和工作指南，制定《国庆节暨党的二十大期间森林火灾应急专项预案》，扎实做好重点节假日和秋冬季至明年春季森林特别防护期的火灾防控工作。

3. 及时研判预警

坚持森林特别防护期每周发布森林火险预警、每月预测森林火险趋势、每季度组织森林火险形势分析和风险评估会商，提出应对措施。突出重点时期，突出精准研判，加强元旦、春节、清明、"五一"、国庆、重阳和党的二十大期间等重点时段的研判，及时预警预报。全年组织省级会商研判5次，发布森林火险气象趋势预测7期，发布森林火险趋势分析周报告15期，发布黄色以上森林火险预警134天次。各级气象部门发挥遥感气象卫星作用，加强火情监测，发布高温和森林火险信息2022条，发布森林火险预警信号1362站次。通过电视、网络和移动、联通、电信三大运营商在全省范围发布预警短信11.37亿人次。

4. 群防群治加强森林防灭火宣传

组织2022年森林防灭火宣传月启动仪式，开展宣教"大篷车"和短视频征集大赛等系列活动，开展森林防灭火志愿服务活动1300多场、累计1.81万人次。应急、公安、林业、宣传、教育等部门联合开展森林防灭火宣传周、"开学第一课"和科普教育，组织主题报道、典型案例、新闻调查，播发相关报道6000多条、公益宣传1.1万多条次、森林防火系列调查视频6集。司法、民政、气象、交通运输、文化旅游、农业农村、消防救援等部门和铁路、电力等行业在各自职责范围领域加强森林防灭火法规宣传，引导民众文明祭祀，严格遵守防火禁火规定，加强生产生活用火管理，提高民众防火意识。

5. 部门联动消除火灾隐患

各级森防指及成员单位各司其职，各负其责，开展森林火灾隐患排查整治和查处违规用火行为等专项行动，消除火灾隐患，降低火灾风险。省林业局组织全省林业系统开展森林火灾风险普查，初步完成省级森林火灾风险普查危险性评估、减灾能力评估以及重点隐患评估任务；省文化旅游厅严格落实162家A级旅游景区和省级以上旅游度假区森林防灭火工作监管责任，督促责任单位加强巡查检查，及时清理重点区域可燃物，排查火险隐患，加大对游客的森林防火宣传力度；省交通运输厅加强公路重点设施和沿线防火巡查，强化施工作业动火安全管理，组织清理铁路、高速公路围栏范围内和国道省道及养护道路两旁杂草、枯枝落叶、垃圾等可燃物，干燥季节采取洒水作业降低道路两侧植被火灾风险；省农业农村厅加强秸秆还田、回收等综合利用工作，减少秸秆焚烧，禁止随意烧荒、烧田埂、烧垃圾等野外违规用火；各级气象部门根据森林防灭火形势和气候特征，实施飞机增雨和火箭增雨作业185次，发射火箭弹633枚，增加降水约4亿立方米；省能源局编制《能源安全检查表汇编》，明确油气管道、输配电设施森林火灾防控检查标准，加强对林区输配电线路和油气管道等重要设施的安全监管和检查抽查，督促企业针对火险隐患制定整治方案，做到责任、措施、资金、时限和预案"五落实"；省通信管理局组织二大电信运营商和铁塔公司开展林区通信设施森林火灾隐患治理和安全隐患排查，清理基站、铁塔设施周边的杂草落叶等可燃物，及时维修机柜、空调、电池等高温设施。

6. 加强队伍建设

一是建强专业队伍。全年全省建有122支森林专业队伍、共5766人，其中，34支队伍负责人由应急管理部门干部或应急管理部门事业编制人员担任，24支队伍配置政委、教导员，21支队伍设置党支部（党委）。二是加强以水灭火建设。结合应急管理部在广州市增城区开展南方地区以水灭火示范建设项目，推进国家投资《广清一体化森林防灭火应急能力建设项目》，先后投入6420万元省级资金用于34个重点县（市、区）购置以水灭火装备四件套（水车、指挥车、运输车、工具车和水泵水带一批）；在全省范围内打造100支以水灭火队伍，省、市、县（市、区）三级财政先后投入3.6亿元。三是加强培训演练。组织全省开展扑火安全培训和实战演练，通过举办"广东应急管理大讲堂"来开展"森林火灾安全扑救"教育，组织专业队伍参加森林火灾扑救与安全避险学习。12月17日上午，省、市、县（市、区）、镇、村五级联合森林灭火演练在云浮市云安区都杨镇成功举办。

7. 强化科技赋能

一是完成智慧森林火灾防治监测预警系统建设（一期）。加密部署林区远程监控，新建277套具备智能烟火识别的远程视频监控前端、460套森林火险综合监测站和12套生态监控监测站，整合对接已建、在建的信息系统，建成包含火险预警、视频监控、"空天地"一体化监测、调度指挥、综合展示等内容的统一平台。二是利用防火码和"互联网＋"督查等新技术手段，对进山入林群体进行宣传教育和追踪管控。近3万名护林员配备北斗巡护终端，实时监督上线巡护率，定期通报。全省森林防灭火责任人、护林员等8.1万多人手机安装"应急一键通"APP。三是在珠海、梅州、肇庆、清远四市开展对讲机无线电窄带通信自组网370MHz试点，探索新型森林无线通信模式，拓宽通信覆盖范围。

8. 加强应急处置

坚持人民至上、生命至上，把确保人员生命安全贯穿到应急响应全过程。一是加强省、市、县（市、区）工作衔接，完善各级森林火灾应急预案。全省21个地级以上市、114个县（市、区）级完成预案修订。二是高火险天气和重点时期严格执行24小时值班和领导带班制度，执行每日森林火情"零报告"制度，专业队伍靠前驻防，携装参与防火巡护。三是强化森林火灾应急响应联动，规范组织指挥，提升处置能力。年内，省森防指办两次启动森林火灾Ⅳ级应急响应，其间应急、林业、公安、气象等成员单位联合值班值守，实施全省一盘棋统一组织指挥，成功处置多起森林火灾。省森防指办总结运用近年森林火灾扑救的有效打法，制定《森林火灾扑救组织指挥工作指引》，规范森林火灾扑救组织指挥和后方指挥部运作，提升应急指挥效能。

9. 组织森林火险隐患排查整治

省森防指办、省林业局、省公安厅、省应急管理厅联合开展森林火险隐患"五清""猎火"行动和输配电设施森林火灾隐患排查整治、旅游景区森林火灾风险排查整治等专项行动，按时完成"百日攻坚"任务。省公安厅联合林业等部门深入开展"猎火行动2022",严打违规用火和森林火灾肇事等违法犯罪行为,挂牌督导15起森林火案。全省受理野外违规用火等行政案件456起,查处行政案件419起,行政处罚404人。现场制止教育违规人员超过4.1万人次。破获刑事案件144起,刑事拘留92人、逮捕14人、移送起诉80人;与上年相比,破案率从60.3%上升到71.64%,森林火灾行政、刑事案件查处率达85.69%。林业部门组织对坟边、林边、地边、隔离带、旅游景区内可燃物进行全面清理整治,及时排查风险,消除隐患。电力部门联合林业部门开展林区输配电设施火灾隐患排查整治,同时加强电力规划与林区规划对接,全年有165项输配电线路工程采取不砍通道、加高杆塔跨越和绝缘导线等方式解决"树线矛盾"。据统计,全省累计排查森林防火区内火灾隐患1.15万处,发放整改通知书1755份,建立火灾隐患排查整治台账3461份,整改火灾隐患1.07万处,森林火灾风险隐患整改完成率93%,推动森林火灾隐患排查整治工作完成"清零"目标。

10. 加强航空森林消防救援

2022年,省应急管理厅通过政府采购方式租用4家通航公司的13架大型直升机,其中,春季航期6架、秋冬季航期7架,先后驻防梅州、韶关、惠州惠东、河源、云浮罗定基地,执行全省范围内的航空森林消防救援任务。至11月30日,执行飞行任务182架次、飞行时长348小时24分,其中,吊桶灭火飞行121架次、飞行时长228小时12分,洒水1291桶、约3874吨;扑救森林火灾26起,参与执行航空救援任务1起;一般作业飞行(含调机)61架次、飞行时长120小时12分。

广东省气象局

2022年，全省气象部门坚持以习近平新时代中国特色社会主义思想为指导，全面学习、全面把握、全面落实党的二十大精神，坚决贯彻"疫情要防住、经济要稳住、发展要安全"重要要求，统筹发展和安全；在中国气象局党组和省委、省政府的领导下，直面新冠肺炎疫情冲击和严峻考验，攻坚克难、团结奋斗，充分发挥气象防灾减灾第一道防线功能，着力推动气象高质量发展，气象服务国家、服务人民不断取得新进展、新成效。省情调查显示，气象服务公众满意度连续第三年位居四十类政府服务第二名。

【灾害性、关键性天气预报服务】

1. 重大气象专项服务

在春节、"五一"及国庆等假期天气预报服务过程中，预报准确、服务主动。提前对节日期间的逐日天气做出具体预报，通过重大气象信息快报、电子政务系统信息、决策服务短信等形式发送给各级党政部门和有关服务单位。圆满完成高考、中考等重大活动专项服务，服务单位包括省委、省政府及省应急厅、公安厅、教育厅、体育局等20多个部门。针对南海海域海巡、阳江海域落水事故、梅州森林火灾、国家局保障服务等提供专项保障气象服务。此外，省气象局累计向省委、省政府等部门发布《重大气象信息快报》84期、《重大气象信息专报》14期、《最新气象信息》331期、《天气报告》367期，局领导和首席专家参加省防总天气会商超过100次，提供专项服务逾1000次，举办新闻发布会5次。

春运（1月17日—2月25日）历时40天，天气复杂，气象服务任务艰巨。省气象局制定《广东省气象局2022年春运气象服务实施方案》。省气象台制定《广东省气象台2022年春运气象保障服务实施方案》《广东省气象台2022年春运气象应急值班细则》，从组织安排、技术力量、网络通信保障等方面做足充分的准备，将各项服务任务细分，并具体落实到各科室和业务岗位，主动为公众出行提供优质服务，为实现"高效春运、平安春运、智慧春运、温馨春运"提供强有力的气象保障。春运期间，除每天制作《天气报告》外，还逐日滚动制作《春运气象保障服务专报》；共发布强风警报和强风消息135份，发布低温消息和低温霜冻消息22份，发布暴雨消息7份；首席预报员接受新闻媒体采访26次；向政府等职能部门和中国气象局汇报《重大气象信息快报》7期、《重大气象信息专报》3期、《最新气象信息》29期、《春运气象保障服务专报》41期、《广东省重大突发公共卫生事件专项气象报告》40期；同时，针对2月19日和21日的低温阴雨冰冻天气，及时派出首席专家参加省应急管理厅的视频连线天气会商。

2. 汛期灾害天气服务

3月24日开汛，较常年偏早18天，前汛期出现近20年最强5月暴雨过程以及有气象记录以来第三强"龙舟水"，有6个台风登陆或严重影响广东省。汛期期间，省气象局派出预报员和业务技术骨干先后到省应急厅、水利厅参与灾害天气应急值班，加强预报服务联动，为政府决策部门提供更及时、细致和准确的预报服务。

5月10—13日，广东省持续四天出现大范围暴雨到大暴雨、局地特大暴雨过程。其间，省气象局高度重视、迅速部署，全力做好过程预报服务，多次向省政府、省应急厅等汇报最新雨情，并与香港、澳门气象部门开展联合会商。举全台预报技术力量成功预报了本轮持续性强降水过程；共制作《重大气象信息快报》5期、《重大气象信息专报》1期、《最新气象信息》25期、《每日天气报告》8期、《雨情信息专报》17期、《逐时雨情信息》52期。

8月25日，台风"马鞍"正面袭击茂名市，给广东省带来一定的风雨影响。其间，省气象台提前组织首席预报员进行内部会商，集思广益、加强研判，针对"马鞍"动态及风雨进行深入分析；为保证防灾减灾和预报服务的提前量和有效性，省气象台密集报送其路径、强度的最新实况消息和最新的暴雨、大风影响范围预报信息，为政府部门部署防御工作提供了坚实有力的专业支持。此外，还组织人员参加"马鞍"粤港澳大湾区影响专题加密会商。共制作《重大气象信息专报》1期、《重大气象信息快报》9期、《最新气象信息》9期、《每日天气报告》4期、《分县精细化定量降水预报》3份、《雨情信息专报》11期。

3. 灾害性天气预警信号发布

年内全省各级台站共发布灾害性天气预警信号95 913次，其中，台风预警4301次（白色预警2145次、蓝色预警1694次、黄色预警377次、橙色预警58次、红色预警27次），暴雨预警45 570次（黄色预警34 814次、橙色预警9037次、红色预警1719次），雷雨大风预警23 175次（黄色预警22 483次、橙色预警688次、红色预警4次），高温预警5374次（黄色预警3507次、橙色预警1392次、红色预警475次），大雾预警2437次（黄色预警2156次、橙色预警273次、红色预警8次），寒冷预警5238次（黄色预警3481次、橙色预警1663次、红色预警94次），冰雹橙色预警493次，道路结冰黄色预警53次，森林火险预警9272次（黄色预警4916次、橙色预警2854次、红色预警1502次）。其中，广州市各级气象台站发布的预警信号包括台风预警1206次、暴雨预警7866次、雷雨大风预警6762次、高温预警2529次、大雾预警200次、寒冷预警1461次、冰雹预警191次、森林火险预警2912次，共计23 127次。

【气象业务与现代化建设】

1. 坚持人民至上、生命至上，统筹做好疫情防控与防灾减灾

全力以赴防汛防台抗旱。有效应对6个登陆或严重影响广东的台风和19场大范围强降水过程。人工影响天气（简称"人影"）作业有效增加降水量约6.3亿立方米。加强流域中心运行机制建设，首次制作发布流域水文气象公报。联合住建部门探索建立建筑工地基于气象预警的自动停工机制。做好"福景001"搜救、"七一"庆祝、阳江近海演习等专项气象保障。东莞、中山推进气象防灾减灾第一道防线示范镇建设。惠州大亚湾石化安全气象保障基地开工建设。完善"政府+气象+保险"气象指数保险模式，助力相关单位/人员快速获赔保费达6.1亿元。

强化依法履职。获评2021年度安全生产和消防工作考核"优秀"等次。更新认定全省气象灾害防御重点单位3351家，连续第七年开展气象灾害防御重点单位联合执法检查。气候可行性论证和雷电灾害风险评估被列入省工程建设项目主要审批事项清单。发布省级地方标准《乡镇（街道）气象服务站建设运行规范》，东莞、河源、佛山、揭阳等地方法规规章相继出台，4项地方标准制修订项目获批立项。

提升全民气象灾害风险防范意识和能力。多形式向社会公众普及各类气象灾害防御知识及防范应对技能。新增2个全国气象科普教育基地、8个省科普教育基地。联合省教育厅、省科协举办首届"气象小主播"大赛，超4万名小学生参赛（含港澳），其中1人获全国科普讲解大赛一等奖和"全国十佳科普使者"称号。讲好广东气象故事，中央及地方媒体发稿1609篇，营造了良好的舆论氛围。

慎终如始抓好疫情防控。做好疫情防控气象保障服务，报送疫情防控保障专报215期。抓细抓实内部疫情防控，实现部门应急预案全覆盖，完成常态化核酸检测采样3.14万人次。细化落实"三分三备"要求，确保全年业务平稳运行。组织党员突击队106支、志愿者1.71万人次支援防疫一线。

2. 聚焦气象高质量发展持续用力，加快推进气象业务现代化建设

科技创新亮点纷呈。与北京大学联合创建中国气象局龙卷风重点开放实验室。打造"1+N"科技协同创新平台，广州、珠海、中山、阳江取得新突破。自主研发的快速同化系统和模式初始场试运行评估，基本摆脱对国外技术路径的依赖。争取科研经费3735万元，获国家自然科学基金项目10项，创历史新高，佛山首获国家自然科学基金项目。5G消息气象业务体系获工信部"绽放杯"5G应用大赛一等奖。获省农业技术推广奖6项。SCI/EI收录论文58篇，创历史新高。

精密监测更加完备。全省观测场探测环境评分全国第一。联合港澳建成粤港澳大湾区X波段相控阵雷达网并向粤东粤西粤北延伸建设，清远、河源进展迅速。上川岛新一代天气雷达基本建成，茂名雷达启动建设。新建48个海岛渔港码头自动气象站。建成13个平漂探空北斗接收站。新增风云气象卫星产品87种，实现全球过境卫星气象数据全接收。建成实时数据质量控制系统，制定"一办法、一目录、两细则"数据安全管理体系。深圳、佛山探索气象数据市场化交易。

精准预报能力提升。持续优化CMA-GD区域数值天气预报模式关键技术，"龙舟水"期间模式表现全球最好。发展智能网格预报预测客观技术及灾害性天气人工智能预报技术，开展暴雨预警精细到乡镇业务。建立全省龙卷风监测预报预警业务流程，广州、佛山成功预警3个龙卷风，平均提前时间达到29分钟。暴雨和台风预报质量为近五年最优。"龙舟水"、台风"暹芭"和最强5月暴雨服务过程入选全国预报员联盟年度优秀案例。空气质量和臭氧预报质量名列全国第一。

精细服务数字化转型。打造10个"气象+"协同共建的气象服务示范应用场景，获评中国气象局"质量提升年"先进典型。组织13个市气象局制定并实施大城市气象保障服务方案。建设省域治理"一网统管"气象服务专题，融入数字政府"粤系列"平台。联合广州海岸电台启动南海海上无线电气象传真服务，填补国内空白。深化专业气象服务"一办法、两制度、三清单"机制，新增224个专业气象服务项目。"广东天气"微博在"全国十大气象微博"以及"广东十大政务机构微博"评选中均居榜首。

3. 气象供给提质增效，不断增强对国家重大战略实施的支撑保障

支持"双区"建设。粤港澳大湾区气象发展三年行动计划进展顺利，相关工作被中国气象局评为"气象高质量发展创新实践特别优秀项目"。粤港澳大湾区气象监测预警中心完成三年培育期目标任务，在精细数值预报模式研发与应用等领域开展技术攻坚，助力深圳先行示范区建设。世界气象中心（北京）粤港澳大湾区分中心和气象科技融合创新平台建设进展顺利，气象

智能装备研究中心（广州）筹建完成。编制粤港澳大湾区气象研究院建设方案。加强气候变化影响研究，与港澳相关单位联合编发的《粤港澳大湾区气候监测公报》《气候变暖加剧南海海平面上升 亟待提升粤港澳大湾区适应能力》专题材料获省领导肯定。珠海健全横琴气象服务体系并发挥作用。

保障生态文明建设。与生态环境部门加强污染防治合作，助力 $PM_{2.5}$ 检测连续八年达标。开展常态化臭氧立体监测，珠三角各市和清远市、揭阳市建成温室气体监测网（14 站），韶关新丰大气本底站具备仪器安装条件。编制《广东省气象助力碳达峰碳中和实施方案》，建成 96 万亿次/秒的国产鲲鹏高性能计算平台，成功运行华南区域高分辨率碳源汇数值评估系统并首发评估报告。开展 41 项大型工程项目和区域性气候可行性论证，创建恩平天然氧吧、阳春岭南生态康养胜地等 5 个生态气候品牌。

助力乡村振兴。做好粮食安全气象保障服务，与农业部门建立"半年高层商谈、每月研判、联合服务"为农服务新机制。成立乡村振兴气象保障工作专班，发布农业气象服务专报 83 期，向全省 9705 名农技人员提供预警预报信息。持续做好定点联系涉农县和驻镇驻村帮扶工作。

【农业气象服务】

1. 做好粮食安全及智慧农业气象服务

春耕春种、秋收秋种期间密切跟踪天气变化、关注全省春耕春播、秋收秋种开展情况，服务及时主动，服务产品发布具有时效性和准确性。制作发布《春耕春播气象服务专报》7 期、《秋收秋种气象服务专报》5 期。开展农业气象产量预报，及时对粮食产量做出研判，发布早稻、晚稻及粮食产量预报共 6 期。做好《旱情形势研判》服务，超前研判旱情的发展，提醒做好防御，年内发布多期干旱气象服务材料。开展农业气象灾害监测预报预警、农用天气预报，全年发布农业气象灾害预报预警 3 期、农用天气预报 48 期。维护"广东省农业气象服务系统"（AMSS）正常运行，该平台每日形成的业务产品在省局业务网、省决策气象信息网以及气象信息显示屏和手机微信等多渠道发布，大力提高气象为农服务的能力和水平。3—10 月，逐月与农业农村厅开展农业气象服务联席会商会。

2. 推进气象指数保险工作

通过多学科交叉、多源数据融合、多部门协作、模型多重验证等途径改进气象指数保险模型，研发分区域、分作物、分灾害的天气指数保险产品。以中山、肇庆市为试点，研发荔枝、龙眼、香蕉、水产养殖等气象指数保险产品，以服务广东种植业/养殖业发展为目标，探索农业风险转移分散机制，不断增强农业抗风险能力和安全生产保障水平，推动全省农业保险高质量发展，促进农业健康持续发展。

构建集灾害监测、指数计算、事件查询、保险理赔、风险评估等功能于一体的气象灾害风险管理平台。联合财政、农业、水利、保险等部门，推动气象指数由台风、暴雨巨灾保险向农业政策性保险、洪水巨灾保险全面发展。5 月 11—13 日强降水期间，中山市多个镇街出现内涝导致农业受灾，该市 11 个镇农户共获赔 5000 多万元。

3. 打造乡村气候资源开发利用名片

深入推进"国家气候标志"和"岭南生态气候标志"双轮驱动战略，以气象科技为地方政府推动生态文明建设提供技术支撑和决策咨询，助力地方开展国家气候标志和"岭南生态气候标志"品牌的针对性创建。发挥品牌效益，深化当地特色资源的品牌化打造、推广和宣传。同时促进生态气候资源品牌创建与乡村综合防灾减灾等工作相融合，赋能地方经济建设，助力乡村绿色发展。2022年创建"新会陈皮·气候生态优品"品牌，编制"英德红茶·岭南生态气候优品""东源仙湖茶·岭南生态气候优品"等评估报告，推动英德红茶、东源仙湖茶等气候品牌的创建。

推进旅游与气象智慧化融合，集合优质乡村生态气候旅游资源，做好"美丽乡村"服务。开展特色作物、果树、观赏植物的花期及特色林果采摘监测预报，建立全省赏花、采果实况和预报"一张图"服务，助推乡村旅游、健康养生等产业发展。2021年发布2期"赏花摘果一张图"服务产品。构建曲江桃花赏花预报模型，研发曲江农业气象服务系统，指导曲江开展赏花采果预报业务。

4. 加强乡村气象灾害监测预报预警服务能力建设

开展乡镇气象灾害精细化普查。开展农村气象灾害综合风险普查和区划，推动地方政府加强气象灾害高风险地区的气象防灾减灾设施建设。做好暴雨、干旱、台风、高温、低温、大风、冰雹和雷电等8种气象灾害普查。建立分类型、分区域、分层级的气象灾害风险数据库以及多尺度风险识别、风险评估、风险制图、风险区划的技术方法和模型库，分析区域气象抗灾能力和减灾能力，建立完善气象灾害风险预警和评估业务，提升气象灾害风险预报预警和管理能力。至年底，初步完成省、市、县（市、区）三级台风、暴雨、干旱、高温、低温、大风和雷电等7种气象灾害的风险评估与区划，以及广州、佛山、肇庆、韶关、清远5个地级以上市和42个县（市、区）冰雹灾害的致灾危险性评估与区划，正在推动形成文字报告成果。

强化乡村气象灾害服务能力。联合应急、水利等部门健全应急联动机制，提升灾害风险防范能力。加强与农业农村部门合作，共同推进农业气象防灾减灾工作，强化农业农村预警信息发布服务。针对台风、暴雨等主要气象灾害，建立农业、电力等敏感行业的风险评估指标体系，开展定量化风险评估研究；针对暴雨诱发的城乡内涝和山洪灾害，确定不同风险等级的致灾临界雨量条件，建立城乡内涝风险预警系统和山洪灾害风险预警系统，灾害发生前及时做好灾害预警及灾害评估发布工作。全年发布各类灾害评估报告共45期，其中，暴雨洪涝灾害风险评估报告20期、台风灾害风险评估报告13期、高温灾害风险评估报告9期、寒冷灾害评估报告3期。此外，还针对台风"暹芭""木兰""马鞍""梅花"，为全国台风及海洋气象专家防灾减灾组提供8期台风灾害损失预评估报告。

5. 完善乡村振兴气象保障体制机制

严格落实党中央关于乡村振兴的工作部署，把增强"四个意识"、坚定"四个自信"、做到"两个维护"落实到具体行动上。深入学习领会习近平总书记关于全面推进乡村振兴的重要论述，深刻认识民族要复兴，乡村必振兴，脱贫攻坚取得胜利后，全面推进乡村振兴是"三农"工作重心的历史性转移。配合实施好乡村振兴战略，扎实推进抓党建促乡村振兴，攻坚克难补齐"三农"短板，做好农业专业气象服务，全力推动广东省农业高质量发展。

为"打造乡村气候资源开发利用名片"，广东省气候中心主要领导多次带队赴江门、清远、河源、梅州等地调研；为推动天气指数农业政策性保险工作落地实施，首席农气专家带队深入中山、肇庆、清远等地进行实地考察调研，走访当地种植户、养殖户，详细了解指数保险在当地受地理、品种等因素影响的情况，为完善保险方案提供方向。

广东省水利厅

2022年，广东省气象水文年景极为特殊，大旱大涝历史罕见。汛前东江、韩江流域及粤东地区60年间最严重的旱情持续发展；汛期西江、北江、韩江发生8次编号洪水，其中，北江流域出现超百年一遇特大洪水，为1915年以来最大洪水，水旱灾害防御形势异常严峻复杂。面对严重汛情旱情，全省水利系统坚决贯彻习近平总书记关于防汛抗旱工作重要批示（指示）精神，深入落实党中央、国务院决策部署，按照水利部和省委、省政府工作要求，坚持人民至上、生命至上，坚持防汛抗旱两手抓，以"时时放心不下"的责任感，织密织牢水旱灾害防御网，狠抓各项防御措施落实，实现了"人员不伤亡、水库不垮坝、重要堤防不决口、重要基础设施不受冲击"和抗旱保供水安全的防御目标，最大限度减少灾害损失。同时，狠抓水土流失治理，实现水土流失面积和强度逐年双下降，有效改善了治理区人民群众的生产生活环境。

【水旱灾害防御】

1. 高位推动，周密部署防御工作

水利部主要领导多次视频连线调度指导工作，并在防御流域特大洪水和抗旱保供水的关键节点分别来粤深入一线督导，提出明确要求，珠江委多次跨省协调调度并予以指导。省委、省政府高度重视，主要领导多次作出批示（指示），组织召开省委常委会会议、省政府常务会议以及全省会议部署有关工作，并深入受灾地区调研指导，全省上下合力防灾抗灾。常务副省长张虎等省领导多次对防汛抢险、工程调度、巡堤查险、抗旱御咸等工作进行指挥调度，明确防汛抗旱工作具体要求。省水利厅党组坚决扛起水旱灾害防御政治责任，省水利厅厅长王立新多次组织召开防汛抗旱专题会议研究推进有关工作，在防汛关键时刻连续六天坚守在省水利厅或省防总指挥调度，经常深夜或凌晨决策调度水库群和湛江蓄滞洪区，及时启动水利防汛Ⅰ级应急响应，科学研判，精细调度，加密巡查，突击抢险，全力以赴降低灾害风险。针对持续严重旱情，组织省有关单位建立新丰江水库安全运行工作专班，督促完成应急供水工程建设，动态实施河库联调，强化取水供水监控。据统计，全省各级水利部门共启动水利防汛应急响应1967次、水利抗旱应急响应15次。

2. 科学研判，快速精准监测预警

坚持"预"字当先，关口前移，加密监测预报，精准发布洪水、干旱等预警信息，为防汛抗旱抢险救灾提供有力支撑。防汛方面，水文部门多线派驻水情专家，日夜抢测洪峰，提前38小时、33小时分别预测出北江、连江将发生超百年一遇特大洪水，准确预报北江干流英德站、浈江新韶站、连江阳山站等超历史实测洪峰水位或流量，支撑全省抗洪决策指挥争分夺秒、精准有力。抗旱方面，常态化会商研判旱情发展态势，逐日会商咸潮影响，滚动咸潮预报，动态监控河库蓄水来水状况，实时开展供需水预测，指导受旱地区及时预警、及时响应。据统计，省级水利、水文部门累计发出洪水预警通知7份、水情简报快报2.33万份、预报预警信息1782

份,处置山洪灾害预警1514个,发出责任人预警信息76万条,发出水量及咸情专报30期、咸情预报810站次。

3. 流域区域统筹,科学调度水工程

强化流域、区域统筹和多目标统一调度,确保北江流域防洪调度目标一致、步调一致、行动一致,西江、东江、韩江供水保障"三道防线"扎实有效。一是防洪调度减灾效益明显。省水利厅协同省属流域机构及市、县(市、区)水利部门统筹做好流域、区域统一调度。全省共发布调度指令1102道(省级38道、市级292道、县级772道),组织207宗大中型水库、334宗拦河闸坝动态控泄、拦洪削峰,累计预泄腾库约7亿立方米,拦洪92.83亿立方米,滞洪3.08亿立方米;减淹城镇284个,减淹耕地445.82万亩,避免人员转移296万人次。其中,在北江特大洪水防御过程中,首次实施全流域水工程联合调度,首次启用潖江蓄滞洪区削峰滞洪,通过系统运用北江防洪工程体系,统筹上中下游多重保护目标,细化调度北江流域16宗骨干水工程,发布调度令19道,预泄腾库4.42亿立方米,拦洪近10亿立方米,减少直接经济损失约60亿元;在西江洪水防御过程中,珠江委协调调度西江上中游骨干水库,削减西江梧州站洪峰6000立方米/秒,降低水位1.8米,将西江洪水延后38小时,洪峰流量削减至5年一遇以下,避免西江、北江洪峰遭遇。二是抗旱调度保障供水有力。以骨干水库为重点,构建抗旱保供水"三道防线",持续实施"日会商、日报告、时调度"联动机制,精准调度,高效利用有限水资源。去冬今春,东江流域枯水期三大水库调度补水22亿立方米,补水流量约占博罗站流量的79.4%,减少出库水量11.8亿立方米;韩江流域骨干水库调度补水10.27亿立方米,补水流量约占潮安站流量的50%,减少出库2.5亿立方米;粤东地区26座主要供水水库调度补水2.32亿立方米,减少出库水量约1亿立方米。同时,珠江委实施珠江河口压咸调度,东江、西江、北江流域实施压咸调度补水共约72亿立方米,确保下游地区取水供水安全。

4. 上下协同,凝聚防灾减灾合力

坚持全省"一盘棋",协同各地相互支持、密切协作,强化部门间联合会商、信息共享,密切行业内外各领域协同配合,横纵向、全方位协调联动,形成防汛抗旱合力。省水文局、省气象局加强预报预警,强化应急监测。省能源集团、广东粤海控股集团、省建工集团、广东电网等单位全力落实调度指令、开展险情处置。各级水利部门积极行动,加强值班值守,及时启动应急响应,落实风险防控措施,指导基层政府组织人员转移避险工作。全年全省各级水利部门累计派出工作组1.24万组次、4.78万人次,专家组1040组次、4399人次;出动5.9万人次巡查水库1.5万宗次、7.1万人次巡查堤防5.7万段次,预置抢险队伍764支、2.3万人;累计指导有效处置险情1331处,特别是及时有效处置北江大堤石角段等11处管涌、韶关市苍村水库溢洪道陡坡段冲坑等6宗水库和清远市5宗小型水库漫坝险情,处置城乡内涝591处,协助地方政府组织人员转移23万多人,有力守护了人民群众的生命财产安全。

5. 多措并举,彰显水利技术支撑

立足最不利的情况,做最充分的准备,持续强化抢险专家、抢险队伍、物资装备等,积极提升水文测报能力,水利技术支撑能力水平进一步提升。一是发挥专家优势。年初组织完善各级水旱灾害防御专家库并分级组织开展培训,当前省、市专家共有878名。防御过程中,省水利厅组建新丰江水库动用死库容专家组和防汛应急水利专家组,前置专家技术力量至一线,累计派出60多名水利专家进驻受灾重点地区,专业指导基层巡堤查险、现场处险、突发事件处置,

确保突发情况第一时间处置到位。二是提升水文服务能力。不断优化水情预报方案，汛前完成30多个预报断面的方案修编，主要站点建立两套以上预报方案，结合专家经验逐步开展自动预报；持续推进网格化江河洪水预报技术研究；紧急建设26个咸潮监测点，为咸潮分析提供数据支撑。三是强化抢险队伍建设。完善5支省水利机动抢险队和省水利机动抢险潜水队、省水文应急监测大队等省级水利应急抢险队伍的应急抢险保障机制。各地根据区域实际落实水利应急抢险队伍建设，市、县（市、区）共组建抢险队伍779支、有抢险人员3.69万人。四是完善物资保障机制。持续更新补充防汛抗旱物资，各级防汛抗旱物资仓库现存物资价值约5.53亿元。建立与抢险队伍、物流运输队伍等的快速响应联动机制，组织开展物资调配演练。"龙舟水"及台风"暹芭"强降雨期间，省级共调出物资28批次，出动人员近400人次、运输车辆70台，调运物资总价值3523万元，积极支持地方抗洪抢险。

6. 防汛抗旱并举，持续提升防御能力

立足"防大汛、抗大旱、抢大险、救大灾"，坚持防汛抗旱两手抓、两手硬、两不误，全面做好防汛抗旱各项工作，持续提升水旱灾害防御能力。一是坚持防汛抗旱双管齐下。年初，在新丰江水库低于死水位的关键抗旱阶段，在春节前组织全省开展汛前防汛安全检查和防汛备汛工作。汛期，组织各地在保障防洪安全的前提下尽量多蓄水、少弃水。针对重旱流域多年调节的新丰江水库，制定以蓄水为主的调度方案，累计70天保持零流量出库，有效蓄水量从汛前的0.65亿立方米增蓄至53亿立方米，实现新丰江水库枯水年后蓄水恢复正常运行时间从4～5年缩减至不到6个月，为今冬明春枯水期水量调度奠定了坚实基础。二是全面开展体系标准化建设。组织全省开展防御体系标准化建设，围绕126项建设任务着力完善指挥调度、预报预警、预演预案、抢险保障等四大体系。推动编制大江大河及16条重要河流（支流）防御洪水方案、超标准洪水防御预案和21个有防洪任务城市超标准洪水防御预案，已印发实施《广东省北江干流防御洪水方案》《广东省西北江三角洲地区防御洪水方案》。三是强化山洪灾害防治项目。已完成25条重点山洪沟治理，设置山洪灾害监测点1.02万个，购置手摇警报器、铜锣、口哨等报警设备1.07万台套、无线预警广播932套、卫星电话465台，建成省、市、县（市、区）三级山洪灾害监测预警平台，形成省、市、县（市、区）、镇、村五级群测群防体系，有效提升山洪灾害防御能力。四是推进水旱灾害风险普查。对全省1.7万多宗水库、水闸、堤防和1211条河流的洪水灾害隐患，以及122个县（市、区）干旱灾害致灾隐患进行摸底调查，全面完成全省水旱灾害风险评估与区划任务，形成14张表和6类图数据成果，相关成果全部按时提交。五是编制全省江河湖库旱警指标。组织完成编制和复核136个江河水库旱警水位，建立健全江河水库干旱预警指标体系，为各级水利部门科学防旱抗旱提供决策参考。

【水土保持措施】

根据规划开展水土流失治理。2022年，广东省水土保持率为90.42%，共治理水土流失面积868.50平方千米，其中，封禁治理488.23平方千米，种植水土保持林307.75平方千米，种植经济林47.98平方千米，种草9.92平方千米，新修或改造梯田0.05平方千米，其他措施完成治理面积14.57平方千米。年度水土流失动态监测成果显示，广东水土流失面积较上年净减少261.72平方千米，中度及以上侵蚀强度占比下降至15.67%，实现水土流失面积和强度逐年双下降，有效改善了治理区人民群众的生产生活环境。

广东省地震局

2022年，全省地震系统坚持以习近平总书记新时代中国特色社会主义思想为指导，深入学习宣传贯彻党的二十大和省第十三次党代会、省委十三届二次全会精神，紧扣省委、省政府重点工作任务，以防震减灾事业现代化试点建设为龙头，以改革创新为动力，以防范重大地震灾害风险为重点，主动服务"双区"建设，推动防震减灾各项工作取得新成效。

1. 防震减灾事业现代化试点建设取得预期成效

积极将现代化试点建设与落实自然灾害防治九项重点工程相结合，科学谋划项目任务，调动全省力量，实施挂图作战。经过5年的努力，以城市群地震灾害风险防治为重点的16个重点项目已基本完成，基本形成具有广东特色的现代化防震减灾事业发展框架，基本实现广东省防震减灾事业现代化试点建设目标。在地震监测台站监控运维、地震灾害风险防治基础数据可视化、工程结构在线监测与健康诊断等方面形成了可复制推广的业务系统。加强新发展阶段防震减灾战略研究，以"粤港澳大湾区城市群地震灾害联防联控"为重点，开展"城乡和重点区域防震减灾发展战略"研究。编制完成省防震减灾"十四五"规划重点项目"广东省防震减灾公共服务能力建设工程项目"建议书，并积极组织立项。目前已有12个市印发防震减灾"十四五"规划，7个市将防震减灾内容纳入本市应急规划或科技规划。

2. 地震监测预报预警业务和服务全面升级

印发实施省震情监视跟踪和应急准备工作方案、重大震情评估通报制度等。建立震后分级分区会商机制，牵头负责港澳地区的震后会商，实现应急会商快速研判和震后首次地震趋势会商基础资料自动产出。编制《广东省地震监测站网规划（2021—2030年)》并通过了中国地震局的审核。完成国家地震烈度速报与预警工程广东子项目和国家地震预警备份中心建设，提前进入内部测试运行阶段。在全省新增1200台预警终端，与省自然资源厅、中国电信等单位签订合作协议，强化信息化支撑，与广电等部门开展预警信息电视发布技术测试，打通预警服务"最后一公里"。建立完善地震监测预报预警制度和责任体系，完成《地震预警信息发布》地方标准编制和报审。推进一带一路地震监测台网项目建设。完成粤港澳大湾区和粤西地区监测预警能力提升工程40个地震监测站点建设任务，弥补大湾区和粤西地区地震监测站点不足的问题。年内，广东地震台网记录分析地震事件2852个，速报5个发生在本省及近海的地震事件，完成9次地震异常核实任务。广州、潮州等地开展地震应急综合演练。全省科学高效应对2022年惠东海域4.1级、河源3.6级、阳江3.5级等7次省内有感地震和台湾省6.9级等3次省外对广东省有影响的地震。圆满完成党的二十大、香港回归二十五周年等特殊时段134天的地震安全保障服务工作。

3. 震灾防御全链条基础业务协调发展

制定印发《进一步加强新时代地震灾害防御基础业务建设工作方案》。地震灾害风险防治"两项工程"进展顺利。完成2个活断层探察数据入库，收集广东省地震地质等区划基础数据。

编制完成全省1∶25万地震构造图。完成滨海断裂（粤东至珠江口段）潜在震源地震构造探测、粤港澳大湾区浅层三维地壳结构探测（一期）和8个市建（构）筑物抗震性能普查。完成"一省一县""一省一市"试点的地震危险性区划和地震灾害评估与区划工作，被国普办通报表扬。完成省级加固工程清单编制，建立加固信息采集常态化更新机制，汇总加固数据1.81万条。对本省高烈度区重大基础设施进行摸排，共梳理摸排信息267条。全年审查区域地震安评报告15份、单体地震安评报告37份。完成2022年度地震危险区地震灾害预评估工作，得到国务院抗震救灾指挥部好评。

4. 广东"防震减灾+"服务新格局逐步构建

制定全省地震部门政务服务事项目录清单、统筹清单、实施清单和权责清单。开展防震减灾公共服务需求调查和服务产品标准化规范化工作。将"重大工程抗震设防要求审定"行政许可事项纳入省政务服务平台审批流程，实现全程在线网办功能，达到"一次不用跑"的政务服务目标；将19个地级以上市"中国地震动参数查询"服务纳入该平台，广州局为300宗储备地块提供地震动参数，东莞局向7个地块提供地震行业技术控制指标和管控意见。在"粤政易"平台搭建"南粤防震减灾"专属服务号，实现靶向推送震情信息。与广州铁路监督管理局等7家单位签署《铁路沿线自然灾害监测预警合作协议》，推进地震预警信息共享与服务。持续为中国散裂中子源等十多项重大工程开展地震安全健康监测与诊断服务。举办"新丰江6.1级地震60周年纪念"系列科普宣传活动，线上线下单次参与人次超过8万人；联合省教育厅等单位开展"地震科普 携手同行"主题活动，举办讲座（演练）6场、主题班会324场。"防灾减灾宣传周"期间，全省共开展700多场次科普宣传活动。东莞局为30家高精尖企业推送震情信息服务、深圳局开发"深圳地震一键通"一站式科普知识服务平台、河源局发动社会力量参与防震减灾科普宣传、清远局结合"敲门行动"开展防震减灾科普宣传志愿服务，实现线上活动"新出彩"，线下宣传活动"不打烊"。制作的系列科普微视频累计观看人数突破100万人次，《什么是地震预警》微视频获广东省第二届应急管理优秀宣传作品一等奖、获"广州市优秀科普微视频"称号。深圳野生动物园被认定为2022年度国家防震减灾科普教育基地。

5. 具有区域特色的地震科技创新高地逐渐形成

制定省地震局《国家地震科技发展规划（2021—2035年）"十四五"落实措施清单》和全国地震科技工作会议落实举措，印发科研项目管理办法和经费管理办法，落实国办2个文件精神和省政府关于科技管理"负面清单+包干制"的实施意见。广东省地震监测预警与重大工程地震安全诊断重点实验室开放运行课题通过验收。联合暨南大学共建教育部重点实验室"城市地震安全实验室"。联合南方科技大学在新丰江地震监测中心站共建"南方科技大学学生实习基地"。防震减灾科技协同创新中心和南方海洋科学与工程广东省实验室（珠海）共同打造的粤港澳大湾区地震海啸速报系统研制成功。阳西水库气枪主动震源实验场项目建设完成。滨海断裂探测项目取得创新性结果，获院士专家好评。重大工程地震安全在线监测与健康诊断平台进入试运行阶段。完成广州市主城区地震灾害情景构建，开展汕头市地震灾害风险防控示范建设。设置省地震局青年地震科研基金（重点实验室开放基金）项目，出台配套管理办法。获批国家自然基金青年项目1项、广东省自然科学基金面上项目1项。1人入选中央国家机关会计领军人才培养项目，1人被评为地震系统模范青年，1人入选中国地震局青年人才，1人被评为广东省应急救援先进个人。

6. 防震减灾体制机制持续完善

省政府办公厅印发加强防震减灾工作的实施意见，将意见明确的"7+1"市、县（市、区）防震减灾工作职责纳入"平安广东"考核内容。在震情监视跟踪、震灾风险评估、重点项目实施过程中，建立完善省、市联动工作机制。各市均成立抗震救灾指挥部或召开防震减灾工作联席会议。潮州局印发《关于健全完善县级防震抗震救灾体制机制的意见》，新丰江站、韶关站与所在市应急管理局建立协同联动工作机制，"防"与"救"的责任链条进一步衔接。涉及抗震设防要求审定行政许可的重大工程范围获省政府审批同意，出台《广东省重大工程抗震设防要求审定行政许可实施细则》和《广东省地震安全性评价管理实施细则》。广州局制定《广州市地震安全性评价信用管理办法》，佛山市印发《佛山市地震安全性评价监督管理办法》，并把地震安评监督管理工作纳入应急综合执法；珠海、汕头、惠州等9市开展建设工程抗震设防要求执行情况现场检查。基本建立中心站完整的业务制度体系，中心站在科普宣传、应急联动、震防业务等工作中，积极与各地级以上市地震部门建立沟通机制。以河源市新丰江水库为试点，开展大型水库专用地震监测台网建设运行情况行政检查。将《广东省防震减灾条例》修订项目纳入省人大立法规划。

广东省自然资源厅

2022年，全省自然资源系统深入贯彻落实习近平总书记关于防灾减灾工作重要批示（指示）精神，认真落实省委、省政府和自然资源部的工作部署，坚持人民至上、生命至上，坚持"两手抓、两手硬"，一手抓好汛期防御，一手抓好隐患点综合治理，地质灾害防治工作取得显著成效。

积极开展海洋观测、海洋预警预报、海洋灾害风险防范和海洋生态预警监测等工作，全力防范化解海洋灾害风险，有效应对海洋灾害，极大限度减轻海洋灾害造成的人员伤亡和财产损失。

【地质防灾减灾措施】

强化组织领导，周密部署地质灾害防治工作。先后召开9次厅党组会、11次厅长办公会和多次专题会，及时传达上级指示精神和工作要求，研究部署相关工作。一是年初提前部署落实早信息更新、早防灾培训、早巡查排查、早监测预警、早分析研判、早科普宣传"六早"工作要求，扎实做好汛期防御准备。二是3月组织召开全省地质灾害防治三年行动方案2022年动员部署会议暨汛期地质灾害防御工作会议。三是4月成立11个由厅领导任组长的地质灾害防治工作调研指导组，完成21个地级以上市的分片督导工作。四是针对5月以来"龙舟水"、台风和重点节日期间的防御形势，先后召开13次地质和海洋灾害防御工作视频调度会，部署防御工作。五是9月组织召开全省地质灾害综合治理工作攻坚推进会，进一步加大工作推进力度。

强化体系建设，构建并完善地质灾害防治体系。一是推动成立以省领导为组长的省地质灾害防治工作领导小组，进一步加强地质灾害防治工作的组织领导。二是经报广东省人民政府同意编制印发《广东省地质灾害防治"十四五"规划》，全面部署"十四五"期间地质灾害防治重点任务。三是经报广东省人民政府同意以省政府办公厅名义印发《关于进一步加强地质灾害防治工作的通知》，进一步强化新形势下地质灾害防治责任。四是联合省地质局等单位开展2022年度广东省地质与海洋灾害综合防御演练，检验并提升了省、市、县（市、区）三级自然资源主管部门地质与海洋灾害防御指挥能力、自然资源主管部门与技术支撑单位防范重大地质灾害联动快速响应能力。五是组织开展地质灾害防治"进村入户"科普宣传和业务培训，完成群测群防人员、防灾减灾知识和防治技术培训全覆盖，大大提升了人民群众的防灾避险意识和相关工作人员的业务水平。

强化汛期防御，全力防范重大地质灾害。组织全省自然资源系统落实落细汛期地质灾害防御措施，成功应对近20年来最强5月暴雨过程、最强"龙舟水"和最强"土"台风，未发生群死群伤重大地质灾害。一是加强监测预警。严格落实汛期24小时值班制度，加强视频会商和分析研判，及时发布预警信息和启动预警响应。全省共发布地质灾害气象风险预警654次，其中，发布3级及以上预警211次，发出短信61万条。二是加强隐患排查。全省组织开展地质灾害隐患全覆盖、零遗漏、拉网式排查，对新发现的地质灾害隐患点及时登记建档、落实地质灾害防御措施。三是加强群测群防。及早组织各地开展地质灾害群测群防员信息更新和抽查核对，指导各地抓好汛期基层群测群防工作。全省共出动巡排查人数30.8万人次，巡查隐患点、风险点14.4万处次，转移避险人员12万人。四是加强技术支撑。督促各地统筹用好部、省、本级技术支撑队伍，合理配置技术力量。落实好人员、车辆和设备等，确保出现灾情时第一时间赶赴现场开展应急调查和处置。五是加强排危除险。部署开展"龙舟水"引发的地质灾害灾险情排查和应急处置工作，抓紧编制地质灾害排危除险工作指引，加快消除"龙舟水"引发的地质灾害风险隐患影响。

强化综合治理，深入实施地质灾害防治三年行动。在全力做好汛期防御工作的同时，加快组织实施省地质灾害防治三年行动，消除地质灾害隐患，缩小受威胁群众范围。一是完成自然资源部下达的870处普适性专业监测点和51处风险区监测点建设任务。至年底，全省已建成地质灾害专业监测点2330处，安装监测设备1.26万多套，初步形成地质灾害监测"一张网"，为地质灾害防治工作提供有力的数据支撑。二是完成4处大型以上隐患点避险搬迁新址建设、82处大型以上隐患点工程治理主体工程建设、1022处中小型隐患点综合治理。2020—2022年，通过避险搬迁、工程治理、专业监测等措施，全省共完成大型以上隐患点综合治理508处，完成中小型隐患点综合治理6935处，受地质灾害威胁群众人数减少29.1万人，潜在经济损失减少约82.8亿元，圆满完成地质灾害防治三年行动计划目标。

强化风险调查，基本摸清地质灾害风险隐患底数。一是根据全国第一次自然灾害综合风险普查工作统一部署，完成全省地质灾害高、中易发区的37个县（市、区）地质灾害风险普查工作。二是完成位于地质灾害低易发区81个县（市、区）的1∶5万地质灾害风险调查评估，实现全省地质灾害风险调查评价全覆盖。三是在粤北和粤西选取2个区域开展崩塌、滑坡、泥石流等典型地质灾害隐患的综合遥感识别试点和地面验证，在广州市黄埔区开展"隐患点＋风险区"双控管理试点，探索地质灾害风险隐患管理新模式。四是以2022年受灾严重的河源市龙川县全域为范围，开展1∶1万地质灾害精细调查试点。通过全面开展地质灾害风险调查，进一步摸清全省地质灾害风险隐患家底，为实施地质灾害综合防治和精准防控提供基础资料支撑。

【海洋防灾减灾】

海洋观测体系建设再上新台阶。海洋观测是海洋事业发展基础性、先行性、服务性、保障性的工作。紧紧围绕党的二十大提出的"发展海洋经济，保护海洋生态环境，加快建设海洋强国"目标，积极提升海洋感知能力和观测服务水平，推动海洋观测体系高质量发展。全年新增海洋观测设施10个，全省各类海洋观（监）测站点数量达到212个，其中，浮标66个、潮位站142个、雷达站4个。印发《广东省海洋观测网"十四五"规划》。

首次开展省级层面的海岸侵蚀调查工作。为进一步做好应对全球海平面上升影响工作，切实保障沿海地区的工程建设和民居安全，促进滨海旅游业发展、推进科学用海，组织全省开展省级层面的海岸侵蚀调查。调查结果显示，沿海区域均存在海岸侵蚀现象，近十年粤西地区发生较为严重。其中，粤东地区海岸侵蚀岸段主要集中在汕尾市；珠三角地区海岸侵蚀岸段相对较少，主要位于江门市、惠州市；粤西地区海岸侵蚀岸段主要集中在湛江市，少量分布于茂名市、阳江市。下一步将在海岸侵蚀重点区域加强监测设施建设，逐步建立全省性的海岸侵蚀调查监测体系。

首次开展省级层面的海水入侵调查工作。组织全省开展省级层面的海水入侵调查。调查结果显示，广东省海水入侵现象主要出现在深圳市西部地区，零星分布于惠州市、阳江市、茂名市和湛江市。下一步，将根据调查发现的海水入侵重点区域，加强监测设施建设，探索开展海水入侵监测预警体系建设，密切关注土壤和地下水环境变化，切实保障沿海地区农业、生态高质量发展。

构建新时期海洋生态预警监测体系。为贯彻落实党的二十大提出的"绿美中国"建设，更好地支撑社会经济高质量发展，进一步支撑海岸带综合管理、生态产品价值实现、生态系统保护成效评估等，根据《自然资源部办公厅关于建立健全海洋生态预警监测体系的通知》《全国海洋生态预警监测总体方案（2021—2025年）》，印发《关于建立健全全省海洋生态预警监测体系的通知》，明确省、市在海洋生态预警监测体系中的职责；开展粤西海洋生态基线调查和近海生态趋势性监测等海洋生态系统调查，初步摸清粤西海洋生态系统的基本现状与分布格局，掌握海洋生态系统面临的生态压力及压力来源等问题。接下来，将开展珠江口、粤东海域的海洋生态系统调查，力争在全国率先开展海洋生态图编制工作。

全力做好突发性海洋灾害应对工作。为切实履行海洋灾害防御职责，提高应对海洋灾害的预警报能力，通过广东省海洋预报网、手机短信、传真、邮件等渠道每日发布广东近海海域、重点海湾、重点滨海旅游区、重点保障目标的日常预报。在灾害影响期间积极开展应急应对工作，共发布海浪警报80期、风暴潮警报25期、赤潮监测预警专报21期、海洋生态监测预警专报3期。为应急等部门组织开展海洋灾害防御、应对处置提供有力的技术支撑和保障，实现全年海洋灾害人员零伤亡。

多途径开展海洋防灾减灾科普宣教工作。为普及海洋防灾减灾知识，增强各级防灾减灾部门及社会海洋防灾减灾意识，提升居民海洋防灾减灾自救互救能力，最大限度减轻海洋灾害带来的损失，省自然资源厅发布《2021年广东省海洋灾害公报》，组织开展海洋预警监测培训、地质与海洋灾害综合防御演练。全省自然资源系统结合"5·12"全国防灾减灾日、"6·8"世界海洋日及日常工作安排，多途径、多方式开展海洋防灾减灾科普宣教。广州市开展海洋灾害防治知识"进村入户"科普宣传活动，深圳市开展线上防灾减灾宣传周活动，汕头市开展海洋灾害风险普查进校园活动，汕尾市开展海洋防灾减灾专题培训活动，珠海市开展海洋观测设施开放日活动，湛江市开展海洋科技进课堂、海洋生物放生等活动。

广东省农业农村厅

2022年，全省农业部门按照省委、省政府总体工作部署，全力抓好农业防灾减灾工作，成功防御"龙舟水"暴雨洪涝以及"暹芭""木兰"等热带气旋，在作物救灾复产、生物灾害防治、畜禽防疫免疫、渔业灾害防治等方面均取得显著成效。

【作物救灾复产措施】

省农业农村厅主要领导先后带队赴韶关、清远等洪涝重灾区，深入田间地头了解受灾情况，指导当地科学做好农业生产汛期强降水防御应对及灾后复产工作。成立农业防御灾害天气专家指导小组，针对全省天气情况、降水范围及农业灾情开展会商研判，并提出指导意见。6月15日和23日两次组织华南农业大学和省农科院等单位的专家及相关处室召开早稻生产形势会商会，分析早稻产量形势，研究提出"一喷二防"生产技术指导意见。

及时启动省级应急储备种子调拨，全年共调拨省级应急储备水稻种子28.06万千克支持灾区补种。下拨中央农业生产救灾资金1600万元和省级救灾资金9000万元，支持做好各项农业救灾复产工作。开辟政策性农业保险绿色理赔通道，围绕保、防、救、赔四个维度提高承保理赔服务效率和服务质量，最大限度支持农户恢复生产、减轻损失。安排1.9亿元中央财政农村综合改革转移支付资金农村公益事业财政奖补专项资金，用于主汛期期间因强降水受灾损毁的高标准农田项目区内的小型农田水利设施、高标准农田设施的建设与维护。

6月26日，组织召开全省早稻抗灾保产暨晚造粮食生产推进会，分析灾情形势，部署"以晚补早"工作。7月21日，省政府办公厅印发《广东省支持2022年晚造粮食生产12条措施》，从12个方面提出具体举措，推动"以晚补早"措施落实落地，确保完成全年粮食生产目标任务。

【生物灾害防治措施】

2022年，全省各级植保部门坚决贯彻习近平新时代中国特色社会主义思想和党中央决策部署，大力践行新发展理念和现代植保理念，聚焦打造现代植保体系、发展现代植保事业总目标，持之以恒抓好病虫害监测预警、重大病虫防控、农药减量控害、现代植保科技支撑四大重点工作，有效保障了农业生产特别是粮食生产安全、农产品质量安全和农业生态环境安全。

1. 强化病虫监测调查，确保预警及时准确

加强监测预警网络建设与站点布局，协调开展系统监测与专项监测，强化数据采集分析与专家会商，推动监测预警数字化、网络化和智能化。

一是抓好病虫监测网点建设。全年全省共设立85个省、市共建重大病虫监测站和241个病虫监测点。推进实施动植物保护能力提升工程项目，建成农作物病虫疫情田间监测点36个，全省有先进智能监测设备达700多台（套）。突出强化粮食作物病虫监测，建立水稻监测站点84

个，对草地贪夜蛾实施全覆盖监测。贯彻落实《农作物病虫害监测与预报管理办法》，印发《关于做好2022年农作物病虫害监测工作的通知》，全面落实监测任务及要求。

二是抓好重大病虫监测调查。贯彻落实《农作物病虫害监测与预报管理办法》，制定广东省农作物重大病虫害监测调查方法，严格执行病虫调查规范和数据报送制度。通过系统调查和专题调查相结合的方法，全面掌握病虫发生动态。全省共收到监测数据38.1万条，向上级业务部门报送周报104期。

三是强化病虫趋势会商与预警发布。组织召开农作物病虫趋势视频会商会7期，参加全国农技中心组织的病虫趋势视频会商会5期。在农作物重大病虫害防控关键时期，适时发布病虫情报。全省发布病虫情报780多期，其中省级发布19期，病虫预报准确率达91.3%，利用微信公众号"广东病虫情报"发布病虫信息42条。

2. 抓好重大病虫防控，确保粮食生产安全

贯彻落实农业农村部和省农业农村厅虫口夺粮保丰收行动方案，坚持粮食作物与经济作物病虫防控并重，有效控制重大病虫危害。

一是强化预判，科学应对病虫为害。结合2022年气候条件、种植模式、生产实际，制定印发《2022年广东省农作物重大病虫害防控技术要点》《关于做好强降雨后农作物病虫监测预警防控技术指导的通知》，积极落实《广东省支持2022年晚造粮食生产12条措施》，压实属地责任，增强防范意识，采取有效措施控制病虫发生为害，未出现病虫大范围严重危害情况。全省农作物病虫草鼠螺防治面积2375.47万公顷，防治效果达85%以上，挽回农作物病虫危害损失850多万吨。

二是强化指导，树牢防灾减灾意识。大力开展农作物重大病虫害防控技术指导行动，制定《2022年广东农作物重大病虫害防控技术指导实施方案》，突出主要作物、重大病虫和关键环节，做到分类指导、分区施策，切实提高技术到位率和防治效果。全省开展防治技术指导9.8万人次，组织举办防治技术观摩与农民田间学校1500多场次，培训农民技术带头人等技术骨干8.1万人次。

三是示范推动，促进防控提质增效。以种植大户、家庭农场、龙头企业等新型经营主体为重点，在全省粮食主产区建立病虫害绿色防控示范区，推进全生育期绿色防控技术集成与应用，促进防控工作提质增效。

3. 全力推进专业化统防统治，促进小农户与现代农业有机衔接

多形式推进病虫专业化统防统治，提高防控服务效率。

一是加大投入力度。积极落实省支持粮食生产措施，整合中央财政农业生产社会化服务、中央财政农业生产救灾和省级水稻病虫害统防统治专项资金超2亿元，强力推进农作物病虫害专业化统防统治。坚持主动作为，积极参与中央和省级专项资金项目实施工作，推动落实政府购买服务、资金、物资补助等扶持措施。

二是强化示范带动。在深圳市和增城、潮阳等56个县（市、区）推进农作物专业化统防统治全程承包服务，推动龙川、兴宁、高州等52个县（市、区）重点抓好水稻病虫害专业化统防统治，建立专业化统防统治示范区，核心示范面积达21.33万公顷，有效发挥示范带动作用。

三是强化服务培训。积极为专业化防治服务组织提供病虫情报、防控技术、先进植保机械等信息服务，指导落实科学精准防控措施。与农业生产社会化服务紧密结合，加强对农业生产

托管员、统防统治组织技术人员的植保相关知识培训，推动统防统治融入全程社会化服务，带动统防统治规模化发展。

四是强化规范管理。推广应用植保植检管理系统，推进病虫害专业化防治组织建档立卡，编印广东省水稻病虫害专业化防治服务合同书（范本），组织各地开展"全国统防统治百强县""全国统防统治星级服务组织"创建认定，稳步提升统防统治规范化管理水平。全省水稻病虫专业化统防统治面积324.53万公顷次，覆盖率达45.9%以上。

4. 抓好病虫绿色防控，助力农业绿色发展

深入贯彻绿色发展理念，推进病虫绿色防控。

一是坚持试验示范带动。结合全国农技中心示范项目以及广东省实际情况，围绕种衣剂应用技术、生态调控技术、性诱控虫技术、生物防治技术、生物药剂等一系列绿色防控措施开展田间试验示范，在增城等地建立多个农作物病虫害绿色防控示范区，以点带面全面推进农作物病虫害绿色防控工作。全省建立省、市、县（市、区）三级绿色防控示范区882个，示范总面积8.08万公顷，全年农作物病虫绿色防控面积达223.4万公顷，覆盖率达48.1%。

二是打造绿色防控标杆。深入开展食用农产品"治违禁 控药残 促提升"三年行动和病虫绿色防控"双百创建"活动，以优质农产品生产基地和新型农业经营主体为依托，建立病虫害绿色防控示范区和豇豆、韭菜、芹菜标准化生产技术示范基地，加强病虫绿色防控技术集成创新与示范应用，打造出一批农作物病虫绿色防控标杆，成功创建全国农作物病虫害绿色防控整建制推进县3个和绿色防控技术示范基地4个。

三是加强技术宣传。成功举办岭南特色作物病虫绿色防控技术培训班，印发豇豆、韭菜、芹菜《安全生产用药明白纸》、《病虫害植保技术方案》（折页）、绿色防控技术挂图等资料，制作水稻病虫害全程绿色防控技术宣传小视频，大力宣传普及绿色防控技术，扩大绿色防控影响。全省开展绿色防控宣传培训达3487期，共有13.8万人次农民参训，发送明白纸和手机短信、制作短视频等累计85.4万张（条）。

5. 强化农药减量控害，提升安全科学用药水平

加强农药（械）安全科学使用宣传培训和技术装备示范应用，多措并举推进农药减量化。

一是强化农药安全使用宣传培训。印发《关于开展2022年农药安全科学使用培训的通知》，制定年度广东省百场农民安全科学使用农药培训计划，举办全省农药安全科学使用培训启动活动。加强植保部门与农药企业沟通合作，依托百县万名新型职业农民科学安全用药公益培训等活动，创新开展植保机械使用技术、植保无人机飞手植保知识与技术、科学安全用药等的培训服务。全省开展安全科学用药宣传培训800多期次，共有4万多人次参训。

二是大力开展试验示范。共开展高效低风险农药品种试验示范20多个，筛选出溴虫氟苯双酰胺、四唑虫酰胺等适宜广东推广应用的新农药品种。编印《广东省主要农作物病虫害防治推荐农药品种手册》，组织开展农药械相关调查统计，加强农药减量控害技术集成推广，开展柚子病虫害全程解决方案试验示范，持续大面积推广应用水稻、柑桔等主要作物病虫害全程解决方案。全省高效低风险农药推广应用面积达70万公顷次。

三是加强安全用药指导。开展稻飞虱、稻纵卷叶螟、草地贪夜蛾和甜菜夜蛾等的抗药性监测，编制《2021年广东省农业有害生物抗药性风险评估报告》，指导农业生产者科学轮换使用农药。开展农药使用安全大检查活动，大力排查风险点，组织技术人员深入田间指导农药规范使用，纠正违规用药行为，及时掌握农药药害和生产性农药中毒事故发生情况，指导各地做好事故处置技术工作。全年全省未发生重大农药使用安全事故。

【畜禽防疫免疫措施】

1. 强化兽医法制化建设，提升依法治疫能力

一是大力宣传新修订的《广东省动物防疫条例》。积极开展条例普法宣传活动，印发条例单行本，在新闻媒体开展系列专题宣传报道，举办线上线下知识竞赛和培训班，为贯彻条例营造良好氛围。"'动物防疫条例知多少'普法宣传"项目荣获2021—2022年广东省国家机关"谁执法 谁普法"优秀普法项目。二是出台《广东省兽医卫生事业发展"十四五"规划》，提出三个基本原则、三个发展目标、六大主要任务、五项保障措施，引领全省"十四五"期间动物防疫、兽药和屠宰行业高质量发展。三是制定《广东省畜间布鲁氏菌病防控五年行动方案（2022—2026年）》，细化目标要求，明确加强畜间布病防控的路径和方法，有效降低流行率和传播风险，保障人民群众身体健康。四是印发《2022—2025年广东省官方兽医培训计划》，加强官方兽医培训考核，强化培训条件保障，提升官方兽医队伍依法履职的能力和水平。五是印发《广东省2022年动物疫病强制免疫补助政策实施机制改革工作方案（试行）》，简化补助申请手续，强化事后监督抽检，持续推动和优化强制免疫"先打后补"政策措施。

2. 强化非洲猪瘟常态化防控，保障生猪和生猪产品有效供给

认真落实非洲猪瘟常态化防控措施，非洲猪瘟防控从稳定控制向区域净化纵深推进，非洲猪瘟疫情总体平稳，生猪产能已恢复至常年水平，肉品供应充足。2022年末，全省生猪存栏2195.86万头，同比增长5.8%；其中，能繁母猪存栏204.37万头，同比增长6.9%。全年生猪出栏3496.79万头，同比增长4.8%。实施的主要举措有：一是排查网格化。建立定点联系工作机制和分片包村包场排查机制，明确排查责任人，对养殖场进行全覆盖排查，每天逐级上报排查情况，及时清除风险隐患。二是监测全面化。组织全省做好规模养殖场等场所非洲猪瘟入场采样监测工作，对年出栏2000头以上的规模猪场开展全覆盖检测，对年出栏500~2000头的规模猪场按2%随机抽样检测；开展农贸市场、生猪屠宰场、无害化处理场等重点环节专项监测；对监测结果属阳性的均及时严格按规定处理。三是清洗消毒常态化、制度化。全省连续四年组织开展"大清洗、大消毒"行动，以定期集中消毒和日常程序消毒相结合的方式，聚焦养殖、运输、屠宰、无害化处理等关键环节和重点场所，坚持净化养殖环境，环境样品监测阳性率持续下降。四是大力推进无疫小区建设。将非洲猪瘟无疫小区建设作为非洲猪瘟防控的重要抓手，全年共创建国家级非洲猪瘟无疫小区9个；至2022年底，全省共创建国家级非洲猪瘟无疫小区20个。

3. 强化禽流感等重大动物疫病防控，全省未发生区域性重大动物疫情

一是加强基础免疫。坚持常年免疫与春秋季强化免疫相结合，程序免疫与集中免疫相结合，实行定点联系和巡查制度，督促养殖场户履行强制免疫义务，确保"应免尽免"，不留空当。高致病性禽流感、口蹄疫、小反刍兽疫等强制免疫病种免疫密度维持在90%以上，抗体合格率维持在70%以上，构筑了较为安全有效的疫病防控屏障。二是深入推进规模场动物疫病强制免疫补助政策实施机制改革（俗称"先打后补"）工作。进一步扩大"先打后补"试点范围，珠三角7个地级以上市的规模养殖场全部实行"先打后补"，非珠三角14个市每个县（市、区）选

取30个规模养殖场进行试点。推广使用"先打后补"信息管理系统和微信小程序,为养殖场提供便利化服务。三是加强监测预警工作。实施全省动物疫病监测与流行病学调查计划,全年共监测动物血清和病原样品54万多份次,监测主要动物疫病20种。监测结果显示,全省主要动物疫病的免疫抗体维持在较高水平,动物抵御疫病的能力较强。对病原检测呈阳性的,及时按照国家防控技术要求严格处理,有效防止了病原扩散和流行。四是持续推进动物疫病净化。开展全省重点种畜禽场、核心育种场、净化场监测,有效维持重点场群净化和无疫状态,持续提升畜禽种源健康水平。创建了25家省级动物疫病净化场、3家国家级动物疫病净化场。

4. 强化畜间人兽共患病防控,全省未发生聚集性人畜共患病

为落实习近平总书记关于"人病兽防,关口前移"的生物安全防控指示精神,编制印发《广东省畜间人兽共患病防治行动方案(2022—2030年)》,多措并举强化高致病性禽流感、狂犬病、布鲁氏菌病、血吸虫病等人兽共患病防控。一是实施畜间布鲁氏菌病防控五年行动。开展牛羊全面排查监测工作,加大对省外调入牛羊、高风险畜群的监测力度,及早发现和剔除布鲁氏菌病阳性个体,降低布鲁氏菌病传播风险。积极推进无疫小区建设,创建首个国家级布鲁氏菌病无疫小区。二是狂犬病保持有效防治状态。连续多年未接到动物狂犬病疫情报告,全省报告人狂犬病病例数由2009年的332例下降到2022年的3例。三是强化血吸虫病监测排查。韶关市曲江区、清远英德市发现钉螺孳生情况后,农业农村部门积极开展钉螺区域周边牲畜感染情况排查,禁止相关区域放牧,实施高标农田综合治理,加强牲畜血吸虫病血清学监测,未发现血吸虫感染病例。

5. 强化应急保障,提升动物疫情应急处置能力

一是落实应急物资储备。省财政每年安排专项资金用于消毒药、防护服等应急物资储备,各级财政均作相应储备安排,省级常态化储备消毒药200多吨、防护服1万多套,以及动物扑杀器械、消毒设备等应急物资一批。二是完善应急机制。全省各级政府均成立重大动物疫情应急指挥部,构建上下一体、多部门联动的动物疫情应急管理体系。根据动物疫病防控情况,及时完善应急预案、调整健全应急队伍、充实应急防控专家组,广州、中山等地级以上市组织开展应急演练。举办重大动物疫情应急处置技术线上培训班,对市、县(市、区)两级共970名相关人员进行培训,进一步提升应急管理水平。三是落实应急补助经费。省级涉农资金统筹整合后,要求全省各地保障强制免疫、无害化处理和强制扑杀补助经费,统筹资金用于动物防疫、紧急动物疫情处置救助补助、畜禽生产扶持等环节。

6. 强化动物检疫监管,维护良好动物防疫秩序

一是切实加强检疫监管。在全省开展养殖场动物防疫监管和动物检疫监管巩固提升专项行动,召开全省动物检疫监管工作视频会议,印发《关于切实加强动物检疫监管工作的通知》《关于进一步规范生猪屠宰检疫工作的通知》等文件,切实加强动物防疫监管,督促养殖场等市场主体严格落实动物防疫主体责任,严肃查处违法行为。建立责任制和责任追究制,严格官方兽医出证核查,严格落实"谁出证、谁盖章、谁负责"制度,进一步规范检疫流程和行为。全年全省出具电子检疫证明5000多万份,日均出证数量超过14万份。二是贯彻落实农业农村部第531号公告要求,印发《关于做好畜禽运输管理工作的通知》,召开畜禽运输备案工作线上培训会,开展畜禽运输车辆和运输主体备案。对有2次以上违法违规记录的,取消其备案资格,且6个月内不予接受其再次备案的申请。三是加强指定通道建设。充分利用省际公安检查站"升级

增效"的契机，农业农村部门主动与公安部门对接，统筹提出动物卫生监督检查站建设需求和规划，推进梅州市平远县八尺镇、河源市和平县大坝镇、韶关市翁源县坝仔镇等多个指定通道检查站升级改造。各指定通道检查站严格查验入省动物，防止外疫传入，全年查验动物运输车辆8万多车次，其中，查验生猪运输车辆5万多车次，检查生猪700多万头。

7. 强化机构队伍建设，提升动物防疫能力

一是加强基层动物防疫体系建设。认真贯彻《农业农村部 中央机构编制委员会办公室关于加强基层动植物疫病防控体系建设的意见》和《农业农村部办公厅关于落实〈关于加强基层动植物疫病防控体系建设的意见〉有关工作通知》精神，全面摸排全省动物疫病防控体系建设情况，提出加强基层体系建设的意见建议。会同省委编办制定《广东省关于加强全省基层动植物疫病防控体系建设工作方案》，在职能职责、技术队伍、履职能力和工作机制等方面作了部署要求。二是不断加强兽医实验室能力建设。组织21个地级以上市的市级兽医实验室、52个县（市、区）的县级兽医实验室参加省级兽医实验室检测能力比对，总结经验，查找不足，有效提高实验室检测能力，保障检测结果的准确性。广州、茂名、潮州、云浮市的4个市级实验室及广宁、封开等县（市、区）的8个县级兽医实验室顺利通过兽医实验室续展考核。省动物疫病预防控制中心项目经过多年努力已建成并竣工验收，将为全省动物疫病防控提供有力的技术支撑。三是举办职业技能大赛。省农业农村厅组织举办第五届全国农业行业职业技能大赛广东省动物疫病防治员和动物检疫检验员竞赛，选拔人员参加全国大赛，激励动物防疫检疫人员学业务、学技能、强本领，进一步提升全省动物防疫检疫队伍技能水平。广东3名选手在第五届全国农业行业职业技能大赛（动物疫病防治员赛项）中，个人全部进入全国前20名，其中，1人获全国第二名，团体总分居第二名，创历史最好成绩。

【渔业防灾减灾】

1. 重视渔业防灾减灾工作

2022年，全省渔业主管部门坚持人民至上、生命至上，坚决守护渔民群众生命财产安全。健全渔业安全生产管理工作机制，完善渔业安全生产各项制度，做好渔业安全生产督导、检查等；统筹海洋渔船渔民疫情防控和安全生产工作，出台《广东省海洋渔船渔民疫情防控工作指引（第一版）》《广东省海洋渔船渔民疫情防控及渔业安全管理"六个必须""八个严禁"工作要求》《广东省海洋渔船渔民防台风转港及疫情防控工作指引》等指导性文件；高度重视水产养殖安全风险防范，指导各地将传统渔排养殖安全生产纳入渔业生产网格化管理范畴。于12月29日成立广东省渔业安全生产专家委员会，成员由全省各地渔业主管部门、海洋综合执法（渔政）机构和科研院所及高校等单位推荐。专家委员会在省农业农村厅指导下，根据《中华人民共和国安全生产法》《广东省渔港和渔业船舶管理条例》等有关法规指导全省渔业安全生产。

2. 加强渔业安全生产工作

2022年1月1日零时起，在农业农村部和沿海省份同步启用全国渔业安全事故直报系统，开通全国统一的渔业安全应急值守电话"95166"，开设全国渔业安全应急中心，简称"一网一号一中心"。

1月5日，省委农办常务副主任黎明带队到广州市番禺区莲花山渔港调研，落实落细渔业安全港长制，加大安全生产投入，全面开展隐患排查整治。

2月11日，召开全省渔业安全生产视频调度会，全面实施安全责任到人，建立上下一体的安全生产责任体系；严格落实渔业船舶安全专项整治工作，加强渔业船舶安全管理和风险隐患治理，具体部署加强渔船安全监管和打击涉渔三无船舶工作；会后带队到省海洋综合执法总队调研渔业安全事故直报系统、渔业安全应急值守电话"95166"、渔业安全应急中心（即"一网一号一中心"）工作开展情况。

2月21日，召开渔业安全调研督导工作会，专题研判近期渔业安全风险，组织开展专项检查，对湛江、茂名、阳江、汕头、汕尾、揭阳、潮州等地开展渔业安全生产调研督导。

3月28日，召开渔业安全生产工作会议，推进全省渔业船舶安全生产专项排查整治行动。

4月12日，召开全省渔业船舶安全生产排查整治专项行动视频调度会，对排查出的重大风险隐患实行"一患一档"，并明确整改措施、整改责任人和整改期限。

6月14日，组织召开渔业安全生产工作会，厅党组书记刘棕会参加会议并讲话，会上研究当前休渔期全省渔业安全重点难点问题，重点建立健全渔业条块管理机制，加强渔业安全生产网格化监管平台建设，督促指导县（市、区）、镇健全完善渔业安全责任制，落实定人联船和网格化管理，提升信息化技防能力，打通渔业安全监管"最后一公里"。当日，省委农办常务副主任黎明带队到珠海洪湾中心渔港、横琴粤澳深度合作区和阳江市海陵岛经济开发试验区、闸坡渔政大队和溪头中队、东平镇东方红渔民委员会、闸坡渔民委员会、溪头镇新发渔民委员会，实地调研南海伏季休渔期间的渔港渔船安全管理，要求落实渔业安全网格化管理，实施船籍港和靠泊港共管制度和渔船编组跟帮生产制度，建立联合执勤点，分片包船、定人联船，履行好渔业安全生产属地责任，落实"不安全、不出海""六个100%"的要求，依港管人管船管安全，打通渔业安全监管"最后一公里"，有效遏制重特大事故发生。

6月16日，联合阳江市人民政府在海陵岛闸坡国家级中心渔港举办广东省2022年渔业"安全宣传咨询日"暨应急演练现场活动，围绕"遵守安全生产法，当好第一责任人"的主题，进一步宣传贯彻安全生产法律法规，推动落实渔船安全生产责任，提高从业人员的安全生产意识、对突发事件的应对处置水平和自救互救技能。

9月30日，组织召开全省农业安全生产工作电视电话会议，各市和有关县（市、区）农业农村、乡村振兴、海洋综合执法（渔政）及流动渔民管理有关部门负责人及乡（镇、街道）分管农业的领导和相关业务人员共3019人参加会议，就加强全省渔船渔港安全监管工作进行专题部署。

3. 做好渔港渔船安全生产监管

省农业农村厅印发《广东省近海捕捞渔船更新改造项目实施方案》《广东省近海渔船船上设施设备更新改造项目实施方案》《广东省远洋渔船、船上设备更新改造和国际履约能力提升补助项目实施方案》等，加快推动渔船更新改造。建立"广东省涉渔船舶审批修造检验监管协调机制"。根据农业农村部要求，会同省工业和信息化部、公安部等部门建立广东省涉渔船舶审批修造检验监管协调机制。召开广东省2022年涉渔船舶监管专项联合行动部署视频会，印发《广东省2022年涉渔船舶监管专项联合行动方案》，指导各地将传统渔排养殖安全生产纳入渔业生产网格化管理范畴。

1月18日，省海洋综合执法总队组织召开安全生产专题工作会议，研究部署渔船安全监管措施，以最严要求、最高标准将渔船安全监管工作落细落实落具体。特别是加强渔港监督管理，充分发挥渔港港长制作用，深入开展渔船"不安全、不出海"专项行动，切实消除安全隐患，确保渔船生产安全。

2月11日，省农业农村厅组织召开全省渔业安全生产视频调度会，全面实施安全责任到人，建立上下一体的安全生产责任体系；严格落实渔业船舶安全专项整治工作，加强渔业船舶安全管理和风险隐患治理，具体部署加强渔船安全监管和打击涉渔三无船舶工作。

3月28日，召开渔业安全生产工作会议，针对渔业船舶安全领域存在的"六个不到位"问题（涉渔"三无"船舶清理不到位、执法监管不到位、船东主体责任压实不到位、属地政府责任落实不到位、商渔共治共管协调不到位、渔船安全事故责任追究不到位）采取有力措施，加强安全监管，确保人民群众生命财产安全。

8月16日中午12时，南海伏季休渔正式结束。休渔期间，广东省海洋综合执法队伍严格执行伏季休渔制度，共出动执法船艇2.19万艘次、执法人员7.89万人次，检查船舶3.91万艘次，查处违反休渔制度案件2210宗，有力保障休渔秩序平稳有序，守牢海上疫情和渔船渔港安全底线。严格管理应休渔船。强化船位监控、港内巡查、海上巡航，确保全省2.3万艘应休渔船"船进港、人上岸、网封存"，做到应休尽休。开展渔船安全专项整治，整改安全隐患2202处，确保在港渔船安全渡休。严格执行"船籍港"休渔制度，召回跨海区异地挂靠渔船212艘，从严处理各类违法行为。

4. 做好港澳流动渔船安全生产监管

主动作为，加强流动渔船各项管理服务，做好港澳流动渔船安全生产、反走私、反偷渡监管工作。2022年共举办四期港澳流动渔船渔民管理培训班，邀请省公安厅打私局、中国水产科学研究院南海水产研究所南海渔业中心等有关单位及专家对全省流渔系统工作人员开展安全生产、反走私、反偷渡等的培训。指导各地港澳流动渔民工作机构、港澳流动渔民协会充分利用微信平台、手机短信等有效途径，向港澳流动渔民宣诫"珠桂6496""台沙2985"等船舶的安全生产事故，让广大港澳流动渔民从血淋淋的事故中接受教育、受到警醒，增强渔民对安全生产重要性的认识，让安全生产防范工作在渔民观念中从"要我做"向"我要做"转变。

面对2022年初香港第五波来势汹汹的疫情，春节前后连续提档升级港澳流动渔船渔民管控措施，坚决防止香港疫情通过港澳流动渔船渔民入境引发传播扩散。在休渔期香港第五波疫情仍高位运行的情况下，充分发挥港澳流动渔民协会行业自律的作用，将港澳流动渔民疫情防控关口前移，落实港澳流动渔民驾船从香港出发来内地前7天须进行4次核酸检测和3次抗原检测，结果均为阴性方可驾船出发举措，防止带疫下船、带疫到内地。其间，港澳流动渔民仍然坚定不移发挥"海上铁军"的作用，为港澳地区的繁荣稳定和"一国两制"行稳致远作出贡献。

5. 积极应对台风洪涝灾害

扎实落实防台各项部署，科学高效组织应急救援，持续强化渔民安全意识。省海洋综合执法总队第一时间调集170艘次执法船、3708艘次渔船参与"福景001"轮救援行动；成功防御台风"暹芭""木兰"，全面落实防台"六个100%"要求。出台防范遏制渔船渔港重特大事故35条硬举措，全力防范休渔渔船安全事故，确保渔船"不安全、不出海"。

5月中旬，珠海市遭受特大暴雨，引发洪涝灾害，水产养殖业损失严重。6月15日，在珠海市斗门区举办"我为群众办实事——水产养殖防灾减灾科技下乡"活动，疫病防控机构、涉渔企业、养殖户和水产从业人员共192人参加。活动以"服务渔民、服务渔村、服务渔业"为宗旨，以"稳产保供、减量用药、节本增收、质量安全"为目标，以"防灾减灾、绿色高质量"

为抓手，通过专家线上线下授课、现场技术咨询和派发宣传资料等多种形式，宣传防灾减灾技术、科普养殖专业知识，与前来参加活动的养殖企业、养殖户进行良好互动，让渔民群众多掌握病害防治、健康养殖、安全用药和防灾减灾等方面的知识和技术，提高应对灾害的应急处置能力，减少生产损失，切实保障广大渔民群众的切身利益。

针对8月上旬的台风"木兰"，省海洋综合执法总队统一部署，各级海洋综合执法队伍及时启动应急响应，督促海上渔船、渔排落实防台措施，严密组织防台工作。总队派出检查组深入湛江市遂溪草潭、霞山渔人码头等重点渔港检查落实渔船防台措施，落实防台风"六个100%"要求，督促渔民立即上岸，确保所有渔船就近回港避风。全省2762艘免休渔船于8月9日12时前全部回港避风，7925名渔排作业人员全部上岸。针对8月下旬的台风"马鞍"，省动物疫病预防控制中心为防止灾后水生动物疫病暴发流行，及时向受灾严重的茂名、阳江2市紧急下拨消毒药物4吨。同时，选派技术人员到灾区一线做好死鱼虾无害化处理、水生动物疫病监测预警及公共水域防疫消毒等救灾应急工作，防止灾后复产期间水生动物疫病暴发大流行给渔民造成二次损失。

6. 做好水产养殖疫情监测处理

省农业农村厅组建省级水生动物疫病防控专家技术服务团队，成员包括中国水产科学研究院珠江水产研究所、中国水产科学研究院南海水产研究所、广东省农业科学研究院、中山大学、华南农业大学、广东海洋大学、仲恺农业工程学院的专家教授，以及市、县（市、区）水生动物疫病预防控制机构的专业技术人员。专家服务团队在洪涝灾害、台风灾害后疫病防控、复产指导等方面发挥重要作用，包括提供病害防治指导和推动绿色健康养殖理念、用药减量养殖模式的应用等，并参与潮州柘林湾、惠州考洲洋、珠海市桂山岛、湛江市流沙湾海水网箱养殖鱼类重大死鱼事件的病害诊断、疫情分析、应急处置等工作。

广东水产养殖病害测报预报工作逐步转向科学化、精准化、数字化。优化设立监测点292个，实现一人一点，分布于78个县（市、区），监测养殖面积1.5万公顷，其中，淡水养殖面积1.3万公顷，海水养殖面积2000公顷。监测养殖种类38种，监测鱼类疾病55种、甲壳类疾病22种、贝类疾病1种、其他类疾病6种。全年发布预测预报信息1000多条。积极发挥远程鱼病诊断网络快速诊断作用，至2022年底，全省设立9个专家点，安装150套基层网点系统，分布在19个地级以上市、85个县（市、区）的水生动物防疫检疫站和46家水生动物诊疗机构（鱼病医院），每年上传远程会诊水产病害700多例。

广东省各级水生动物疫病防控机构积极参与渔业主管部门组织的救灾行动，组织人员第一时间赶到灾区指导养殖户做好防疫和救灾复产工作，降低灾害损失。为做好水产养殖防灾减灾工作，省动物疫病预防控制中心印发《水产养殖防寒救灾应急措施》《洪涝灾害水产养殖病害防治技术措施》《台风期间水产养殖病害防治技术措施》《高温期水产养殖病害防治技术指南》等，派出5名技术员到现场了解灾情，组织市、县（市、区）疫病防控机构派出技术人员及时到基层一线指导共1000多人次，指导养殖户做好救灾复产工作，下拨22.5吨消毒药物到受灾地区对养殖水域进行消毒。年内，广东各级财政安排400多万元用于开展对虾白斑病、罗非鱼链球菌病、罗湖病毒病、虹彩病毒病、虾肝肠孢子虫病、刺激隐核虫病、草鱼出血病、小瓜虫病及贺江等足类寄生虫病等17种新旧疫病的监测，监测面积超过6667公顷，监测检测病原学样本4万多份。此外，发布预测信息6000多条，召开2期水生动物疫情分析会。

广东各级水生动物防疫机构加大养殖户技术培训服务。2021—2022年，全省各级水生动物防疫机构为养殖户举办技术培训112期，共1.49万人参训，发放宣传资料5万份以上，下场指导服务0.1万人次以上，开展电话咨询3000多次。发送手机防病短信30多万条，在网上发布防病信息300多条。

7. 推进渔业互助保险优化工作

广东省渔业互保协会克服新冠疫情、台风多发等多重困难和挑战，采取一系列举措攻坚克难，确保渔业保险保障不脱节、不中断。一是以政策性渔业保险为抓手，积极配合做好主管部门的各项渔业安全生产宣传培训等活动，加强渔业互保工作宣传，提高渔民群众的风险防范意识和保险意识，引导渔民踊跃参加互保。二是主动降低费率，为渔民群众减轻经济负担，同时推出更多适应渔民需求的承保档次，降低投参保门槛，确保应保尽保，保险保障不中断。三是提升服务能力，提供更全面的渔业互助保险服务。深入推进开展乡镇管理涉渔船舶渔民的人身意外互助保险工作，维护乡镇管理涉渔船舶工作人员遭受意外事故伤害后获得经济补偿的权益，增强最基层的渔民在发生意外事故和受灾后恢复生产生活的能力，巩固渔区脱贫的成果，助力乡村振兴。四是深入基层，加强与基层渔业管区（大队）、渔业合作社的工作沟通和联系，将业务工作战线进一步向基层推进，委托基层渔业组织开展政策性渔业保险宣传发动工作，省协会工作人员直接下沉到一线，在渔区、渔港张贴宣传横幅，深入渔民社区、登上渔船派发宣传单张，以点带面扩大渔业互保的覆盖面。

2022年，全省有9.27万人参保渔民人身互助保险（含渔民人身意外伤害互助保险和雇主责任互助保险），风险保障金额453.47亿元；有6425艘渔船参保渔船财产互助保险，风险保障金额32.28亿元；共计为全省渔业生产承担渔业风险保障金额485.75亿元。在理赔服务方面，累计办结渔民人身互助保险（含渔民人身意外伤害保险和雇主责任保险）理赔案件682宗，已决赔款3926.59万元；办结渔船财产互助保险理赔案件178宗，已决赔款822.01万元；办结水产养殖保险理赔案件1宗，已决赔款6万元。

自然资源部南海局

2022年，自然资源部南海局认真贯彻落实《2022年全国海洋预警监测工作方案》要求，编制《2022年自然资源部南海局海洋观测预报减灾工作方案》，积极开展海洋观测、监测和预警报，做好海洋灾害防御减灾工作并取得较好成效。

【海洋观测】

加强海洋观测预报活动监管。完成《全国海洋观测预报监管服务平台建设方案》编制。起草《自然资源部南海局海洋观测预报活动监管实施方案》，全力推动南海区海洋观测预报活动监管进展。加强验潮站安全管理，为避免过往船舶碰撞观测设施等事故，参照《安全标志及其使用导则》要求，设计观测设施安全标志基本型式并在所有验潮站安装，进一步加强南海局验潮站的安全管理。

浮标、石油平台和志愿船观测。至年底，共有5个10米、10个深海6米浮标站，4套海上油气平台，15艘志愿船、59艘搭载船开展业务化运行；浮标数据接收率达96.6%，油气平台数据接收率达99.9%，志愿船接收观测数据27万多组，搭载船接收观测数据34万多组。完成春、夏季航次常规业务化运行浮标巡视维修维护3航次、浮标应急维修回收3航次，完成1套海啸浮标修复；完成采购2套完整的油气平台观测系统。新增6艘志愿船，开展6艘次志愿船观测设备维修维护，开展2个新建油气平台建设。

开展汛前检查。组织局属各单位完成汛前自查并针对存在问题进行整改，组织汛前检查工作组进行现场检查，形成南海局汛前检查工作报告。组织实施3个浮标巡检航次、3个浮标应急回收航次和1个浮标布放航次，对海上故障浮标进行维护和回收布放。

开展海南省地方海洋观测站点入网评估。编制《海南省海洋观测站点纳入国家全球立体观测网评估工作实施方案》。联合国家海洋技术中心成立评估工作组，并对海南省新建的6个海洋站点进行现场评估，推进南海区地方海洋观测站点纳入国家立体观测网。

断面调查。完成南海北部冬季、春季和夏季3个航次的断面调查及资料处理与归档工作，冬、春季航次共有25个站（点）、航程1000多海里，夏季航次共有38个站（点）、航程2000多海里。

不断提升观测数据传输网的应用能力。起草编制海洋预报首席预报员制度、海洋预报减灾会商制度，完善南海区海洋灾害预警报单、灾害预测信息快报等预报产品。推动落实以南海局为主要依托单位、部省共建的粤港澳大湾区海洋预警中心建设，结合职责谋划制定建设方案，全面提升海洋观测预报和防灾减灾基础服务能力。进一步完善预警报观测业务标准化建设。制作《海洋站观测业务教学》视频并下发至各单位，为海洋观测提供规范指引；起草《海洋站点标准化建设设置通用规范（试行）》，推动海洋站点建设规范化。

【海洋预报】

做好常规及专项海洋预报。全年发布南海大面海域、华南沿岸海水浴场、旅游区、近岸基础单元常规预报服务。发布风暴潮警报33期、海浪警报89期，参加省三防应急会商65次，参与防风应急值守22人次，获得省三防总指挥部在全省范围内的通报表扬。完成广东省沿海14个地级以上市海洋环境预报、海水浴场预报和灾害预警报，针对渔业捕捞区开展渔场预报。完成阳江核电、台山核电生态预警服务，共制作发布赤潮遥感监测周报53期、赤潮监视监测月报12期、赤潮监视监测年报1期。为华德石化码头和油罐储藏区开展日常海洋环境预报服务。

开展南海区海洋生态预警预报。发布华南沿海赤潮发生条件预测25期、广东省赤潮预警监测专报21期。针对阳江、台山、昌江等核电站海洋生物聚集事件，发布生态监测预警专报3期；发布南海海上油品泄漏应急专报1期。做好南海珊瑚热白化监测预报工作。6—10月，共发布珊瑚礁热白化监测快报22期。开展珊瑚礁热白化预警技术研究，基于海洋站海温观测资料，增加多组统计分析产品用于辅助研判珊瑚礁热白化风险概率，深化南海立体观测海温在珊瑚礁热白化预警业务中的应用。联合马来西亚大学和自然资源部第三海洋研究所开展马来西亚停泊岛周边珊瑚白化预警专报研制，在马来西亚大学官网发布专报10期。

做好海上搜救预报服务。做好全国海上搜救保障平台维护，确保南海区节点运行稳定，完成2021年度南海海上搜救案例汇编和预报检验。共为73起海上遇险提供搜救漂移路径预测服务，发布164期南海海上遇险搜救应急专报。2022年7月，针对"福景001"轮广东省首次启动海上险情应急Ⅰ级响应，组织协调局属各单位进行联动保障，10人次参与指挥中心现场搜救工作，提供32期海上搜救预测应急专报和107期信息快报；10月，为91878部队参谋部提供2期海上搜救漂移路径预测服务，为及时调整搜救部署提供依据并成功找到搜救目标，收到该部队发来的感谢信。

开展预报关键技术研究。基于NEMO模型，完成全球-中国海三维温盐流数值预报模型构建和后报试验。基于FVCOM模型，完成粤港澳大湾区动力-生态耦合预报系统中斜压水动力模块的研发，构建粤港澳大湾区三维温盐流预报业务化系统并正式上线运行。全球-中国海-大湾区三级嵌套环流预报体系已具雏形。进一步优化海温网格预报产品的智能订正技术。制订完整的波浪预报技术升级发展方案，分步实施，先启动经验预报、机器学习预报及同化技术开发。启动表层流场准实况分析及预报技术研究，完成实施方案编制。开展高频地波雷达资料质量评估及比测分析，开展地波雷达观测数据同化技术研究。

【海洋灾害防御】

开展南海区海洋灾害风险普查工作。开展南海三省区海洋灾害普查数据成果监督检查工作，开展海区审核。至11月20日，审核通过广东省海洋灾害风险普查数据及成果记录2.31万条，其中，致灾调查与评估1.34万条、重点隐患调查与评估9124条、风险评估与区划591条；审核通过广西壮族自治区海域普查数据及成果记录2543条，其中，致灾调查与评估988条、重点隐患调查与评估1476条、风险评估与区划79条；审核通过海南省海域普查数据及成果记录9647条，其中，致灾调查与评估7487条、重点隐患调查与评估2151条、风险评估与区划9条。

编制并发布《2021年南海区海洋灾害公报》。完成广东省沿海10个岸段的警戒潮位核定工作。编制印发《自然资源部南海局海洋站点观测工作守则》《南海局海洋灾情调查评估和报送规定》和《自然资源部南海局海洋灾害应急执行预案》，为规范化海洋观测业务、海洋灾情调查评估工作和海洋灾害应急工作提供参考依据。

加强预警报及灾害防治能力建设。开发集搜救、溢油、海生物漂移预测与敏感目标影响评估于一体的信息系统平台。该平台集成自主研发与引进的两套溢油粒子漂移模型、一套海上遇险目标漂移预测模型和一套海上搜救海洋气象环境风险评估模型，具有交互式的海上事故漂移预测运算、应急专报制作与发布、预报准确性评估、海上突发事件管理和各类预警报产品智能化展示等功能，实现从海上突发事件接警－事件处理（预报制作与发布）－事件分析（结果反馈与评估）业务全流程的信息化。编制海洋智能网格预报制作系统、海洋预警报服务产品制作系统建设方案，推动海洋预警报制作向标准化、数字化、智能化、精细化发展。完成粤港澳大湾区5个风暴潮观测站点建设，持续推进沿海城市风暴潮灾害风险评估和区划及风暴潮精细化预警报模型技术研发，助力粤东西两翼风暴潮预警示范区建设，优化升级粤东西两翼风暴潮预警报模型。

继续做好海洋防灾减灾宣传。围绕"减轻灾害风险，守护美好家园"主题开展系列"5·12防灾减灾日"宣传活动，制作南海局所属博鳌等13个海洋站（点）的《海洋站是海洋防灾减灾的哨兵》宣传海报；开展"冯翔两点半"网络云课堂，制作"预报小姐姐讲海况"抖音平台系列短视频，以及组织海洋防灾减灾科普进课堂和线上答题竞赛等活动，并创作科普绘本《浪的"姿势"》，提供给广东省、市自然资源部门进行广泛宣传。此外，围绕"早预警、早行动"主题开展"国际减灾日宣传周"系列科普讲座进校园宣传活动。

广东省生态环境厅

2022年，在省委、省政府的坚强领导下，全省生态环境系统深入学习贯彻习近平生态文明思想和党的二十大精神，认真落实"疫情要防住、经济要稳住、发展要安全"的工作要求，上下同心、砥砺奋进，干在实处，持续深入打好污染防治攻坚战，积极助力稳住经济大盘，生态环境质量保持高位改善，生态安全得到有效保障，环境治理能力持续提升，美丽广东建设迈出坚实步伐。

1. 深入打好蓝天保卫战

大力推进挥发性有机物（VOCs）和氮氧化物（NO_x）协同减排，出台固定源VOCs控制排放标准及11个相关技术规范，深度治理涉VOCs排放企业2139家，加强涉工业炉窑企业分级管控，推动重点石化企业和油气仓储基地VOCs治理问题整改，抓紧抓实重点行业企业柴油货车闭环管理和油品质量全生命周期监管。强化空气质量会商研判，及时精准应对臭氧污染过程。针对极端不利气象条件，及时启动秋冬大气污染防治百日攻坚行动，其间全省减少超标城市194城次，空气质量指数（AQI）达标率从9月的60.8%回升至12月的99.5%；惠州、深圳、珠海、中山、肇庆5个城市空气质量位居全国168个重点城市前20位；全省$PM_{2.5}$平均浓度降至20微克/立方米，珠三角$PM_{2.5}$平均浓度在全国"三大经济圈"中率先进入"1字头"（19微克/立方米）。

2. 深入打好碧水保卫战

持续推进国考断面水质达标攻坚，逐一制定25个重点攻坚断面治理方案。建立"流域+区域"水环境整治合作和省、市、县（市、区）三级协调机制，动态跟踪水质变化和重点治污工程建设进展；强化饮用水源保护，完成全省乡镇级饮用水水源保护区划定，农村水源地标志设置率达94.2%，农村"千吨万人"饮用水水源水质达标比例为94.3%；开展珠江口邻近海域综合治理攻坚，省及珠江口6市均出台邻近海域综合治理攻坚实施方案，流域13市协同开展总氮减排。持续开展对非法和设置不合理入海排污口的清理整治工作，累计完成清理整治308个。

全省149个国考断面中，有22个水质同比提升1个类别，地表水水质创近年最好水平，国考断面水质优良率达92.6%，全面消除劣Ⅴ类断面，超额完成国家年度考核目标；全省近岸海域水质优良面积比例为89.7%，继续保持"十三五"以来最好水平。

3. 深入打好净土保卫战

开展127个典型行业企业用地及周边土壤状况调查，组织韶关、清远、湛江开展耕地土壤重金属污染成因排查，佛山大力推动土壤污染防治先行区、地下水污染防治试验区建设；严格建设用地准入管理，及时更新建设用地土壤污染风险管控和修复名录；深入推进土壤污染防治试点示范，广州建成污染土壤集中治理与资源化利用处置中心；强化地下水污染防治，编制地下水环境监测点位水质达标（保持）方案，完成20个国家级、省级化工园区地下水环境状况调查，韶关武江区重阳镇一六矿、清远市佛冈县水头镇水龙尾铅锌矿按时完成国家试点任务。

4. 加强农村环境综合整治

印发实施农业农村污染治理攻坚战实施方案，1356个行政村完成环境综合整治。提请省政府将农村生活污水治理纳入乡村振兴、河长制和污染防治攻坚等的考核内容，并再次列入省民生实事目录，多次召开推进会部署推动，常态化开展治理情况抽查并推动发现问题整改，组织省级专家团队加强帮扶，举办装备技术展览及交流会促进政企交流，新增1000个以上农村生活污水治理示范村并完成治理，超额完成民生实事任务；编制农村黑臭水体"一水体一方案"，综合实施清淤疏浚，科学开展生态修复，建立长效管护机制；中山市成功申报国家黑臭水体治理试点，获得2亿元中央资金支持；河源市东源县、茂名高州市率先完成农业面源污染调查、监测和负荷评估等国家试点工作。

5. 强化固体废物环境监管

推动成立省"无废城市"建设领导小组，珠三角9市全部启动"无废城市"建设。加强铝灰渣监管和利用处置能力建设，21个常规设施建成投运，处置能力超80万吨/年，实现铝灰渣处置从应急到常规的平稳过渡；持续推进危废利用处置能力建设，全省核准危废利用处置能力达1140万吨/年，同比增长34.12%；深化跨省区危废污染联防联控，与浙江等省（区）建立危废转移合作机制。

6. 多措并举助力稳住经济大盘

统筹谋划储备生态环境重大工程项目。指导推动各地聚焦"十四五"生态环境指标任务谋划、储备、实施一批重大工程项目，对885个重大工程项目实施清单化管理，涉及总投资近4000亿元；优化重点项目环评服务，出台优化重点项目服务助力经济高质量发展十项措施，全省共审批项目环评13 055个，涉投资总额2.03万亿元。强化生态环境分区管控，印发"三线一单"生态环境分区管控实施管理暂行规定，汇编推广典型应用案例30个，建成应用平台并面向社会开放，为1万多个项目提供选址等辅助预判，应用平台入选第五届数字中国建设峰会优秀应用案例。制定促进产业有序梯度转移生态环境保护支持措施，引导珠三角产业向粤东、粤西、粤北有序转移。

7. 牢牢守住生态环境安全底线

严密防范环境风险。成功处置茂名石化火灾事故、韶关新丰危化品运输槽罐车侧翻泄漏等8起突发环境事件。做好核与辐射安全保障，服务保障台山核电重启运行。全年全省未发生较大及以上突发环境事件。

有效化解社会稳定风险。扎实开展涉环保"邻避"问题和重复信访积案专项治理，全省各级生态环境部门妥善办理19.6万宗生态环境信访举报案件，服务保障狮子洋通道工程、深圳中西部500千伏输电通道等一批重大项目落地建设，涉环保"邻避"规模性群体事件零发生。

扎牢疫情防控生态环保防线。持续推进医疗废物集中处置设施提档升级，科学储备应急设施，全省集中处置能力达620吨/天，应急处置能力达3649吨/天。统筹调配全省医疗废物处置能力，保障医疗废物安全收运处置，涉疫医疗废物全部"日收日清"。监测人员深入医院、隔离场所、污水处理厂等涉疫风险区开展监测，切实保障环境安全。

8. 大力推进生态环境保护督察执法

高标准推进中央生态环境保护督察整改。强化工作调度、派驻监察和现场督导，第二轮中央生态环境保护督察54项整改任务已完成9项，5个典型案例问题整改有序推进，交办的6764宗信访案件已办结6530宗，获得生态环境部华南督察局"站位高、思路清、措施硬、作风实"的评价。

优化生态环境执法监管方式。出台十二项措施优化生态环境执法方式，助力稳住经济大盘，实施监督执法正面清单管理，利用自动监测、走航监测、无人机等开展非现场检查5.2万次，指导帮扶企业1861家次，对2984宗案件依法减免处罚。严厉打击生态环境监测数据弄虚作假行为，查处出具虚假证明文件的监测机构50家。全省生态环境部门发现环境安全隐患及问题3135个，均督促完成整改。

精准打击环境违法行为。开展大气污染防治和自动监测数据弄虚作假专项执法、打击危废违法犯罪异地交叉执法以及非法处置垃圾专项整治等行动，全省共查处环境违法案件7890宗，工作力度居全国前列。持续开展环评单位和环评工程师专项整治，对存在问题的102家环评单位、139个环评工程师予以"失信"记分。

9. 持续提升生态环境治理水平

完善生态环境法规标准体系。组织修订《广东省机动车排气污染防治条例》等地方性法规4项，加快推动《广东省生态环境教育条例》立法，颁布实施《固定污染源挥发性有机物综合排放标准》等地方标准，发布《广东省生态环境厅关于在重点区域执行污染物特别排放限值的公告》。

持续深化生态环境领域改革。推动广东与广西、福建签署九洲江、汀江－韩江流域上下游横向生态补偿协议，实施北江流域生态环境保护财政激励政策。印发实施《广东省石化行业建设项目碳排放环境影响评价编制指南（试行）》，完成温室气体排放环境影响评价试点任务。深入推动排污许可提质增效，将工业固废纳入排污许可管理，开展排污许可制度试点改革。持续深化生态环境损害赔偿制度改革，全省累计办理案件339宗，涉及金额12.17亿元。

10. 加强生态环境支撑保障

首创研发面向省、市、县（市、区）三级生态环境监测机构实验室的全过程信息化管理系统（LIMS）并在全省推广应用，建成覆盖重点乡镇、全部县（市、区）的大气常规监测网络，持续完善遥感、走航等手段联用的溯源监测网络。新建21个通量站，开展重点流域83个断面水文水质同步监测，粤港澳大湾区（广州）地下水多层监测基地启动建设。"一网统管""GI系统"建成投用，在"粤省事""粤商通"平台开通生态环境服务专区，32个事项实现"掌上办""指尖办"。举办粤港澳生态文明艺术双年展，开展"生态文明号"地铁专列等宣传活动，广州塔等多地地标首次亮灯为生态环保宣传与助力。

11. 积极推进生态文明示范创建

韶关市、江门恩平市、肇庆市广宁县成功创建国家生态文明建设示范区，深圳市龙岗区、茂名化州市被命名为"绿水青山就是金山银山"实践创新基地。深圳市获得"生物多样性魅力城市"国际殊荣，其中光明区获评中国生态文明奖。

12. 夯实环境应急基础建设，不断提升环境应急能力

大力推进应急信息化建设，投资 979 万元建设广东省环境应急综合管理系统并上线试运行；组织开展重金属铊环境风险管控研究，在线预案备案企业 3.35 万家。加强环境应急救援队伍和应急物资管理，现有大型石化企业、危险废物处置单位环境应急救援队伍 66 家，社会化环境应急监测队伍 4 家、应急物资存储点 149 家、应急物资生产厂商 43 家。充分利用生态环境部华南环境科学研究所环境应急专家技术团队开展应急处置工作；加强环境应急培训和演练，举办广东省环境应急管理培训班，会同惠州市政府联合举办东江流域突发水污染事件应急演练，不断提升环境应急综合能力。

广东省林业局

2022年，全省林业系统认真贯彻落实党中央、国务院和省委、省政府关于有害生物防治的工作部署，全面落实林长制考核任务，以松材线虫病疫情防控五年攻坚行动为抓手，坚持"预防为主，治理为要，监管从严"的防控理念，多措并举。积极开展林业有害生物监测、防治、检疫、立法和宣传等工作，纵深推进松材线虫病疫情防控五年攻坚行动、薇甘菊和红火蚁防治行动、森林草原湿地外来入侵物种普查等重点工作，防范化解林业领域生物安全，切实提高广东省森林草原有害生物防控能力，全力保障森林生态安全和生物安全。

全省实施林业有害生物监测调查面积4641.73万公顷次。全省实施防治作业面积77.07万公顷次，其中，松材线虫病防治面积52.3万公顷次，薇甘菊防治面积4.75万公顷次，林地红火蚁防治面积2.89万公顷次，林业有害生物成灾率控制在25.7‰（低于国家下达的27.95‰）以下。成功拔除县级疫区1个、镇级疫点15个，首次实现松材线虫病县（市、区）级疫区、镇级疫点、发生面积和病死树量"四下降"目标，未出现"重大有害生物灾害"和"特别重大有害生物灾害"级别事件，全面完成国家林业和草原局下达的年度防治目标任务。

1. 切实加强组织领导，统筹推进灾害防控工作

认真贯彻落实省委、省政府领导关于松材线虫病等防控工作的批示（指示）精神，省政府召开全省动员部署会议，成立林业领域生物安全工作领导小组和外来入侵物种普查工作领导小组，健全生物安全工作长效机制，把重大林业有害生物防控工作考核纳入林长制督查考核体系，加强防控工作督导，全面推进林业领域生物安全工作。

2. 着力强化制度建设，健全法规制度保障体系

全面贯彻省政府印发的松材线虫病疫情防控五年攻坚行动"实施方案"，建立健全考核制度。发挥"林长制"考核指挥棒作用，强化以林长带动防控工作制度，有序推进《广东省林业有害生物防治检疫条例》立法工作，制定《广东省林业局引进林木种苗检疫审批与监管管理办法》，进一步强化引种检疫监管。建立健全粤闽赣湘桂琼六省区林业有害生物联防协作机制，提高省际区域联防联控水平。

3. 不断加大防控力度，提高防灾减灾和应急处置能力

认真落实国家林草局有关工作部署和要求，加强疫区疫木管理，实施疫源精准监测、疫源清剿，动态清零措施，进一步压实责任。部署开展全省松材线虫病防治"百日秋风攻坚大行动"，组织专家组开展松材线虫病疫情防控工作专题调研，开展防治技术、检疫执法、调查监测培训，推进重大林业有害生物疫源清剿行动。组织开展春季飞机防治媒介昆虫，组织开展全省春季防治质量核验，组织开展2022年林长制考核年度目标任务完成情况外业核查、红火蚁防控绩效评价和互花米草监测调查。

4. 健全监测预警体系，强化检疫执法和疫源管控

健全国家级中心测报点和护林员网格制度，开展松材线虫病秋季专项普查，经省政府同意

公布广东省林业检疫性有害生物分布区、疫点镇名单。部署开展"林安 2022"林业植物检疫执法行动，落实"双随机、一公开"制度，加强进口松木流通环节管理，继续加大产地检疫、调运检疫和检疫复检力度，严格违法违规案件处罚，整理归类检疫违规案件，为林业领域生物安全筑牢防线。

5. 广泛开展宣传活动，普及林业生物安全知识

结合国家安全教育日、森林文化周、爱鸟周、湿地日、地球日、生物多样性保护日，以及松材线虫病和薇甘菊等重大有害生物除治行动、林业检疫执法专项行动等，推进防治知识"进企业、进乡村、进社区、进学校、进家庭"。在韶关市举办"5·12 林草生物灾害防控宣传周活动启动仪式"，举办惠州、河源 2 市联合飞防启动仪式，以点带面推动各地开展生物安全防控宣传。全省共派发宣传单张、小册子、书刊、视频等 5 多万份、宣传袋 1 万多个，树立防控广告牌 30 多个，挂放横幅 1000 多条。

广东省卫生健康委员会

【新冠肺炎疫情防控】

2022年，全省各级卫生部门、全省卫生健康系统深入学习习近平总书记的重要讲话和重要批示（指示）精神，坚决贯彻落实党中央、国务院关于新冠疫情防控的决策部署。坚持人民至上、生命至上，坚持"外防输入、内防反弹"总策略和"动态清零"总方针，坚持科学精准防控，坚决克服麻痹思想、厌战情绪、侥幸心理、松懈心态，高效统筹疫情防控和经济社会发展，因时因势调整防控措施，积极主动应对疫情形势的发展变化，实施"乙类乙管"政策，有序实施新冠疫情防控优化措施，较短时间内实现了疫情防控平稳转段，稳定了社会大局，最大限度保护了人民生命安全和身体健康。

一是全省防控体系高效运作，指挥果断有力。自疫情以来，广东先后修订印发9版指挥办公室工作方案，不断完善全省防控工作体系，明确统筹指挥、口岸防控、医疗救治、核酸检测、流调排查、社区管控、隔离转运、区域协查等防控责任主体，进一步压实"四方责任"。按照"早预防、早发现、早隔离、早治疗"要求，以"快、严、实"硬措施，抓细抓实常态化疫情防控与本地疫情应急处置工作。省指挥部办公室坚持每日例会制度，始终保持规格不降、机制不动、人员不减，每日研判、统筹协调，确保指挥工作机制快速高效运转。疫情以来至2022年底，累计召开1000多次工作例会，研判调度防控措施。各地级以上市、各县（市、区）、街道（镇）党委政府持续完善指挥机制，形成常态化运作的防控体系，全省上下构建起横到边、纵到底的防控网络，形成统一领导、统一指挥、统一行动的工作格局。

二是妥善应对奥密克戎疫情冲击，打法快速有效。面对奥密克戎本土聚集性疫情的冲击，全方位综合防控，突出"科学精准、动态清零"，把握"黄金24小时"，做到六个"快速"：快速指挥响应、快速风险评估、快速流调溯源、快速排查管控、快速核酸筛查、快速隔离管控，迅速遏制疫情传播势头，高效统筹疫情防控和经济社会发展。坚持日夜值守、每日研判、闻令而动，提级指挥疫情应急处置，提档升级社会面防控措施，快速果断有效处置多起聚集性疫情。全年全省累计处置100多起报告5例及以上的本土聚集性疫情，省、市、县（市、区）、镇四级合力处置，合力打赢疫情歼灭战。特别是7月和9月，发现一起便快速果断有效处置一起，为党的二十大胜利召开营造了平安稳定的局面。面对10月以来疫情的反复冲击，全省"一盘棋"，迅速调度20个地级以上市筹措隔离转运、核酸采样、医疗救治等支援广州疫情，始终将疫情牢牢控制在"震中"。全省疫情基本控制了规模、圈在了点上、减轻了影响、防住了外溢，得到国务院联防联控机制和国家赴广东工作组的高度肯定。

三是因时因势调整防控策略，应对及时稳妥。面对新冠病毒的不断变异，因时因势调整完善防控策略，落实机制、落实责任、落实措施。6月27日、11月11日、12月7日，因应疫情防控形势的变化，国务院联防联控机制综合组分别出台防控方案第九版、优化疫情防控二十条措施、进一步优化落实疫情防控新十条措施；12月26日，国务院联防联控机制综合组发布通知，明确自2023年1月8日起对新型冠状病毒感染实施"乙类乙管"。面对疫情防控新形势、新任务、新挑战，全省认真贯彻落实国务院联防联控机制的部署和要求。国家相关政策出台后，省指挥办公室均第一时间部署，要求各地迅速行动，认真落实第九版、二十条、新十条措施不动摇、不走样，及时全面优化防控举措。省领导高度重视、多次作出批示（指示）、密集指挥调度，多次深入一线调研督导优化措施落地、推进防控资源建设、防疫情输入、统筹疫情防控和经济社会发展等重点工作。各地各部门细化落实各项措施，着力解决政策执行中存在的问题，确保各项优化措施顺利衔接，落实到"最后一公里"。

四是全力抓好患者医疗救治，兜住生命底线。疫情之初，迅速组建以钟南山院士为顾问的省新冠肺炎医疗救治专家组，多领域深度融合、中西医协同配合，有力发挥高水平专家在医疗救治工作的中流砥柱作用。坚持首诊负责、巡诊指导、远程会诊、专家驻诊、多学科联合诊疗的"五诊"工作机制，竭尽全力救治患者，新冠病毒感染者累计治愈率达99.99%。一方面，持续规范有序做好感染者收治管理。按照第九版诊疗方案科学调整收治策略，实施各地市"四集中"、分级分层分流收治。建强多学科专家会诊、分类精准施治、临床治疗与研究同推进三大机制确保感染者救治同质化有序推进，中西医结合，中医药参与治疗率超95%。全省"一盘棋"加强救治资源调配，在应对"10·22"广州市海珠区较大规模疫情中，统筹调度全省资源支持广州"应治尽治"，指导迅速腾空启用9家定点医院，向国家申请高级别救治专家远程会诊指导，动员省、市专家资源下沉，确保定点医院重型以上感染者有效救治。发挥5家高水平医院、73家三甲医院帮扶功能，下沉377名重症呼吸急诊医护人员和呼吸机、氧疗设备、ECMO、救护车等紧缺设备，支持60个市级、113家县级公立医院，迅速补齐薄弱地区能力短板。各医疗机构集中全院力量支持发热门诊和急诊，推进疫情高峰时急诊留观24小时清零。另一方面，迅速扩充救治资源。抓好医疗资源统筹调配，全力扩充医疗救治资源，加强医疗资源储备，全力应对疫情形势的发展变化。全省二级以上医院重症救治床位迅速增加至3.28万张、重症医师增加至1.5万人、重症护士增加至4.02万人，较扩容初期分别提升229%、135%、152%。重点推进资源扩容向县域和农村地区倾斜，建设县域医共体的70个县（市、区）开放床位6.5万多张，用于新冠重症救治的综合ICU床位近1300张，重症医学专业医生848人、护士2374人，有创呼吸机与床旁监护仪配置占比分别为63.0%、48.4%，达到国家标准要求。同时加强跨区域救治力量统筹，组建一支由150人组成的国家重症医疗队，2支各100人组成的省重症医疗队，以及5支各500人组成的常规机动医疗队，可随时支援省内各地级以上市。

五是加强农村地区防控，落实服务保障。层层压实责任，建立农村地区疫情防控责任体系，积极推动落实"五级书记"抓农村疫情防控的责任，切实把各项防控措施落实到村到户。建立健全"广东省农村地区疫情防控工作专班"统筹协调、责任落实等方面的作用，畅通县乡村就医转诊通道，兜牢基层医疗卫生机构"网底"。充分发挥农村基层党组织战斗堡垒作用，组织村"两委"、驻村第一书记和工作队、农村党员、志愿者等下沉一线，实施包保制度、提供精细化服务，回应诉求关切、解决实际问题。推进防疫宣传进村入户，积极引导村民科学防疫、佩戴口罩、减少聚集。加强医疗物资供应保障力度。加强退热、止咳、解痛类药品供应储备，做好有效中医药方药、急救药品和医疗设备的储备，满足农村地区救治需求，部署向农村地区发放"健康包"，为每个村卫生室增配2个指夹式血氧仪。

六是紧盯重点场所重点人群，竭力控制风险。将"三重点、一重大"（重点场所、重点区域、重点人群、重大节日活动）防控贯穿于疫情防控的始终，将"三重点、一重大"摆在关键位置,各级党委、政府领导亲自盯、亲手抓,推动防控工作常态化、规范化、精准化。紧盯重点场所防控。按照高于社会面要求落实重点场所、重点人群疫情防控措施,按照"管行业必须管疫情防控"要求,明确建筑工地、工厂车间、景区、农贸商超、餐饮住宿等重点场所的部门监督指导职责,压实密闭半密闭公共场所、精神卫生机构、月子服务机构、托育机构等重点机构主体责任,分别成立工作专班、印发工作指引,督促抓好常态化防控。紧盯省外涉疫地区重点人群防控。加强"两站、一场、一港口、一服务区"和货车作业点管理,动态实施重点涉疫地区来返粤人员"落地检",快速落实外省风险地区入粤人员排查推送,做到人数、人头、位置、管控情况"四个查清",做到涉疫人员落地排查存量三天清零、增量24小时清零。紧盯农村、城中村、城郊结合部等区域疫情防控。落实"五级书记"抓农村疫情防控的责任,不折不扣把各项防控措施落实到村到户。持续畅通县(市、区)乡村就医转诊通道,兜牢基层医疗卫生机构"网底"。在感染高峰期,紧急调度医疗救治物资向农村地区倾斜,迅速发放"健康包"超3万个,村卫生站指夹式血氧仪增配全覆盖。紧盯学生、老人等重点人群健康管理和服务。关注"一老一小",明确592家医疗机构对口服务全省1678家养老机构,建立1110万名65岁以上老年人合并慢病群体健康台账,分级分类开展健康服务。建立师生员工的健康监测机制,执行"日报告"制度。全省167所高校设置健康驿站,覆盖率100%。坚持高于社会面防控标准加强养老院、儿童福利机构管理,落实"来访登记""日报告""零报告""重大事项报告"等制度,100%打通就医绿色通道,加强对孤寡老人、孤儿人文和物资的关心关爱。做好重大节日、重大活动保障。践行"群众过节、干部过关"理念,每逢重大节日、重大活动期间,均保持组织、人员、管理运行处于激活状态,落实24小时应急值守制度,有效保障了党的二十大、高考、广交会、珠海航展、省运会等260多个省内重大活动顺利开展,坚决守住重大活动公共卫生安全底线。此外,持续推进重点领域科研攻关。坚持部省联动、部门联动、医产学研结合,构建大联合大团队协同作战机制,组织广州实验室等优势科研力量,先后布局实施七批、165个应急科研项目,投入财政资金约1.21亿元,持续推进疫苗、检测试剂、药物研发工作,充分发挥科技在疫情防控攻坚战中的关键支撑作用。

七是全力推进疫情平稳渡峰,实现有序转段。进入疫情防控新阶段以来,提前谋划、主动作为,第一时间将工作重心从"防感染"转到"保健康、防重症",全面落实优化措施缓疫压峰,全力保障防控物资和救治资源有序供应,较短时间实现了疫情防控平稳转段,整体防控工作呈现感染渡峰稳、医疗物资保障稳、重点群体防护稳、社会舆情动向稳、经济复苏稳的发展态势。自2022年12月初至2023年1月底,全省21个地级以上市顺利渡过首波感染、门急诊就诊、重症"三个高峰",取得疫情防控过渡转段的重大决定性胜利,为经济社会发展积蓄更强动能、营造更好环境,为全省迅速投入高质量发展创造了有利条件。

【法定报告传染病疫情防控】

2022年,全省共报告法定传染病1 159 729例,死亡1213人,报告发病率为914.32/10万,死亡率为0.96/10万,病死率为0.10%。与上年相比,发病率上升24.21%,死亡率下降4.27%。

全省共报告甲、乙类传染病448 941例,死亡1209人,发病率为353.94/10万,死亡率为0.96/10万,病死率为0.27%。与上年相比,发病率上升29.88%,死亡率下降4.51%。全年除鼠疫、传染性非典型肺炎、脊髓灰质炎、人感染高致病性禽流感、炭疽、白喉、人感染H7N9禽流感 7 种法定传染病无发病和死亡报告外，其他 22 种法定传染病均有病例报告。报告发病数居前五位的病种依次为乙肝、新型冠状病毒感染、肺结核、梅毒和丙肝，占发病总数的 91.74%。报告死亡数居前三位的病种依次为艾滋病、肺结核和乙肝，占死亡总数的 97.02%。

全省共报告丙类传染病 710 788 例，死亡 4 人，发病率为 564.06/10 万，死亡率为 0.003/10 万，病死率为 0.0006%。与上年相比，发病率上升 21.68%，死亡率上升 300.00%。报告发病数居前三位的病种依次为：流行性感冒、其他感染性腹泻病、手足口病，占发病总数的 98.24%。报告死亡病例的病种均是流行性感冒。

【突发急性传染病防控】

全年全省共有 5 个地级以上市共报告一般及以上级别突发公共卫生事件 7 起，累计报告事件相关病例 175 例，死亡 8 例。需要关注的非法定传染病中，全省累计报告人感染 H5N6 禽流感 2 例，人感染 H9N2 禽流感 1 例，发热伴血小板减少综合征 1 例，鹦鹉热 43 例。所有突发急性传染病疫情均得到科学有效处置，无社会面传播。

【紧急医学救援】

深化构建全省核化卫生应急救援体系。持续加强构建全省核化应急救援体系，促进全省职业卫生强基创优建高地工作，树立核化专业化卫生应急队伍示范，加快提升全省化学中毒与核辐射突发事故卫生应急处置水平。一方面，积极开展对 7 个中毒急救分中心和中毒检测分基地的技术指导，举办突发化学中毒现场处置培训会和实战考核演练，以赛代练，提升各地市化学中毒卫生应急处置能力。另一方面，继续落实组建省级化学中毒与核辐射突发事件卫生应急队伍的布局方案，指导多个地级以上市开展应急工作部署、事件处置和培训演练等。

加强国家卫生应急队伍建设。坚持软件硬件两手抓的原则，进一步加强国家移动核辐射事件卫生应急处置中心、国家级核应急医学救援分队的建设。一方面，经过多次调试，实现卫生应急队伍的网络互联互通，一旦发生化学中毒与核辐射事件，卫生应急指挥车可在救援现场与上级指挥部门实时通讯，实现全方位多角度地掌握现场处置情况的功能。另一方面，完成平急结合医疗卫生应急保障任务，不断加强队伍培训演练，开展应急技术培训、知识考核、技能训练、通信演练、模块化演练等，进一步加强国家卫生应急队伍建设。

积极开展核事故卫生应急监测。积极制定太平岭核电场外应急监测方案计划，派员参加省核应急委在惠州召开的太平岭核电场外应急监测方案现场研究工作会议，汇报并进一步完善形成《太平岭核电场外饮用水应急监测方案》，拟定"2022 年阳江核电站场外应急监测演习方案（食品水应急监测）"。为推动粤港双方广东核电站事故场外应急合作及粤港核应急交流，1 月 20 日，省卫生健康委参加粤港核应急合作会议暨代表团会议，并作"广东省核辐射卫生应急工作介绍"经验交流。

加强北江干流洪灾后的卫生指导和监督。针对 6 月的持续强降水，北江干流出现超百年一遇的洪峰流量，为有数据记载以来的北江下游最大洪水，省卫生健康委及全省卫生健康系统有力有序开展防汛救灾工作。省卫生健康委先后派出由省疾病预防控制中心、省卫生监督所等单位组建的 5 批次专家，分赴韶关、清远、肇庆市等地指导开展灾后疫情防控、消杀、钉螺监测和饮用水监督等相关工作，统筹做好隔离点和定点收治医院的疫情防控和风险排查。专家组积极指导受灾地区加强肠道类传染病、食源性疾病、接触性传染病、病虫媒类传染病聚集性病例的监测，未发现传染病疫情。全省累计派出1071支医疗防疫队、共3995人次到受灾地及安置点开展医疗保障、卫生防疫、疫情监测指导等工作，免费发放药品约118万元，漂白粉、二氧化氯、漂精片、口罩等防疫物资10万元，救治伤病患者2598人次，消杀面积约170万平方米；积极开展灾后防病知识宣教和消毒药品使用培训，累计派发宣传材料10.1万份；组织受灾县级卫生监督机构、疾控中心强化饮用水卫生监督监测工作，共检测饮用水3471份。

积极做好"福景001号"轮走锚遇险的紧急医学救援。险情发生后，省卫生健康委迅即统筹部署珠海、阳江、江门、湛江、茂名5个市的紧急医学救援力量，积极做好对失联者救治准备。当天派出医疗救援队66支、共206人（其中医疗救治专家61人），救护车56辆到达指定地点待命。湛江市前置17组紧急医学救援力量，随海事部门搜救船一同出发，从海军舰艇接到伤者陈某后，随船的医疗队立即对其进行急救后并送指定医院，有力把握了抢救时机。为及时给遇难者家属开展适当的心理危机干预，防止出现强烈的心理应激反应和过激行为，为后续的善后处置工作赢得主动，省卫生健康委从省精神卫生中心、广州脑科医院及江门、中山、佛山、湛江等市抽取专业能力强、实践经验丰富的22名省级心理专家，对家属及时开展应激反应评估，给予心理安抚、情感支持、心理稳定化、哀伤辅导等干预。对事件处理工作组成员开展沟通技巧指导，对重点人员给予心理安抚、情感支持等心理干预。同时，紧急协调海南省人民医院派遣3名心理专家在海口救助基地对2艘救助船一线工作人员开展心理干预，积极开展接触遇难者遗体17名一级人群的团体干预和心理测量工作。除团体干预外，随车协助25户家庭前往殡仪馆认领遗体，为家属提供心理干预103人次，为工作人员提供心理干预38多人次，在善后处置工作中发挥了积极的作用。

积极做好东航"3·21"飞行事故心理危机干预。事故发生后，省卫生健康委第一时间派出省精神卫生中心尹平教授等专家紧急赶往事发地参加事故救援。尹平教授作为国家心理救援组组长，同广西90多名心理专业人员组成团队开展心理救援工作，组建12支心理分队分别进驻12个专门安置乘客家属酒店，开展一组对接一户家属的全程心理服务。根据事故现场的特殊情况，尹平主任及时向领导提出在现场设置祭台并准备泥土和瓦罐，方便乘客家属表达内心的悲痛和哀思，这些措施极大缓解了家属们激动不安的情绪。尹平教授还接受了央视《新闻1+1》节目主持人白岩松的专访，出席了东航飞行事故的现场新闻发布会，相关内容在国内外媒体广泛传播。同时，统筹协调相关地级以上市积极做好遇难乘客家属的紧急医学心理救援和存在基础病家属的医疗保障工作，确保不发生次生问题。

积极开展卫生应急进机关主题活动。做好防灾减灾日各项工作，省卫生健康委开展"防灾减灾暨卫生应急进机关"活动，向机关干部普及自救互救基本常识和技能。先后组织专家队伍分别赴省政府、省人大、省总工会、省妇联、团省委等开展5场卫生应急进机关活动，累计参加活动的机关人员超过400人次，采用现场授课、实操演练、互动问答的形式，在机关普及防灾减灾知识，重点宣传心肺复苏、AED使用、意外伤害处理、气道异物梗阻等现场急救知识，活动取得良好宣传教育效果。

广东省海上搜救中心

【海上人命救助简况】

2022年,省海上搜救中心共接报有关海难事故378宗,2083人遇险;协调组织派出参与救助船舶7689艘次、飞机124架次(其中港台地区飞机25架次);救起遇险生还者2011人,搜救成功率为96.5%。

【搜救措施】

1. 加强"一案三制"建设

1月11日,2022年广东海事工作会议在广州召开。会议全面回顾总结2021年广东海事工作,分析当前形势,部署2022年重点任务。副省长、省海上搜救中心主任陈良贤出席会议并讲话。

1月20日,河源市东源县水上搜救分中心挂牌成立。

3月8—9日,省海上搜救中心常务副主任、广东海事局局长庄则平先后前往中山海事局、珠海海事局,开展全国"两会"、冬残奥会期间安全督查暨工作调研。

4月25—28日,省海上搜救中心常务副主任庄则平前往惠州、江门开展"五一"节前安全督查暨工作调研。

5月16日,省海上搜救中心常务副主任庄则平主持召开会议,部署高效统筹疫情防控、安全监管和水上交通保通保畅工作。

6月2日,2022年广东省海上搜救中心成员会议暨海上船舶海港防热带气旋工作会议在广东海事局召开。

6月9日上午,广东省海上搜救中心办公室、广州海岸电台、广州新海医院在广东海事局举行海上医疗救援合作签约仪式。

7月12—13日,省海上搜救中心常务副主任庄则平一行到肇庆海事局、云浮海事局开展调研工作。

8月24日上午,副省长陈良贤到广东海事局检查指导防台工作,与沿海各地级以上市海(水)上搜救中心视频连线,充分肯定广东海事局部署落实的台风"马鞍"防御工作,要求以"时时放心不下"的责任感,守护好人民群众生命财产安全。

9月1日,中国海上搜救中心副主任卓立到广东省海上搜救中心开展搜救演练筹备工作督导。

9月12日上午,副省长陈良贤、省海上搜救中心常务副主任庄则平、省海上搜救中心副主任陈楚坤到省海上搜救中心值班室,对汕头海域一船舶与渔船碰撞致渔船翻沉后的救援工作进行现场调度。

9月29日，副省长陈良贤主持召开全省防范商渔船碰撞专题会议，并召开省水上交通安全工作联席会议。

2. 做好热带气旋预防预警

2022年，省海上搜救中心成功组织防抗"暹芭""马鞍""尼格""奥鹿"等热带气旋。防台期间，组织各级海（水）上搜救中心出动9335人次参与值班和一线执法及抢险，派出执法船艇1854艘次，出动车辆1328车次；组织和指挥船舶5.5万多艘次进入安全水域避风；利用VTS系统（船舶交通管理系统）、AIS系统（船舶自动识别系统）、海事网站、海岸电台等途径发出预警信息58万多条。

3. 强化沟通合作机制

2月7—8日，省海上搜救中心常务副主任庄则平带队拜访珠江航务管理局、南海救助局、广州打捞局、南海航海保障中心、中国船级社广州分社等交通运输部属驻穗单位，向各单位致以新春祝福。

2月16日，南部战区空军副参谋长朱斌一行走访省海上搜救中心，与省海上搜救中心常务副主任庄则平、副主任陈楚坤和有关部门负责人座谈。会后，朱斌代表南部战区空军向省海上搜救中心赠送"心系国防　鼎力拥军"锦旗。

2月24日，中国人民解放军95247部队副政委邓超一行走访省海上搜救中心并进行座谈。会后，邓超代表95247部队向省海上搜救中心赠送"心系国防　搜救立功"锦旗。

5月24日，广东海事局在珠海举办粤澳水上应急救援交流活动。

5月27日上午，省海上搜救中心常务副主任庄则平会见中海油服船舶事业部总经理唐海波一行。

6月10日，潮州市海上搜救中心联合潮州市突发环境事件应急指挥部在潮州港金狮湾青屿附近水域举行海上搜救暨突发环境事件应急处置演习。

6月25日上午，2022年"世界海员日"广东片区庆祝活动在广州海运技工学校举行。

6月30日上午，省海上搜救中心常务副主任庄则平迅速组织学习传达贯彻落实防台风会议精神，按照"三个绝对不能过高估计"的要求，扎实做好台风"暹芭"防御工作和近期辖区安全监管工作。

7月21日，广东海事局组织辖区各有关分支局、航运企业召开船碰桥事故警示教育视频会。

7月28日下午，省海上搜救中心常务副主任庄则平会见来访的省交通运输厅党组书记林飞鸣一行，双方就进一步加强工作联系和信息共享、持续做好全省水上交通运输领域相关重点工作等方面进行深入交流和探讨。

8月16—17日，省海上搜救中心副主任陈楚坤前往阳江督导南海开渔水上交通安全。

8月23日，省海上搜救中心常务副主任庄则平到东莞督导台风"马鞍"防御工作。

9月15—16日，省海上搜救中心常务副主任庄则平到梅州、汕头、惠州等地开展党的二十大重点防护期安全督查和工作调研。

10月31日，省海上搜救中心常务副主任庄则平主持召开台风"尼格"防御视频调度会。

11月9—10日，省海上搜救中心副主任陈楚坤深入湛江海事基层调研检查水上交通安全监管、服务地方经济发展和"三基""四化"建设等工作。

12月12—13日，省海上搜救中心（广东海事局）在线举行广东省辖区水上应急值班员培训班。

12月23日下午，省海上搜救中心常务副主任庄则平与来访的中央广播电视总台广东总站站长肖振生一行举行座谈。

【成功搜救典型案例】

1. 成功救助沉没船舶"仕泰318"轮上6名遇险人员

2月9日8时30分，广州市仕泰海运有限公司所属的"仕泰318"轮从钦州驶往佛山途中在外罗水道北进口附近水域侧翻自沉，其中4人登上救生筏、2人落水漂流。事故发生后，湛江海上搜救分中心高度重视，共投入搜救船舶10艘参与搜救。经各方努力，6名落水船员全部获救，未造成人员伤亡。

9时10分，湛江海上搜救分中心接到过往船舶"鸿信838"轮的求救报告，立即协调派出救助直升机、"海巡0925""南海救311""鸿信838"以及附近渔船等船舶10艘次赶赴现场开展救助工作；9时45分，5名船员被过往船舶救起；10时5分，另1名落水船员被附近渔船救起；15时35分，遇险船员全部被安全转移至"海巡0925"船上，人员生命体征正常。

经调查，现场东北风6级，阵风7级，浪高2～2.5米，海况恶劣；大风浪下，船长向右掉头转向，船舶受横风横浪影响，右倾加剧导致船舶侧翻，随后沉没。

2. 成功处置"粤惠州货883"触礁事故

4月14日2时，"粤惠州货883"轮（惠州籍，总吨1598吨，功率678千瓦，船长67米；船舶类型自卸砂船，载运2800吨砂石，航区为内河A级）从江门新会开往珠海斗门途中，在泥湾门水道11号航标附近水域触礁进水沉没，9名船员安全撤离上岸，船上存有柴油2～3吨，事故未造成人员伤亡和水域污染。

珠海市海上搜救中心接报后，立即启动应急响应，通知相关人员进入指挥位置，调派"海巡09168"赶往现场处置。随后，珠海海事局对斗门尖峰大桥至井岸大桥之间水域实施交通管制，禁止无关船舶进入，同时通过珠海VTS中心甚高频及监管指挥系统发布航行安全信息，提醒船舶注意临时交通管制信息，提前规划航行路线，并协调清污力量在事故船舶周围水域布设围油栏，调派有关船艇在上下游水域警戒，避免引发次生事故。

21日15时10分，"粤惠州货883"轮在完成水下勘测、货物过驳、船舶起浮作业后，被移至岸边浅滩补漏，航道恢复通航，事故未造成人员伤亡和水域污染。其间，投入3艘船舶警戒、2艘货船协助过驳、3艘起重工程船舶进行打捞，组织水下探摸11人/次。

对事故附近水域扫测数据分析，11号红色浮标附近浅点位置水深约3.6米。经调查，"粤惠州货883"轮船长缺少泥湾门水道航行经验，对于11号红色浮标附近的暗礁、浅点情况不熟悉，在自身重载吃水较大（3.8米）的情况下未与11号浮标保持足够的安全横距是造成事故发生的主要原因。

3. 成功搜救被撞"粤陆渔13253"船上5人落水事故

6月12日7时，汕尾市海上搜救分中心值班室接汕尾市110通报，一艘木质小型渔船与一艘"大飞"在陆丰市麒麟山以南3海里附近海域相撞，渔船翻扣，船上5人落水，其中3人已被过往渔船"粤汕城渔17197"救起，另有2人落水失联，肇事"大飞"逃逸，请求救援。汕尾市海上搜救分中心接报后，立即核实险情，迅速启动应急响应。协调海洋综合执法、海事、海警等部门派出"海巡0941""海巡09318""中国海警21096""中国渔政44066""中国渔政44072"等公务船艇,以及事发海域附近"风电运维9""新滕州2""淦裕拖6""中南878""海仕达009""玮鑫运维8"等涉水工程施工船舶,"粤电拖1""粤电拖2"等港航企业船舶、过路船和渔船等社会船舶进行搜救;及时发布航行警告协调过往船舶协助搜寻,协调海洋部门制作落水人员漂流路径预测图。加强区域联动,协调揭阳市海上搜救分中心协助开展搜寻,根据每日搜救进展情况制定次日搜救行动方案。

12日,协调海事、渔政、海警共5艘公务船,31艘在港和过往商渔船进行搜救,指定"海巡0941"为现场指挥船,根据落水人员漂移路径预测图,确定搜救范围、搜救方式,按照当天搜救工作方案进行搜救。10时58分,搜寻发现翻扣在海面的遇险船舶"粤陆渔13253"船,立即要求渔业主管部门组织力量将该船拖带回港,开展勘验工作。

13—17日,共计协调派出海事、渔政、海警等单位共24艘公务船,87艘在港和过往商渔船进行搜救。按照当天制定的搜救方案,根据落水人员漂移路径预测图,确定搜救范围、搜救方式。同时协调陆丰海事处、陆丰甲东镇镇政府组织警力、民众前往事发海域沿岸搜救。15日、17日搜寻时各发现一名落水人员遗体。

广东省消防救援总队

2022年，在省委、省政府和应急管理部、国家消防救援局的坚强领导下，省消防救援总队坚持以习近平新时代中国特色社会主义思想为指导，认真学习贯彻党的二十大精神，忠诚践行习近平总书记重要训词精神，坚决落实"疫情要防住、经济要稳住、发展要安全"要求，充分发挥综合应急救援主力军和国家队作用，瞄准"防风险、保稳定、走前列"总目标，深化改革、固本拓新、踔厉奋发、勇毅前行，圆满完成党的二十大、庆祝香港回归祖国25周年系列活动和第14届珠海国际航展消防安保任务，成功处置茂名石化"6·8"泄漏爆燃事故、应对北江流域特大洪水抗洪抢险等急难险重任务，为全省经济社会发展和人民安居乐业创造了良好消防安全环境，省委、省政府主要领导和分管领导23次批示肯定消防工作。

1. 坚持以改革创新为牵引，消防高质量发展集聚新动能

融入大局创新突破。省政府召开消防工作高质量发展工作座谈会，常务副省长张虎亲自推动、狠抓落实。积极开展"1+N"消防救援站力量编配优化调整试点，在全省26个化工园区推行"化工园区灭火救援能力提升工程"。创新灭火救援专业技术"师傅带徒弟"活动，申报全国灭火救援重点课题2个。以信息化为牵引，以快制快推进"一短三快"作战效能响应机制改革建设，出警到场时间平均提升10.6%，30分钟内控火率达68.3%，消防救援局在广东召开经验交流会向全国推广"广东经验"。

基层治理全面强化。提请省委深改委将基层消防治理作为年度重点调研课题，总队牵头联合省委宣传部、政法委等13个部门完成"深调研"，提出一揽子强化基层消防安全治理举措。探索在市、县（市、区）设立"消防事务中心"38个，争取事业编制112名，做实消防安全委员会办公室；建立"消防救援所"等镇街消防工作机构669个，明确专兼职工作人员5054名；制定出台规范消防行政执法委托和授权工作办法，在503个乡镇试点推行消防委托执法，切实夯实基层消防治理基础。

法治保障健全完善。深入贯彻落实消防安全责任制实施办法，省人大修订出台《广东省实施〈中华人民共和国消防法〉办法》，实现37个"首次"、6项"创新"。重建省消防标准化技术委员会，《农村自建房消防安全技术要求》等16部省、市级消防地方标准立项制定。深化消防"放管服"改革，优化营商环境，修订实施消防行政处罚裁量规定、消防执法减免责四张清单，全面落实消防领域包容审慎监管27条助企纾困措施。

基层基础全面夯实。新建、改造、完工消防救援站96个，落实训练基地用地1106亩，支队级训练基地新建成4个、开工建设8个、取得建设用地7个，支队指挥中心升级改造5个；省级陆搜基地二期模拟训练设施项目顺利开工，轮训楼及配套设施建设项目批复立项。实施装备建设三年规划，省财政支持补齐359个乡镇队站消防车辆装备，全年购置消防车辆743台、消防船2艘、器材38.56万件套，省市两级落实1.1亿元推进老区苏区和省级专业队消防装备配备。大力实施乡镇消防救援力量"空白点"三年清零行动，新建乡镇政府专职消防队147支，将1172支政府、乡镇、企业专职消防队纳入消防救援队伍统一调度。

2. 坚持以火灾防控为主线，服务平安广东建设取得新成果

各级责任全面压实。省委、省政府与21个地级以上市、53个部门签订年度消防工作责任书，先后8次调度推进消防工作，开展消防工作考核，并将消防工作纳入平安广东考核、政务督查和党政领导干部述职内容，2021年度"国考"消防工作考核项目成绩排名全国第二。制定并印发省级年度消防工作意见，细化明确消防安全责任清单和年度工作清单。联合省应急管理、住建城乡建设、司法、卫生健康等部门建立危险化学品企业、在建工地、司法监所、托育行业等联合监管机制，364万多家单位通过"粤商通"平台线上承诺消防安全、报备自查自改。联合省公安厅开展首届全省消防刑侦火调比武，建立健全较大以上火灾、一般亡人火灾调查处理工作，并由省、市消安办挂牌督办机制，17个地级以上市出台火灾调查处理规定，全年59起亡人火灾全部落实延伸调查，问责65个单位、155名个人，倒逼消防安全责任制落实。

精准治理全面深化。坚决贯彻落实国务院安委会十五条硬措施，细化制定59项针对性硬措施，以消防安全专项整治三年行动为统领，深入开展消防安全大检查，自主开展"扫雷"行动等"1+8"整治，部署开展劳动密集型企业、批发市场消防安全治理。联合行业部门组织1万多家高层建筑、大型商业综合体、学校、医院、养老院等人员密集场所开展消防安全标准化达标创建，出台"三合一"、出租屋、电动自行车等整治措施，降低"小火亡人"风险。连续第14年提请省政府挂牌督办整治火灾高风险区域和重大火灾隐患，带动全省挂牌整治地区310个、单位315家。全省消防救援机构检查单位17.2万家，整改隐患4.5万处，查封960家、"三停"1467家、罚款8991.1万元；全省镇街消防工作机构组织检查单位65万多家，清理违规住人16.7万多人，督促"三合一"场所防火分隔11.4万多处，拆除违章建筑7.8万多处、防盗铁栅栏8.3万多处。

宣传培训全面深入。持续推进消防宣传"五进"，深入开展"消防宣传月"活动，创建"消防宣传示范学校"600个，联合省教育厅组织976个学校、共1.2万多名师生参与首届消防广播操大赛。开展"百车南粤万村行""南粤消防志愿行"活动5.7万场（次），为12.3万名企业员工开展"消防安全素质提升3+N"实操实训，五次向全省1.8亿手机用户发送消防安全短信，在1600万台电视机顶盒累计投放公益广告超300万小时、走马字幕超1.92亿条次，在《新闻联播》《中国骄傲》《聚焦119》等中央、省级媒体播发新闻1200多次，《熊出没》系列消防公益广告在全国推广，总队官方微信、微博、今日头条等的阅读受众超17亿人次。

3. 坚持以打赢制胜为根本，应对处置灾害事故取得新胜利

现代化作战指挥体系积极构建。推进省、市、县（市、区）、镇四级指挥中枢提档升级，严格执行"四个一"、重大灾害救援"一部六组""动态三圈"、区域指挥官等制度，建立消防救援专家库，全面落实专家组坐班值守。建设国家特别重大灾害事故应急救援现场指挥部车组，建成"天空地一体化"公专融合通信系统，全面推广应用智能接处警系统、智能指挥系统，"可查、可视、可调、可战、可复"的现代化指挥模式基本形成。

专业化救援力量体系全面健全。组建高层建筑、石油化工、地质、水域、山岳等7类、260支专业救援队。开展基层指挥员实战化培训及指挥能力考评，培养业务骨干4100人次。全面构建规范化执勤训练体系。省政府批准实施《广东省突发火灾事故应急预案》。深化全员岗位大练兵，强化"教、训、研"三位一体培训、演练，改造建设374个队站8类"房前屋后"训练场地设施，举办第二届"火焰蓝"消防员技能大赛，开展月、季度、年度比武竞赛86次。各级开

展"高低大化"、地震、水域、森林灾害处置等演练3.85万次,攻坚打赢本领全面增强。

全域化安全救援体系全面构筑。研究制定《作战训练安全硬性规定》等9项制度,配备482名安全助理,全部直管消防救援站和专职消防队站100%组建紧急救援小组,作战训练安全管控安全可靠。全年共接处警17.3万起,出动消防指战员197.7万人次、车辆37.8万辆次,营救疏散人员8.5万多人,平均每3分钟处置一起警情,赢得各级党委、政府和人民群众广泛赞誉。

4. 坚持以科技赋能为驱动,智慧消防创新发展迈上新台阶

科技强消战略持续实施,编制消防科技发展三年规划,加快推动南方消防研究中心建设,3个项目获全国消防救援技术革新奖,5个科技项目获消防救援局立项,3个项目列入省"社会发展科技协同创新项目"立项。加强消防科技成果推广应用,投入2200万元为基层采购消防科技成果。数字消防效能持续提升,建成全省消防"大数据中心",对接51个省政府部门、31个内部系统,汇聚数据12.85亿条,火灾防控、应急救援、队伍管理、政务服务、应急通信5大主题数据库基本形成,消防信息化建设全国领先。信息平台应用持续深化,"数字消防"全面融入"智慧城市""数字政府"战略,深入开展"一网统管"消防专题和"粤系列"建设,"智慧消防大脑"构建成型,"两智一图"、火灾预警预判、政务服务、社会消防管理、消防信用监管、消防培训考核、人才智库等系列系统全面建成应用,实现"灭火救援一张图、火灾防控一张网、队伍管理一平台、纪检监督一铁笼",消防信息化考核全国第一。

中国人民解放军广东省军区

2022年,省军区始终坚持学习贯彻习近平总书记关于防灾减灾救灾工作的重要指示精神,在军委和战区的坚强领导下,按照军地统一部署,狠抓民兵应急队伍专攻精练、应急装备器材配备、军地协作机制完善,较好地完成了年度各项非战争军事行动任务。据统计,全年累计出动民兵37.62万人次、车辆5861台次、机械469台次、冲锋舟(橡皮艇)668艘次,解救转移群众8万多人、医疗救治8人、挖掘遗体5具,抢运物资766吨,搬运土石6470立方米,加固堤坝3.6公里,抢修道路105.4公里,清淤3.6万立方米,疏通河道1100米,运水0.8吨,扑灭山火2524.5亩,打隔离带12.2公里,为保卫人民群众生命财产安全做出了重大贡献。

1. 突出统筹统揽抓谋划

年初,省军区召开党委扩大会议,对以抢险救灾为重点的非战争军事行动任务进行部署,要求全区部队和民兵认真做好应急抢险各项准备工作,确保一声令下,能迅即行动。针对今年防汛工作形势严峻的实际,紧跟汛情发展动态,先后多次专题下发通知,对防范台风、强降雨及可能产生的山洪、滑坡、泥石流等次生灾害和抢险救灾工作提出了具体要求。全区各级根据省军区的统一部署,认真组织宣传发动和专题教育,分析形势,研究对策,明确行动方法和具体措施,确保一有突发情况,能立即出动,圆满完成任务。

2. 突出协同协作抓行动

一是紧盯风险预判。密切与省应急管理、水务、气象等部门沟通联系,结合"四个秩序"抓建,引接省应急指挥信息系统,跟踪掌握辖区各类汛灾情信息。汛期前,会同各级地方部门,对辖区可能发生重大险情的水库、江河堤围、水利枢纽等重点地域,以及山边、河边、海边危险地带进行现地勘察,进一步区分明确任务单位负责地段、配置地域、机动路线。二是紧扣方案任务。准确把握本单位在抢险救灾中的任务,结合民兵整组工作,把遂行任务的兵力编成、指挥协同、行动方法、保障措施等各个环节细化、具体化,落实到具体分队具体人。积极抓好与武警、消防救援等单位的沟通协调,搞好上下级之间、任务部队之间、军地之间方案计划的协同对接,上半年滚动修订各级《非战争军事行动方案》13个子案,力求纵向协调一致、横向紧密衔接,为军地合力救灾提供可靠依据。三是紧急组织营救。3月中旬,组织2个军分区(肇庆、汕尾)共出动民兵110人次协助地方森林防火;9月下旬至11月下旬,组织7个军分区(肇庆、梅州、韶关、清远、阳江、河源、湛江)共出动民兵5560人次协助地方森林防火。6月12—25日,广东省北江干流、连江均出现超百年一遇洪水,组织省军区各级共出动2.5万人次、冲锋舟(橡皮艇)500多艘次支援抗洪抢险,协助地方转移群众7.4万人;紧急调集茂名、梅州市民兵轻舟大队310人、冲锋舟50艘连夜跨区支援清远重灾区。

3. 突出有序有力抓正规

一是严守制度规定。认真落实值班值守,值班人员保持在岗在位,实时掌握、报告和处置情况。"龙舟水"期间,指派专人驻省市三防指挥部值守,确保第一时间反馈情况、协调部队行动。二是严实编建能力。以上级检验评估为牵引,以入案民兵分队力量建设为重点,持续增加新域新质分队比例,用好无人机、无人艇等高新技术配备,不断提高抢险救灾完成质效。三是严格规范程序。按照民兵工作有关规定,系统规范民兵平时动用审批、行动流程,做到任务来源清晰、动用请示完整、审核批复及时、报账手续规范。进一步加强与地方应急管理部门对接,完善应急力量军地共建共用机制。

4. 突出应急应对抓准备

进入汛期、台风季等灾害频发季节,下发通知要求各单位组织民兵应急连干部骨干开展针对性训练演练,强化夜间训练、协同训练、应用训练,突出快速收拢、快速机动、快速处置演练,提高复杂条件下的抢险救灾能力。遇有重大险情和突发事件,第一时间组织民兵应急队伍干部骨干人员集中备勤,并在重要地域提前预置适量兵力装备,随时做好应对准备。灾情发生后,组织民兵按照预案和计划部署展开行动,准确区分任务,避免盲目蛮干,指定营以上现役干部现场指挥,每日汇总上报执行任务情况。

各地级以上市灾情与防灾减灾工作

各地级以上市灾情

【广州市】

2022年，广州市于3月24日进入汛期，暴雨、台风等极端天气频发，先后经历近20年最强5月暴雨、百年一遇天文大潮、北江超百年一遇特大洪水和近10年最多台风袭击影响。

"龙舟水"最大雨量破纪录。"龙舟水"期间（5月21日—6月20日）全市平均雨量408毫米，较近十年同期偏多17.2%，较去年同期偏多42.6%，其中，增城区派潭镇录得最大累计雨量1188.9毫米，刷新历史纪录。极端天气频发。5月10—13日，出现2018年以来第四强暴雨过程；6月18—25日，北江发生超百年一遇特大洪水；9月8日，番禺区录得小时雨量102.6毫米，为历史最高纪录。台风影响频繁。全年受6个台风影响，分别是"暹芭""木兰""马鞍""奥鹿""纳沙""尼格"。其中，"暹芭"给广州市带来暴雨到大暴雨、局部特大暴雨；"木兰""马鞍""纳沙"影响期间，录得阵风6～11级。

受暴雨洪涝和台风等灾害影响，全市共有4.03万人受灾，转移人口3.09万人，农作物受灾面积1028.96公顷，直接经济损失3640.33万元。

【深圳市】

2022年，深圳市于3月24日入汛，具有干旱持续时间长、旱涝转换速度快、局地累积雨量大、台风影响时间长的特点。受拉尼娜气候影响，2021年底至2022年初，东江流域遭遇1963年以来最严重旱情，主要依靠东江供水，导致出现秋、冬、春、夏四季连旱的特枯水情。

全市受到27次强降水袭击，发布暴雨预警信号（含分区）共129次。全市平均雨量为1909毫米，其中盐田区、南山区累积降雨量分别比近5年同期多21%和18%。局地短时强降雨频发，其中5—6月暴雨影响较大。5月10日—6月22日，全市普降暴雨，平均雨量662.3毫米，较近5年同期偏多69%。特别是5月11—14日，最大72小时雨量达611.1毫米，刷新历史最高纪录。

台风异常偏多，影响频密且结束时间较晚。共组织防御9个台风，较去年偏多4个。最后一个给深圳带来风雨影响的台风"尼格"（11月1—3日），是1994年以来影响深圳最晚的台风。防御台风期间，全年共发布台风预警信号15次，启动防台风应急响应18次，较去年偏多88%，其中"关注级"8次、Ⅳ级8次、Ⅲ级2次。先后8次组织8542艘次渔船回港避风，8次关停4444个次工地，6次关闭149个次滨海旅游景区，2次关闭全市市政公园、森林公园。全市累计疏散转移群众24.06万人次；有1355株树木倒伏。

【珠海市】

2022年，珠海市极端天气频发，强降雨呈现场次多、持续时间长、强度大的特点，西江上游洪水2次过境珠海。台风"暹芭""木兰""马鞍"带来的风雨浪潮、洪水等多灾害叠加影响，录得陆地平均风6～8级，沿岸及海面阵风8～10级，最大阵风12级（万山区庙湾岛）。

至10月26日，全市累计雨量为2296.6毫米，比历史同期偏多13.7%。特别是5月10—15日，出现20年间最强连续强降雨，6日内全市共发布暴雨红色预警信号4次，最大累积雨量达760.9毫米，排全省第一，历史罕见。

西江第3号、第4号洪峰分别于6月16日、24日过境珠海。受西江洪峰和潮汐共同影响，15—16日，磨刀门水道、虎跳门水道、黄杨河均出现超蓝色警戒潮位。台风"暹芭"过境期间，受风暴增水和天文大潮叠加影响，沿岸普遍出现超过50厘米的风暴潮增水。珠海海洋潮位站录得最高潮位170厘米，超过黄色警戒潮位10厘米。

受"龙舟水"持续强降雨影响，全市发生水浸点140处，新增地质灾害隐患点52处，农作物受灾3.7万亩，水产养殖受灾2260亩；全年水浸车辆报险2055宗。受台风"马鞍"影响，全市树木倒伏损毁981棵，护栏损毁415米，路灯受损3处，广告牌受损6处，施工围挡损坏1100米。受暴雨洪涝和台风等灾害影响，全市累计18.01万人受灾，直接经济损失4466.16万元。

【汕头市】

2022年，汕头市降水偏多。至10月30日，全市平均雨量为1619.8毫米，较常年同期偏多12%。年内虽受到4个台风（"暹芭""木兰""马鞍""纳沙"）、11轮强降雨及近20年间最强5月暴雨、韩江超五年一遇洪水等灾害影响，但实现了"零伤亡""少损失"的目标。其中，台风"暹芭"影响期间（7月2—3日），全市出现暴雨到大暴雨，潮阳区和潮南区出现特大暴雨，潮阳区铜盂镇最大日雨量达345.1毫米。

"龙舟水"期间，受持续强降雨和上游来水影响，韩江出现洪峰流量，练江及练江支流多次出现超警戒水位，水文部门共发布洪水蓝色预警23次（韩江12次，练江及其支流11次）。其中，6月17日12时10分，韩江潮安水文站出现1.07万立方米/秒的洪峰流量，超五年一遇，相应水位13.48米，流量为韩江流域2008年以来最大洪水。10月28日，全市水库山塘总蓄水量1.40亿立方米，占正常蓄水量的52.5%，比去年同期偏多96.2%，比多年同期偏多26.1%。其中，8宗中型水库总蓄水量9473.31万立方米，占正常蓄水量的63.1%，比去年同期偏多116.0%。

受暴雨洪涝和台风等灾害影响，全市共有1.21万人受灾，转移人口1.05万人，死亡1人，农作物受灾面积891.2公顷，水产养殖受灾面积678.67公顷，直接经济损失2.04亿元。

【佛山市】

2022年，佛山市降水偏多，上游来水偏多，初台偏晚，汛旱风情况复杂，灾情偏重。全市平均雨量1822.1毫米，较常年同期偏多9%。其中，"龙舟水"前后（5月10日—7月7日）降雨异常偏多，共出现14次强降雨过程，平均雨量799.0毫米，较历史同期偏多近五成。全年共有60天录得50毫米以上强降雨。其中，佛山市高明区更合镇、顺德区勒流街道分别于"5·10"强降雨和台风"暹芭"影响期间录得最大过程雨量330.3毫米和393.9毫米；南海区桂城街道录得最大小时雨量119.3毫米（9月8日）。年内有3个台风（"暹芭""木兰""马鞍"）明显影响佛山市，其中"暹芭"和"木兰"影响期间出现暴雨到大暴雨并伴有7～9级大风。

全年江河来水量与历年相比偏多近两成，尤其是6—7月，西江出现4次洪水，北江出现3次洪水。其中，北江第2号洪水为仅次于"1915年乙卯洪水"的特大洪水，飞来峡水库出现超百年一遇的最大入库流量和超历史实测的最高水位。受上游来水和天文大潮共同影响，6月中下旬佛山市境内形成接近50年一遇的大洪水，是近15年间最大洪水过程。西江、北江干流控制站马口、三水站自2008年以来首次出现超警戒水位，并先后两次同时出现超20年一遇洪峰流量。全市江河水位大幅上涨，三角洲河道全线超警。

受暴雨洪涝和台风等灾害影响，全市农田、鱼塘受浸2.08万亩，房屋受浸1079间、受损28间，车辆受损29辆，树木倒伏780棵次，广告牌受损158块，供电受灾停用户1.44万户，通信受灾停用户1500户，出现城乡内涝79处次、地质灾害4处、管涌等小型水利工程险情5起，直接经济损失1.16亿元。

【韶关市】

2022年，韶关市平均雨量为1806.8毫米（至7月10日），较常年同期（1143.5毫米）偏多58%，破历史同期雨量最多纪录；7月11日—10月25日，全市平均降雨量为124.2毫米，较常年同期（433.4毫米）偏少71%，破历史同期雨量最少纪录。特别是"龙舟水"期间，连续受到6轮暴雨和特大暴雨袭击，全市平均降水量为847.2毫米，为历史同期的2.9倍。全市共有27个河道水文站超警、26宗大中型水库超汛限水位。雨情汛情具有持续时间长、累积雨量大、降雨范围广、暴雨落区重叠、多种灾害叠加等特点。

受暴雨洪涝和台风等灾害影响，全市共有63.21万人受灾，转移人口7.9万人，死亡4人，倒塌房屋4941间，农作物受灾面积3.78万公顷，畜禽栏舍倒塌损毁7.79万平方米，死亡牲畜3092头、家禽38.58万只，受损沟渠55万多米、陂头216座、机耕路18万多米，中断道路232条，水毁农村桥梁18座，损毁水利设施2968宗，道路塌方3536处，发生地质灾害灾情（险情）118起，直接经济损失67亿元。

【河源市】

2022年，河源市平均雨量为1766.6毫米，较常年同期偏多9%。主要强降雨过程有9场次（至10月19日），共发布暴雨预警信号293次。其中，"龙舟水"较常年偏多一倍，为1969年以来同期第1位，是近50年最强"龙舟水"。特别是6月12—21日，全市出现持续性暴雨到大暴雨，累计雨量306.7毫米，具有持续时间超长、累积雨量极大、落区高度重叠、致灾风险极高等特点，多地发生洪涝灾害和地质灾害险情灾情。台风"暹芭"对河源市影响较大，受其外围环流影响，7月2—7日出现特大暴雨过程，全市平均雨量为115.3毫米。其中，连平县隆街镇录得最大累计雨量466.5毫米和最大日雨量293.9毫米，忠信镇录得最大小时雨量80.5毫米。

至10月20日，全市共有11条河流、12个站点累计超警32次。6月12—21日，东江干流龙川站、大席河上坪站、定南水下车站、浰江大阁站等9条河流洪峰水位累计超警17次，最大超警幅度1.85米；新丰江水库水位10天内上涨8米，蓄水量增加21亿立方米；枫树坝水库（6月14日）出现最高水位164.42米，超汛限2.42米；东江干流龙川站出现洪峰流量3680立方/秒（水位70.31米），为1974年（枫树坝水库建成）以来第二大洪水，仅次于2006年。

2021年至2022年4月，全市降水持续偏少，出现阶段性气象干旱，导致江河水位明显下降。2022年1月27日，新丰江水库水位时隔20年再次降至死水位93米，持续25天在死水位以下运行，最低水位出现在2月2日92.61米，蓄水量锐减至42.33亿立方米。至10月20日8时，新丰江水库水位112.09米，蓄水量93.83亿立方米，蓄水量比多年同期偏多9.17亿立方米；枫树坝水库水位158.43米，蓄水量11.74亿立方米，蓄水量比多年同期偏多0.73亿立方米。

受暴雨洪涝和台风等灾害影响，全市共有101个乡镇、26.13万人受灾，转移人口14.54万人，死亡3人，失踪1人，倒塌房屋329间，农作物受灾面积1.01万公顷，因灾死亡大牲畜337头，直接经济损失27.71亿元。

【梅州市】

2022年，梅州市气候年景总体偏差，入汛前受强冷空气和降水共同影响，降水偏多、气温偏低；汛期降水量"前多后少"、极端高温频发；9月以来降水偏少，出现气象干旱。至10月31日，全市累计降水量为1585.6毫米，与常年持平，但呈现"前多后少"的特点。特别是"龙舟水"期间（5月21日—6月20日），降水明显偏多，全市平均降水量为514.9毫米，比常年偏多83%，仅次于2007年（539.9毫米），有气象记录以来排名第二；进入后汛期（7—9月），降水明显偏少，全市平均仅录得降水量320.9毫米，比常年（536.7毫米）偏少40%。

至10月，梅江干流横山二站平均流量315立方米/秒，比多年同期偏少10.1%；汀江溪口站平均流量284立方米/秒，与多年同期偏少7.9%。"龙舟水"期间，6月13日14时，韩江发生2022年第1号洪水，梅江、汀江、韩江以及部分中小河流先后出现超警戒洪水过程（共发生7站、12次超警戒洪水）。其中，梅江横山二站和韩江三河坝三站均出现超5年一遇洪水；全市有8宗大中型水库、55宗小型水库一度超汛限水位运行。至10月底，全市水库蓄水量6.29亿立方米（不含九龙湖水库），比多年同期偏少6.34%。受江河洪水影响，梅县区松口镇，大埔县茶阳镇、高陂镇，丰顺县留隍镇等沿河镇村上水受淹。

受暴雨洪涝和台风等灾害影响，全市共有8个县（市、区）、6.75万人受灾，转移人口8131人，死亡5人，倒塌房屋506间，严重损坏房屋541间，农作物受灾面积9146.37公顷，直接经济损失7.43亿元。

【惠州市】

2022年，惠州市于3月24日入汛，具有入汛偏早、降水略偏少、龙舟水年景重、台风个数多但影响轻的特点。至10月26日，全市平均雨量为1800.1毫米，较常年同期（1868.1毫米）偏少4%，较去年同期（1163.8毫米）偏多55%。各地降水量介于1604.3毫米（惠城区）～2281.3毫米（龙门县），其中，龙门县偏多11%，博罗县偏少9%。

"龙舟水"期间（5月21日—6月20日），全市平均雨量为567.2毫米，较常年同期偏多41%，是有气象记录以来第十一多，其中，龙门县蓝田瑶族乡录得最大累计雨量1044.2毫米。6月13—20日，出现持续性强降水，龙门蓝田瑶族乡录得最大累计雨量504.7毫米。年内有5个热带气旋影响惠州市，较常年偏多。其中，台风"暹芭""马鞍"带来较明显风雨，出现大雨到暴雨、局部大暴雨，风力8～9级、局地9～10级阵风。

全年有5条河流共7个站点水位超警，集中发生在博罗县、龙门县。其中，超警次数最多的是公庄河公庄站和麻陂水塔下站,均超警 4 次;超警幅度最大的是永汉河永汉站,最大超警 2.30 米;水位涨幅最大的是公庄河公庄站,过程涨幅 4.87 米。大、中型水库共有 6 宗出现超汛限水位,分别是:博罗县显岗水库、下宝溪水库、梅树下水库、黄山洞水库,龙门县白沙河水库,惠东县黄坑水库。

受暴雨洪涝和台风等灾害影响,全市共造成 7 个县(市、区)、76 个乡镇、7.39 万人受灾,农作物受灾面积 8949.38 公顷,直接经济损失 3.17 亿元。

【汕尾市】

2022 年,汕尾市受到 5 轮特大暴雨袭击,其中,5 月 12 日红海湾遮浪街道连续三小时的小时雨量均超过 100 毫米,打破当地历史气象纪录。至 11 月 7 日,全市平均雨量为 2602 毫米,较常年偏多 23%。其中,汛期(3 月 24 日—10 月 26 日)雨量 2178 毫米,较常年偏多 10%;5—8 月雨量 1976 毫米,约占全年雨量的 80%。各县(市、区)雨量均偏多,但分布不均匀,其中,汕尾市城区 2039 毫米,偏多 8%;海丰县 3491 毫米,偏多 40%(为历年同期第三多);陆丰市 2277 毫米,偏多 15%;陆河县 2559 毫米,偏多 14%。海丰县海城镇录得全市最大累计雨量 3491 毫米,累积雨量超过 3000 毫米的有 4 个乡镇:海城镇、梅陇镇、城东镇和红海湾遮浪街道。

水库方面,全市水库蓄水呈现先少后多再变少的过程。由于 2021 年历史罕见干旱导致全市水库蓄水"欠账"太多,因此 2022 年 1—4 月全市水库总体蓄水持续处于低位。5—8 月期间,特别是"龙舟水"阶段,全市降雨集中,各地水库出现明显增水,部分水库出现接近汛限水位甚至超汛限水位。从 9 月开始,天气暖干,降水明显偏少,各地水库蓄水日趋回落。至 10 月底,全市 20 宗大中型水库蓄水量约 3.70 亿立方米,占总库容的 53.5%,较常年同期偏少 14.5%。河流方面,全市中小河流流量总体平稳,未出现严重洪水和流量明显不足。其中,螺河平均流量约 56.0 立方米/秒,较常年偏少 17.0%;黄江平均流量 43.0 立方米/秒,较常年偏少 15.0%。

年内有 6 个热带气旋影响汕尾市,海域多次出现 2.5～3.5 米中到大浪。其中,影响较明显的台风有"纳沙""尼格",沿海城镇录得平均风 4～5 级、阵风 11 级、海上大风 9～11 级、阵风 13 级,其间出现 4 米巨浪,海洋环境监测部门及时发布海浪黄色预警。

受暴雨洪涝和台风等灾害影响,全市共有 1.49 万人受灾,农作物受灾面积 4899.25 公顷,直接经济损失 1.81 亿元。其中,5 月 12—13 日,6 月 3—4 日、7—8 日、12—13 日的强降水,造成部分农田、水利工程、道路、桥梁等设施受损和农作物受淹、城镇内涝、民房进水、山体滑坡等灾害。

【东莞市】

2022 年,东莞市天气气候呈现入汛早、"龙舟水"影响重、台风数量多但影响轻的特点。至 10 月 26 日,全市累计雨量为 1573.9 毫米,较常年偏少 13%。共出现 29 次强降水天气过程。东莞市于 3 月 24 日入汛,较常年同期偏早。"龙舟水"期间,全市累积雨量为 408.8 毫米,比常年偏多 16%。共有 5 个台风("暹芭""木兰""马鞍""奥鹿""纳沙")影响东莞市,其中台风"暹芭"影响期间,东莞市超过 50 小时出现 7～8 级、局部 9 级阵风,并伴有暴雨到大暴雨降水。总体而言,全市总降雨量偏少,时空分布严重不均;降雨极端性强,部分中小河流水位超警；水库蓄水充足；洪涝灾情偏轻，影响基本可控。

受暴雨洪涝和台风等灾害影响，全市共有2.41万人受灾，转移人口1.2万人，农作物受灾面积185.15公顷，直接经济损失129.51万元。

【中山市】

2022年，中山市于3月24日入汛，气候整体呈现入汛早、暴雨强、洪水大、台风影响集中的特点。5月10日8时至14日8时，全市普降暴雨到大暴雨、局部特大暴雨，全市平均雨量达267.7毫米。其中，三乡镇录得全省最大累计雨量799.9毫米，接近常年一年雨量的50%，72小时累积雨量（770.2毫米）打破2003年以来的历史极值。

至6月，受西江、北江洪水影响，江河持续近一个月高水位运行。其中，东凤镇莺哥咀水位站于6月16日出现最高洪潮水位达4.57米（超警戒0.57米），为2008年以来最高值。全市共有11个河道站超警戒水位，对全市水利工程形成较大威胁。

年内台风影响偏少，主要有4个台风（"暹芭""木兰""马鞍""纳沙"）给中山市带来了风雨影响。其中，"暹芭"环流影响期间，全市普遍出现7～9级、局部10～11级阵风，三乡镇录得最大阵风29.2米/秒（11级）；横门山、灯笼山分别出现最高2.04米、2.02米的风暴潮水位，略超警戒水位（警戒水位均为2.0米）。

受暴雨洪涝和台风等灾害影响，全市共有3307人受灾，转移人口1519人，农作物受灾面积528.24公顷，直接经济损失544.2万元。

【江门市】

2022年，江门市于3月24日入汛，强降雨过程多，雨区高度重叠，短历时雨强大。至10月，共出现22次降雨天气过程，降雨落区主要集中在江门西南部沿海地区。至10月26日，全市累积雨量为2192.7毫米，较去年偏多33%，较常年偏多7%。"龙舟水"期间，降雨量为421.3毫米，较上年多1倍，比常年略偏多。遭遇近20年最强5月暴雨，台山市赤溪镇有3个雨量站点最大3小时降雨频率超过百年一遇。全年有6个热带气旋影响江门市，其中台风"暹芭"带来大暴雨、局地特大暴雨，沿海地区录得9～11级阵风、海岛高地录得15级阵风；沿海河口录得最大风暴增水140厘米，4个潮位站最高潮位超警戒潮位（超警幅度0.03～0.5米）。

年内，主要水（潮）位站超警多，西江（江门段）汛情重，台风暴潮影响大。受潭江上游强降雨及水工程影响，潭江干支流发生5次明显涨水过程，共3站超警6次；西江发生4次编号洪水、北江发生3次编号洪水，西江（江门段）发生2008年以来最大洪水。6月15日，西江干流水道鹤山港站录得最高水位5.65米（警戒水位5.4米）；16日，西海水道江门站录得最高水位4.25米（警戒水位3.8米），磨刀门水道大敖站录得最高水位3.07米（警戒水位2.6米）。全年共有6宗中型水库短时超防限水位，超防限幅度为0.16～0.56米，其余28宗大中型水库均未超防限。至10月26日，全市33宗大中型水库总蓄水量9.63亿立方米（新松水库因资料不足不纳入统计），占正常库容的75%。

受暴雨洪涝和台风等灾害影响，全市共有8.63万人受灾，转移人口6.59万人，农作物受灾面积7802.95公顷，直接经济损失3.33亿元。

【阳江市】

2022年,阳江市降雨总体偏多,受到9次强降水袭击,累积降雨量为2492毫米,比去年同期偏多47%,比常年同期偏多13%。"龙舟水"期间降雨量469.5毫米,属偏重年景,呈现"北多南少"特点,阳春市较常年同期偏多50%,南部地区较常年同期偏少30%,阳春市潭水镇录得最大累计雨量741.8毫米。强降雨集中在6月。全年有6个台风给阳江市带来一定的风雨影响,其中台风"暹芭"带来暴雨到大暴雨、局部特大暴雨,阳西县大树岛录得最大阵风45.8米/秒(14级);台风"马鞍"给中南部大部地区带来暴雨,海陵岛吉坑录得最大阵风43.8米/秒(14级)。

全市20宗大中型水库和漠阳江等大江大河水位较为平稳,江河水库等3宗中型水库短时超防限。漠阳江支流水位站、潮位站出现超警戒水位运行。漠阳江干支流发生5次明显涨水过程,7个站点超警12次(其中荆山站超警3次),超警幅度0.02~1.43米。8月11日,潭水河荆山站最高水位22.53米(警戒水位21.1米);7月2日,漠阳江北津港站最高水位2.48米(警戒水位1.85米);6月11日,那龙河合山站最高水位4.92米(警戒水位4.5米)。受台风影响,沿海河口站录得最大风暴增水1.5米,北津港站最大超警戒水位0.63米。

受暴雨洪涝和台风等灾害影响,江城、阳东、阳春、阳西、海陵、高新共6个县(市、区)、48个乡镇、12.22万人受灾,紧急避险转移人口2.49万人,倒塌房屋117间,农作物受灾面积1.76万公顷,水产养殖受灾面积3332公顷,直接经济损失12.2亿元。

【湛江市】

2022年,湛江市平均降雨量1757.6毫米,与去年同期偏多27.2%,与多年同期偏多9.6%,属平水年份。全市各地降雨呈现"中北部多、南部少"特点。全年受到14轮强降水、4个台风("暹芭""木兰""马鞍""奥鹿")袭击影响。其中,7月的台风"暹芭"给湛江市带来较大的风雨影响(7月1—11日),全市普降暴雨到大暴雨、局地特大暴雨,过程累积雨量为271.3毫米,其中,遂溪县乌塘镇乌塘站录得最大过程雨量492.5毫米、城月镇前进农场站录得最大过程雨量484.0毫米(第二多)。全市河流出现不同程度的涨水过程。

受暴雨洪涝和台风等灾害影响,全市共有39.05万人受灾,转移人口8.09万人,死亡4人,农作物受灾面积5.26万公顷,直接经济损失7.83亿元。

【茂名市】

2022年,茂名市平均雨量1976.1毫米(至10月25日),较常年同期偏多17%,较去年同期偏多35%。其中,台风"暹芭"影响期间,全市平均雨量263毫米,信宜市大成镇录得最大过程雨量达690.8毫米。

至10月25日,全市大中型水库总蓄水量10.57亿立方米,比多年同期偏多10.1%,比去年同期偏多35%。全年主要江河来水量与多年同期基本持平。全市共发生7次五年一遇洪水,1次超二十年一遇洪水,1次五十年一遇洪水。其中,受台风"暹芭"和"7·7"强降雨影响,小东江出现五十年一遇洪水,袂花江出现超二十年一遇洪水,鉴江干流出现五年一遇洪水。全市发生超6级以上大风共86天,发生8级以上大风共8天。其中,受台风"暹芭"影响(受影响最大日是7月2日），中南部及沿海地区录得平均风大部8～9级、阵风11级，其中电白区北山录得最大平均风力达28.5米/秒（11级）、阵风42.6米/秒（14级）；北部阵风大部超过9级，最大达11级。

受暴雨洪涝和台风等灾害影响，全市共有96.61万人受灾，转移人口9.02万人，农作物受灾面积3.68万公顷，倒塌房屋385间，直接经济损失27.69亿元。

【肇庆市】

2022年，肇庆市降水量总体持平，前汛期强降雨频发，后汛期降雨偏少。至10月20日，全市共出现18次强降水过程，平均雨量为1649.4毫米，与常年同期（1549.9毫米）基本持平；"暹芭""木兰""马鞍"3个台风给肇庆市带来一定的风雨影响。全市共有14条河流、17个水文站出现52站次超警水位，其中，西江发生4次编号洪水、北江发生3次编号洪水；贺江出现7次超警洪水、绥江出现9次超警洪水，其余10条中小河流先后出现28次超警洪水，其中，封开县蟠龙河出现6轮超警洪水，累计时长达640小时。

受暴雨洪涝和台风等灾害影响，全市共有5.34万人受灾，紧急转移人口1.93万人，倒塌房屋203间，农作物受灾面积7324.69公顷，直接经济损失5.79亿元。

【清远市】

2022年，清远市先后受到"5·10"强降雨、"龙舟水"以及台风"暹芭"袭击，特别是受"龙舟水"和台风"暹芭"影响，灾情较为严重。"龙舟水"期间，全市平均雨量为846毫米，是历史同期（362毫米）的2.3倍，刷新清远历史纪录。连南县大麦山镇录得最大累积雨量1689.2毫米。自1949年以来，北江首次出现3次编号洪水，北江英德站和连江阳山站、青莲站均出现有历史记录以来最高水位，对应水位分别为35.97米、65.17米、60.38米，分别超警戒水位9.97米、3.17米、5.88米。

受"龙舟水"和台风"暹芭"影响，全市共有8个县（市、区）、85个乡镇、112.02万人受灾，转移人口20.54万人，死亡1人，倒塌房屋4637间，农作物受灾面积4.99万公顷，水利设施受损278处，直接经济损失80.23亿元。其中，英德市受灾最为严重，直接经济损失43.42亿元。

【潮州市】

2022年，潮州市全市平均雨量1757.3毫米（至10月20日）。其中，潮州站录得1823.2毫米，比历年同期偏多12%（常年同期为1629.2毫米）；饶平站录得1696.4毫米，比历年同期偏多18%（常年同期为1442毫米）。

全市山塘水库总蓄水量2.34亿立方米，较多年同期偏少39%，较上年同期偏多10%。其中，大型水库汤溪水库蓄水量1.27亿立方米，较多年同期偏少43%，较上年同期偏多9.6%；中型水库蓄水量6101.3万立方米，较多年同期偏少44.8%，较上年同期偏多1.3%；小型水库总蓄水量4624万立方米。

受4起洪涝和1起龙卷风灾害影响，全市共有2.48万人受灾，紧急转移人口1549人，倒塌房屋11间，农作物受灾面积550.56公顷，直接经济损失3.34亿元。全市因旱情饮水受影响

（分时段供水）人口 3.17 万人。

【揭阳市】

2022 年，揭阳市天气气候呈现降水前多后少、阶段性高温明显、台风影响偏轻的特点。至 11 月 6 日，全市平均雨量 2156 毫米，比常年同期偏多 18%。"龙舟水"具有持续时间长、短时雨势猛、累积雨量大、影响范围广的特点，全市平均雨量 533 毫米，比常年同期偏多 65%，为 2009 年以来最强"龙舟水"。全市有 16 个站录得雨量超过 700 毫米，其中，普宁市船埔镇录得全市最大雨量 850.2 毫米，揭西县金和镇和南村录得过程 1 小时最大雨量 147.7 毫米（6 月 6 日 15—16 时，破全市 1 小时最大记录）。部分乡镇出现严重城乡积涝、路面塌陷等地质灾害。7 月 21—28 日，普宁市出现连续 8 天 37℃以上高温天气，破历史纪录。9 月 1 日—11 月 6 日，全市平均雨量 69 毫米，比常年同期偏少 72%，接近历史同期最少纪录。其中，市区 37.5 毫米（偏少 84%），揭西县 104.7 毫米（偏少 61%），普宁市 92.7 毫米（偏少 66%），惠来县 40.9 毫米（偏少 80%）。气象干旱显现，并呈持续发展态势，东部地区气象干旱已达到中旱到重旱级别。

至 11 月 6 日，462 宗小型以上水库（含大中型水库）蓄水量 4.36 亿立方米，占正常蓄水量的 47.3%，比去年同期增加 1.5%，比多年同期减少 10.1%。其中，21 宗大中型水库总蓄水量为 3.33 亿立方米。有居民饮用水任务的水库 42 宗，总蓄水量 3.24 亿立方米，比去年同期增加 2019 万立方米，比多年同期减少 110 万立方米。

【云浮市】

2022 年，云浮市于 3 月 24 日入汛，天气气候呈现开汛偏早、降水量偏多、"龙舟水"影响偏重且局部性突发性强、台风影响偏多的特点。全市受到 2 轮低温冰冻、11 轮强降雨、4 轮西江洪水、3 个台风"暹芭""木兰""马鞍"等极端天气灾害袭击。至 10 月 10 日，全市平均雨量 1661.3 毫米，比常年偏多 18.2%，雨量分布呈"东多西少"特点。蓄水方面，全市 234 宗中小型水库蓄水共 2.90 亿立方米，比常年同期减少 0.18 亿立方米。

全市各江河先后出现多次涨水过程，生成 4 轮编号洪水，西江都城站最高水位达 19.23 米（6 月 15 日），各中小河流共超警 9 次。叠加强降水影响，4 轮洪水期间共计出现塌方 176 处、水浸 17 处、路面淤泥冲积 9 处、水毁路面 4 处，损失共计 615.7 万元。

受暴雨洪涝和台风等灾害影响，全市共有 2.09 万人受灾，紧急转移人口 7690 人，农作物受灾面积 3668.97 公顷，直接经济损失 3994.19 万元。其中，受 1 月和 2 月强冷空气影响，罗定市、云安区和新兴县等地出现农作物、牲畜低温冷冻受灾，累计受影响人数 52 人，直接经济损失 47.9 万元。

各地级以上市防灾减灾工作

【广州市】

2022年，在市委、市政府的正确领导下，广州市三防及相关部门立足防大汛、抢大险、救大灾，围绕"防风险，保平安，迎二十大"，压实压紧三防工作责任，科学防御，高效应对，实现了"零伤亡、少损失"的工作目标。市三防总指挥部共启动应急响应47次，其中，防暴雨内涝34次、防汛7次、防风5次，北江大堤-飞来峡水利枢纽洪水灾害防御应急响应1次。

聚力重点环节，推动三防工作走深走实。一是及早谋划部署。组织召开2022年三防年景会商暨备汛工作会议和全市三防暨北江大堤防汛工作会议，对气象、水文和海洋进行年度预报分析展望，动员部署全市防汛备汛工作。二是层层压实责任。在《广州日报》公布全市防汛抗旱防台风行政责任人和大中型水库、万亩以上堤围防汛行政责任人名单，接受社会监督；落实全市298座水库、1161座水闸、138座水电站及870宗泵站的"三个责任人"；全市动态更新3.4万名三防责任人，全员安装激活"应急一键通"APP。三是全面排险除患。汛前组织开展全市防汛安全大检查，清明前、"龙舟水"前和党的二十大前三个阶段，由18位市委、市政府领导带队，围绕"排（查）、避（难）、抢（险）"再检查，排查出三防主要隐患698宗（水利工程4宗、易涝风险点488处、在册地质灾害点206处），清单化、条目化、责任化建册跟踪管理。四是加强重要节点防范。以"五点两抓"（点面结合、对标时点、聚焦患点、紧盯考点、一点一策，抓值班值守、抓及时处置），进一步抓实抓细抓小清明、党代会、端午、高考、中考、国庆假期和党的二十大等重要节点期间三防工作。五是奋战北江百年洪水。设置北江广州前线指挥部，组建以应急、水务、水文为主的技术专家队伍，出动785人、各类保障车辆（设备）193台，累计巡查1.3万人次。

积极探索提升，推动三防工作出新出彩。一是借力科技防控风险。加快推进全市高内涝风险涵隧防内涝智能管控系统建设，实现水位监测和自动报警、拦截等功能；会同工信、规划、交通、水务等部门，进一步摸清各类安全隐患现状，构建实时、实况、实用、实战的三防"一张图"。二是精心组织科普宣传。创作形式生动、通俗易懂的"三防口诀歌"，会同宣传部门多重发声，做到"多个部门、一个主题，多个窗口、一个口径"，将科学防御知识传播到位。三是模拟实战练兵备汛。组织2022年防汛抢险综合应急演练和市防汛抢险轻舟大队年度集训汇演，平战结合，开展技能训练，全面提升应急队伍快速反应的能力和救援技能水平。

发挥枢纽作用，推动三防工作联动联治。一是坚持统分结合。市三防办（市应急管理局）充分发挥牵头抓总、统一指挥作用，理顺工作机制，强化三防力量，组织全市开展防汛防风各项工作，切实统担起日常防范和事前事中事后全过程、全链条防御统筹调度职责。二是强化上下联动。牢固树立全市"一盘棋"工作机制，市、区、镇（街）、村（居）四级联动，综合调度，分兵把守，投入抢险救援力量5.84万人次、机械设备8042台（套）、救援舟829艇次（艘），提前转移危险区域群众8.72万人（集中安置2.16万人）。三是加强左右协同。气象部门打造广州特色"131631"递进式灾害性天气监测预警预报服务模式,发布各类决策服务材料747份、预警信号5253站次;水文部门发布洪水预警信号17次,推送预警短信2万多条;宣传部门开辟专题专栏、丰富传播模式,做好防汛检查、防汛抢险等工作报道;住建部门持续开展在建工地、危房、玻璃幕墙、物业小区、照明系统防汛安全检查3000多次;水务部门巡查排水管网79.9万公里,清疏管道1.96万公里,出动布防抢险人员2.72万人次,大型排水车555台次;交通部门累计检查7.13处交通场所(企业),督促整改隐患2.25万项;城管部门排查户外广告和招牌设施42万多块(次),整治隐患2856宗;农业、港务、海事部门督促1288艘渔船、2895名渔民及辖区船舶、船员落实防风避风措施,确保做到100%回港、100%上岸;铁路部门、广州地铁推进25处普铁高风险隧道口、172处高铁防洪重点地段智能识别报警视频建设,加高风亭、应急疏散口840处,对出入口、合建口、疏散口加装防洪挡板1600多处;工信部门会同电力、通信部门做好汛期供用电安全统筹协调和极端天气通信保障工作;驻穗部队、公安、消防部门全力做好受灾群众救助接处警和营救工作,帮助被困群众336人;教育、民政、林业、旅游部门全覆盖、全方位抓好各类学校、民政服务场所和林场、公园、景区防汛防风防范工作;卫生健康部门协助做好转移安置人员医疗保障。

【深圳市】

2022年,深圳市认真按照省防总和市委、市政府的部署要求,始终坚持人民至上、生命至上,万众一心、众志成城,科学精准、依法依规,成功防御1轮严重干旱、9个台风、27场暴雨袭击。全年全市无人员因灾死伤、无重大灾情、无负面舆情、无灾情疫情风险叠加,打赢汛旱风灾害防御总体战,为深圳"双区"建设、"双改"示范等重大战略的实施提供坚实的安全保障。

面对复杂多变的灾害天气,始终坚持科学精准防御。在"精"字下足功夫、求实成效,努力做到"三精":精密预报、精准响应、精细落实。精密预报方面,市气象局在灾害预报上全面推行"31631"服务模式:提前3天定量预测过程风雨,提前1天预报风雨落区和影响时段,提前6小时定位高风险区,提前3小时分区预警,提前1小时发布精细到街道的定量预报;精密预报为科学响应、科学防范打下了坚实基础。精准响应方面,每次台风暴雨期间,市三防办(市应急管理局)积极利用自主开发的各类辅助决策系统(如洪水风险图、风暴潮风险图等),进行科学演算分析,结合全市的山川地形、水库、河道运行情况,研判启动相应的应急响应,坚决做到科学精准、依法依规。精细落实方面,各区、各部门和各单位严格按照"七个到位"、临灾排险"八个再查一遍"、防台风"六个百分百"要求,逐点、逐人抓落实。特别是把灾害风险隐患点巡查整治、需帮扶重点人员的疏散转移等工作,在风前、雨前、灾前落实落细落具体,切实把灾害损失降至最低程度。

面对防灾短板,始终坚持打一仗进一步。不断完善提升风险隐患排查治理能力,构建风险分级管控和隐患排查治理双重预防机制,常态化、清单化开展风险隐患排查整治工作,切实将风险隐患消除在萌芽状态。一是对全市范围内低洼易涝点、山塘水库、地质灾害、地面坍塌、危险边坡等防汛防台风重点单位、场所和部位开展隐患排查整治,建立完善安全隐患清单,做到"一患一档",严格实行登记销号管理。二是对重大隐患集中挂牌督办,彻底整改到位,确保不留死角、盲区,全力筑牢城市安全防线。年内,市水务局、市规划和自然资源局、市地铁集团分别通过工程措施和管理措施完成治理"5·10"强降雨23处(共37处)内涝积水点、60

处地质灾害隐患点和40处有防汛隐患的地铁合建口。

面对极端天气威胁,始终坚持做好强基固本工作。一是积极推动自然灾害领域立法工作。组织开展《深圳市自然灾害防治条例》立法工作,进一步完善新形势下应急管理地方立法体系,加快推进自然灾害防治地方立法进程。二是完善三防工作制度。先后制定出台《深圳市主要气象灾害风险提示(2022年版)》《深圳市防旱节水工作指引》,并起草制定《深圳市台风暴雨期间公共交通工具停运与复运工作指引》《城市地下空间防汛标准》。三是夯实基层防灾基础。积极推动防灾减灾"最后一公里"建设,至年底,全市共有347个防灾减灾社区完成创建,占比达49.28%;积极推动自然灾害九大工程建设,全市共投入68.75亿元,工程已完成83.3%。制定并组织实施《台风暴雨室内应急避难场所运行管理指南》,成为指导深圳市室内应急避难场所运行管理工作的技术依据。《深圳综合减灾社区创建指南》作为基层防灾机制创建示范案例,被国家标准化管理委员会列入第八批社会管理和公共服务综合标准化试点项目,受到国家应急管理部的高度肯定,并被《人民日报》、新华社等权威媒体广泛报道。

【珠海市】

2022年,珠海市严格按照省防总的决策部署和市委、市政府的工作要求,始终坚持人民至上、生命至上,有序有效有力防范应对防汛抗洪各项工作,实现"零伤亡、少损失"的防汛目标。市委、市政府领导先后21次专题研究部署三防工作。全年共启动防暴雨、防风应急响应43次。在抗击近二十年5月最强暴雨过程、"龙舟水"强降雨、西江洪水和台风"暹芭""木兰""马鞍"等自然灾害中取得较好成效。

持续强化三防工作能力建设,扎实做好防汛备汛工作。市三防指挥部立足"防大汛、抗大洪、救大灾、抢大险",不断加强三防组织、责任、预案、措施、队伍、物资等能力建设,防灾减灾工作有序开展。一是强化组织保障。建立以市长为总指挥、常务副市长为常务副总指挥的市级三防指挥部,为坚强有力开展三防工作提供保证。落实市委、市政府要求至少有一名主要领导坐镇三防指挥部靠前指挥、其余市领导分组深入各区落实防汛防风包保责任的督导方案,实现全市"一盘棋""点面相结合"的三防应急处置工作格局。二是压实防汛责任。市、区、镇(街)各级三防指挥部成员领导全部完成调整,3236名三防责任人信息100%更新录入,100%安装"应急一键通"APP。建立"区领导联系镇、镇领导联系村、村干部联系户"人员队伍共621人,各级防汛责任人于4月15日前通过媒体进行公布。三是摸清风险隐患底数。全市排查更新临险人员4927户、共13.4万人。其中,市政在建工地1061个,施工人员12.45万人。全部临险人员制定转移安置对接台账。排查出地质灾害隐患点32处、水浸易涝点72处、水利工程隐患34处(水库13宗、堤防6宗、水闸12座、泵站3座)、削坡建房12处、老旧挡土墙23处,对存在的风险隐患按照"一点一策"制定整治方案,落实度汛措施和应急预案。四是开展预案的评估修订。全市编制修订各类三防预案481份,健全完善预警响应联动机制,为有效应对灾害提供有力保障。五是强化三防保障能力建设。全市防汛物资仓库面积达8000平方米、物资储备价值达1.26亿元。投资5267万元重建市防汛物资中心仓库,建筑面积5895平方米,改善当前抢险救灾物资存储空间及功能不足的问题。同时追加经费2300万元购置大型防汛救援物资装备。六是加强信息化建设,构建区域性指挥中心。开展三防决策指挥系统二期建设,并进行渠道广泛的推广应用;同时,加强全市智慧应急指挥体系和融合通信系统建设。充分运用省智慧应急平台和值班值守系统,融合5台通信指挥车、通信专网、218台卫星电话、2200台无线数字集群对讲机、22台无人机系统、单兵LTE通信系统等装备，组建珠海市应急现场指挥通信平台；通过与香港、澳门等城市互联共享，构建适应粤港澳大湾区应急管理体系建设的区域性指挥中心。七是强化队伍建设和培训演练。建立以汛旱风专业抢险队、消防综合救援队伍、驻珠军警部队等队伍为主，社会多元力量共同参与的抢险队伍体系。全市有三防抢险队伍196支、队员1.4万人。全年开展培训549班次、4.46万人次参训；开展三防演练295场次、5.6万人次参练。

强化统筹协调，有序有效防范应对气象灾害。一是落实"每日一会商、每日一调度、每日一检查、每事一处置、每日一报告"等"五个一"工作机制。二是落实船舶百分百回港避风，海上作业人员转移上岸避险。三是提前作出学校停课安排。四是关停滨海沙滩、泳场、景区景点、公园等户外公共场所。五是落实在建工地停工。六是暂停或取消陆上、海上、空中等公共交通班次。七是及时对积水路段、区域实施交通管制和断电措施。八是全面排查转移低洼地、危破房、地质灾害隐患点、在建工地等区域临险人员。九是提前预置抢险救援队伍物资装备。十是多渠道、多手段发布预警信息和防御指引；开展联合值守，高效处置险情。全年全市累计出动巡查人员4万人次、防汛抢险人员1.45万人次、车辆装备7294台次。转移低洼地、在建工地、地质灾害点等临险人员21.32万人次，安置1.07万人次，撤离海岛游客9160人次，安置游客1699人。停止在建工地3715个次，关闭海滨景区、沙滩浴场等56个次。停运公交线路94条，调整公交线路39次，暂停海上客运190班，取消珠海机场出港航班18班。渔船回港1.59万艘次，渔排养殖人员上岸251人，撤离2个海上风力平台的施工人员185人。排除积水内涝140处（次），处置地质灾害隐患点52处。通过电视台、电台等主流媒体和"珠海发布""珠海应急管理"等微信公众号以及手机短信向市民发布信息511条次。

【汕头市】

2022年，在省防总和市委、市政府的正确领导下，汕头市坚持人民至上、生命至上，立足"防大汛、抗大风、抢大险"，严格执行以行政首长负责制为核心的三防工作责任制，坚持测、报、防、抗、救相结合，狠抓三防工作落实。共防御9次冷空气、4个台风、11轮强降雨及近二十年最强5月暴雨、韩江超五年一遇洪水等自然灾害影响，实现"零伤亡、少损失"的防御目标。

坚持高位统筹，强化三防工作领导。市委、市政府主要领导高度重视三防工作。入汛便召开会议听取三防工作情况汇报，部署2022年三防工作。汛期先后12次召开市委常委会、市政府常务会议研究部署三防工作。5月10日，市委书记温湛滨、市长曾风保带队到市气象局、市应急管理局、潮南区调研指导三防工作，检查防汛防涝及防御强降雨工作落实情况，督促各单位全力以赴、周密部署，落实落细抓好强降雨防御工作。市委常委、副市长许宏华21次主持召开全市三防工作视频会议，部署落实防汛防风工作。强降雨和台风期间，市领导带队赴各区（县）开展强降雨期间防御工作专项督查，督导各地采取各项防范措施，有力促进三防工作开展。

压实三防责任，严格落实行政首长负责制。一是及时调整三防指挥机构，逐级签订三防工作责任书。及时调整更新市三防指挥部成员，督促各区（县）和镇（街道）及时调整三防指挥机构，落实三防指挥长AB角互补机制，并逐级签订三防工作责任书。二是明确各级三防责任人。全市共落实三防责任人6175名，均安装激活"应急一键通"APP。三是落实防汛防风网格管理体系，强化人员临灾转移避险。全市危险区域临灾转移安置人员1673户、计3114人，其中特殊群体708户、计859人，均建立健全"三个联系"、特殊群体临灾转移"四个一"工作机制，落实防汛防风网格管理体系。在防御强降雨和台风过程中，累计提前转移安置1.05万人次，切实维护人民群众生命财产安全。

完善三防体系，加强三防指挥部建设。一是制定三防指挥部工作规则。印发《关于印发〈汕头市防汛防旱防风指挥部工作规则〉的通知》，进一步规范三防指挥部工作秩序。二是制定防台风"六个百分百"工作机制。印发《关于印发落实防台风"六个百分百"工作机制（工作指引）的通知》，进一步细化完善防台风"六个百分百"工作机制，做好台风防御工作。三是认真学习《河南郑州"7·20"特大暴雨灾害调查报告》，对照开展检查。召开市委常委会、市政府常务会议传达学习调查报告内容，针对查摆问题，研究解决措施。市三防办下发通知，组织各地、各部门深入学习调查报告，对照自身职责深刻汲取灾害教训，切实强化风险意识和底线思维，查漏补缺，全力做好汛旱风冻灾害安全防范工作。

摸清度汛底数，扎实开展汛前防汛防风大检查。坚持检查早开展、问题早发现、险情早排除，1月27日起，在全市范围内深入开展汛前防汛防风工作大检查，筑牢安全度汛基础。3月14日，市三防指挥部召开汛前防汛防风工作督导检查部署工作会议，从主要成员单位抽派三防分管领导及业务骨干组成7个检查组，深入7个区（县）督查汛前防汛防风准备工作情况。

加强监测预报预警，强化预警响应联动。由市三防指挥部牵头气象、水文、水务、自然资源等部门密切监视雨情、水情、旱情及地质灾害风险变化，精准预测，及时预警，适时启动应急响应。年内，先后38次召开防汛防风形势会商研判会，部署落实防汛抗旱各项工作措施。全年发布各类预警信号305次（其中，寒冷预警22次，暴雨预警167次，雷雨大风预警43次，台风预警53站次，洪水预警19次，地质灾害气象风险三级预警2次）；发送预警短信4600万人次；共启动应急响应10次（其中，防汛Ⅳ级应急响应5次、Ⅲ级应急响应1次，防风Ⅳ级应急响应4次）。

盯住重点领域，扎实开展隐患排查整治和风险防控。按照"八个再查一遍"和"汛期不过、检查不停、整改不止"的工作要求，全面排查防汛防风重点领域安全度汛隐患，持续开展排查整治。市三防办先后三次派出督查组，对各区（县）防御"龙舟水"、防台风工作进行督导，强化防御工作落实。水务部门强化对全市776.74公里堤防、204座水库、399宗防洪排涝水闸、187座泵站（电排站）、17宗在建水利工程和36宗应急度汛工程等水利工程的巡查排查，完善工程度汛方案，落实抢险队伍和物资，做好对山洪、中小河流洪水的防御工作。自然资源部门出动1.13万人次强化全市199处地质灾害隐患点（风险点）巡排、排查。强降雨防御期间，指导督促各区（县）组织转移1028人。农业农村部门以防台风"六个百分百"作为落实重点，强化全市7个渔港、1079艘国库渔船、5855艘乡镇渔船、252个渔排养殖场的安全生产监管，确保"不安全、不出海"。住建部门督促全市112个灾害易发区建筑工地和15家灾害易发区燃气罐储企业落实隐患整治主体责任、措施和责任人，做好强降雨和台风防御工作。交通运输部门投入抢险救援人力5666人次，出动机械设备1314台，成功处置6月16日深汕高速汕头路段（往汕头方向）因山体滑坡导致交通中断等16处险情，实现安全无事故。海事部门对52艘客渡船、60艘长期停航船、57艘海上施工船、15艘无动力船等重点船舶开展摸查登记，按照"一患一档一整改"原则督促每艘船舶落实各项防范措施，切实消除安全隐患。文广旅体部门加强对13个灾害易发区A级景区的安全监管，强降雨和台风影响期间适时关闭，防范游客遇险。教育部门加强校园防汛重点薄弱环节隐患排查治理，组织三防安全常识学习，提高学生自我保护意识和防范技能。其他成员单位按照三防预案和职责分工，部署落实本行业（系统）防汛防风措施，确保安全度汛。

【佛山市】

2022年，在省防总和市委、市政府的坚强领导下，佛山市坚持人民至上、生命至上，扎实开展备汛防灾救灾工作。全年先后启动应急响应11次，统筹处置突发险情13起，组织人员安全转移群众4.83万人次，连续五年实现汛旱风冻灾害零伤亡。特别是6月中下旬，全市动员、众志成城，成功应对近15年最大的洪水灾害，取得良好成效。

领导垂范，全面压实防汛责任。一是党政领导高度重视。市委、市政府高度重视三防工作，先后三次召开市委常委会或市政府常务会议，研究部署全市三防工作。汛前，市领导检查西江干堤、佛山大堤、樵桑联围等的备汛工作5次。"龙舟水"期间，市党政主要领导多次部署、密集检查。市委书记郑轲7次下沉基层指导，市长白涛3次专程赴指挥部指挥调度、7次深入一线检查。二是抓早落实三防工作责任。市、区、镇三防指挥机构和北江大堤前线抗洪指挥分部成员在汛前调整到位，同步推进指挥长AB角互补制度。4月15日，在《佛山日报》公示重点堤围、水库防汛行政责任人；部门（单位）防汛责任人和村级网格责任人逐一压实，全市共落实三防责任人8711名。5个区、32个镇（街）、788个村（居）、1.34万户按"三个联系"制度落实责任对接，层层压实工作责任。三是抓实开展三防业务培训。各级共组织三防培训111班次，超8179人参训，确保责任人培训全覆盖。另外，采取线上线下培训两手抓模式，业务轮训和网络培训相结合，进一步提高各级三防工作能力。

厉兵秣马，扎实开展备汛工作。一是全面开展风险隐患排查。汛前，全市采取镇级自查、区级抽查及市级重点检查相结合的方式，派出255个工作组，逐项开展隐患排查整治。市三防指挥部出动6个督导组赴各区开展督导检查；各级各部门深入排查水利工程、山洪和地质灾害及建筑工地等重点领域，落实2.52万处排查点建档造册，共同抓好灾害风险管控。3月下旬，省防总检查组检查全市备汛情况，肯定成绩。二是持续夯实抢险救援体系。充分发挥"大应急"优势，强化防汛抢险专业救援力量建设，落实全市可供调度的防汛抢险队伍149支、三防专家81名、防灾救灾仓库213座、防汛抗旱物资3903万元，进一步筑牢防汛抢险基础，借助"智安佛山"平台实现各类突发事件应急处置的科学统筹和快速调度。健全军地协调联动机制，联合军分区举办全市首届应急救援队伍大比武，加快培养选拔抗洪抢险救灾队伍成员。三是健全完善三防预案制度。先后组织召开预案修编、信息发布等研讨会议6次，重新修编《防汛防旱防风防冻应急预案》《三防应急督导工作方案》，印发《水旱风冻灾害预警信息和防御指引发布工作机制》《防台风"六个百分百"实施细则（暂行）》，出台《关于加强台风暴雨洪水等重大灾害天气防御工作的意见》，进一步提升水旱风冻灾害应对能力。四是深入推进重点领域整治。全市9宗破堤工程及时复堤，全面落实度汛措施；9宗病险水库提前编制调度计划，按期推进除险加固；7宗在建涉水工程配齐物资，做好应急措施；115处地质灾害点和20处山洪灾害点落实工程治理和非工程防控措施；更新改造渔船1010艘、升级改建渔船停泊点14个；清理拆解"三无"船舶2338艘，率先在全省实现"三无"船舶清零。

攻坚克难，全力做好防汛救灾。防御"5·10"强降雨期间，市委、市人大、市政府、市政协15位领导分别下沉各区指导防暴雨工作，1922位区、镇、村领导干部全部进驻挂钩镇、村、户落实责任对接。针对5月11日夜间高明河水位暴涨，调遣军分区、武警、消防等单位的315

人前置待命，派出水利专家组赶往现场指导，通过峰江水闸调节化解可能的堤围漫顶险情，确保沿岸居民安全。6月西江、北江洪水期间，启动应急响应达287小时，组织全体成员单位联合值守，开展综合会商31次，前置应急小分队12支次，组织上堤人员14.8万人次，全面部署防汛抢险救灾工作。全市开放避难场所1121个，转移群众8833人；各级出动5.8万人次排查高风险水利工程和地质灾害点1.5万处次；全市22个渡口、50个码头停运，50个滨河公园闭园，部分水道封航管制，全面保障安全。防御台风"暹芭"期间，全市420个在建工地、13处水工作业平台停工；17道渡口停渡，16个码头暂停作业，南海、顺德区部分公交线路停运；11家A级景区停止接待游客，把致灾可能降到最低；调度818座泵站预排内河涌水位，预置1005支排涝队伍到内涝点强排，对59座公路隧道落实24小时专人值守。

【韶关市】

2022年，韶关市深入践行习近平总书记"生命至上、人民至上"防灾减灾救灾理念，严格落实省、市防汛抗旱防冰冻工作的系列部署，最大限度减少人员伤亡和财产损失。在抗击年初的冬春连旱、持续低温冰冻天气和"龙舟水"暴雨（为近15年间最严重洪涝灾害）等灾害中取得明显成效。

及时预测预报预警。6月17日17时至24日15时，10家市防总重点成员单位24小时参与指挥部联合值守。"龙舟水"期间，市三防办发出9轮暴雨或洪水预警、2轮指挥部令、3轮重要提醒和1轮停工公告；市气象局发布暴雨预警信号26次、气象预警信息180条次、决策气象服务短信48.7万人次；韶关水文分局发布洪水预报预警191次，派出应急小分队244人次，完成388次水文监测；水务部门及时处置山洪预警141条，向相关责任人发送预警短信9.1万多条；自然资源部门发布地质灾害气象风险预警64次、预警手机短信7.6万条。

及时全面部署。一是及时组织开展汛前检查。做好防汛责任书签订、更新防汛应急预案、更新三防通讯录和物资队伍台账，先后抽查10个县（市、区）共计52个现场点，督导各地完成38座大中型水库、637座小型水库、12宗5千亩以上堤防、15座中型以上水闸、1908座电站、387宗泵站、2323座万立方米以上山塘的隐患排查，对197个在册地质灾害隐患点、308处沿河低洼区隐患点、836处削坡建房认定可能引发地质灾害隐患点、595处危房、103处灾害易发区铁皮屋、411处灾害易发区有人居住泥砖房、126处易涝黑点、16处灾害易发区⊥地等，落实安全度汛措施。二是及时开展防洪预案演练。4月28日，举行2022年韶关乐昌市防洪预案演练并组织各地各成员单位观摩。5月上旬，在浈江区龙洲岛南侧水域河道开展为期两周的2022年防汛队伍骨干集训野外实操训练，集训总人数约300人；集训结束后，开展群众转移避险应急演练以检验培训演练成效。另外，市三防指挥部及时印发部署文件167份。

加强指挥调度，及时启动响应。启动防汛Ⅰ级、Ⅱ级应急响应期间，市委书记陈少荣持续多日昼夜坐镇市应急指挥中心调度指挥，连续40多个小时坐镇曲江苍村水库泄洪道抢险现场指挥部。全市10个县（市、区）均落实指挥长或副指挥长坐镇应急指挥中心指挥调度。6月13日9时启动防汛Ⅳ级应急响应、18时提升为Ⅲ级，19日10时提升为Ⅱ级，21日7时提升为Ⅰ级。全市10个县（市、区）科学有序启动应急响应级别，有效应对强降雨过程。强降雨期间，常务副市长邹振宇先后36次组织研判部署强降雨防御和救灾复产工作，19次连夜检查、慰问应急值班和联合值守情况。市、县组织各级救援队伍7.6万人次、冲锋舟橡皮艇1858艘次，安全转移避险群众超12万人、解救被困群众9845人。

【河源市】

2022年，河源市始终坚持人民至上、生命至上，积极推进三防应急管理体系和能力建设，有力有效防范应对9场次强降雨过程、台风"暹芭"等灾害的影响。共启动应急响应13次，其中，防汛Ⅳ级应急响应7次、Ⅲ级应急响应2次、Ⅱ级应急响应1次，防风Ⅳ级应急响应1次，防冻Ⅳ级应急响应2次。

思想上更加重视防范，实现应急能力全面提升。一是不断加强雨前和雨中的防汛工作督导，在"龙舟水"期间，派出7个督导组赴各地监督、检查和指导各县（区）做好地质灾害、削坡建房、水利工程、道路交通等风险隐患排查及危险区域人员转移安置工作。二是2月24至25日高规格举办防灾减灾与度汛安全专题研讨班暨防汛工作动员会，市委书记林涛出席开班式并作动员讲话，市长何国森主持开班式。省应急管理厅副厅长卢华友、省气象局专业技术总师林良勋等专家应邀授课，市、县（区）、镇三级党政主要负责人及三防指挥部成员单位主要负责人共1831人参训。与会人员提高水旱风及地质灾害防御专业知识水平，提升应急决策指挥能力，为安全度汛打下坚实基础。

制度上更加完善，实现指挥协调顺畅高效。为深刻吸取河南郑州"7·20"特大暴雨灾害等国内多地气象灾害引发的事故教训，市三防办充分发挥主观能动性，深入县（区）、镇调研，推动出台《河源市洪涝分级处置标准》《强对流等突发气象灾害预警与防汛应急响应联动机制》《河源市市县（区）防汛应急响应防御工作指引》，积极推进《河源市气象灾害预警与响应条例》的立法工作，进一步规范防范应对突发强对流、强降雨等气象灾害的工作程序和措施，为各级和各有关部门科学决策、指挥调度和快速反应提供全链条、全流程的工作指引，建立气象灾害预警应急联动的长效机制，为人民群众撑起生命的"防护伞"。

责任上更加压实，实现防范应对有力有序。一是严格落实以行政首长负责制为核心的三防责任制，及时调整更新各级三防责任人1.6万名，并全部安装"应急一键通"APP，进一步压紧压实行业监管责任和地方属地管理责任，强化督导问责，推动各级各部门落实落细各项三防防范措施。二是强化值班值守和夜间提醒，严格执行汛期24小时值班和领导带班制度，根据气象预警信息，及时调度强降雨可能影响区域，提醒提前做好防范应对措施。三是夯实基层应急体系，推动乡镇应急（三防）管理规范化标准化，全市101个镇街均建立应急管理办公室，市、县（区）两级应急指挥平台接入综治网，实现市、县（区）、镇、村四级应急指挥视频调度，实现全市上下联动畅通高效，坚决打通基层防汛减灾工作"最后一公里"。

行动上更加有力，实现抢险救灾成效明显。一是强化应急演练和提前预置抢险救援力量。全市各级共开展防汛应急演练288场次、共1.2万人次参加，结合天气状况科学研判风险并提前做好抢险救援队伍靠前驻防方案，累计提前预置抢险救援队伍197支、共6859人次，为预判防汛重点区域第一时间开展应急处置提供力量保证。二是强化风险隐患排查。按照"雨前排查、雨中巡查、雨后复查"的原则，对重点区域、危险区域开展不间断巡查，全市共出动各级领导干部、防汛责任人27.85万人次，排查风险隐患4.79万处。三是强化提前转移危险区域人员。严格执行"县领导联系镇、镇领导联系村、村干部联系户"的"三个联系"责任对接机制和临灾转移"四个一"工作机制，把主动避让、提前避让、预防避让作为刚性要求落实到位。全市共组织转移群众12.89万人次，集中安置2.7万人次；成功避险483户、共1191人次，做到全力保障人民群众生命财产安全。

【梅州市】

2022年,梅州市认真落实省防总和市委、市政府的决策部署,始终坚持以人民为中心的发展思想,从最不利情况出发,做最充分的准备,落细落小落实落具体做好三防各项工作。在抗击低温阴雨、高温、多轮强降水和"龙舟水"等灾害中取得明显成效。

严格落实三防责任,筑牢防汛安全底线。一是及时梳理调整三防指挥部领导成员,及时更新明确各防洪工程的责任人。全市各级政府(三防指挥部)均落实以行政首长负责制为核心的防汛抗洪责任制,共有三防责任人1.18万名、水利工程防汛责任人2.08万名,以及山洪灾害预警员6154名、灾害信息员2643名,均已落实到岗到位、责任到人。二是市三防指挥部于3月31日对全市三防责任人举办专题培训班。市三防办派出三防专家赴各县(市、区)指导开展业务培训和应急演练12场(次),共2183人次参加,进一步提升各级三防责任人尤其是新任三防责任人的履职能力和业务水平。

扎实开展督导检查,及时落实防御措施。入汛前,组织各县(市、区)三防指挥部、市三防指挥部有关成员单位开展防汛备汛工作大检查。全市共检查发现水利工程隐患174宗(其中,大中型水库2宗、小型水库162宗、五千亩以上堤防2宗、险工险段堤围8处)、山洪灾害隐患点686处、削坡建房隐患点6.02万处、沿河低洼区171处、易涝点95处、危房1112间,以及灾害易发区铁皮屋44间、泥砖房1963间、建筑工地27处、"三无"涉渔船舶25艘。同时,市三防指挥部派出8个督导组对全市防汛防风准备工作进行督查,发现并整改落实隐患和问题66项。"龙舟水"强降雨期间,全市共派出1661个工作组、累计3.12万人次深入一线开展检查(督查),共排查各类灾害隐患等3.17万处、削坡建房7.61万户、依山建房5.11万户,发现并落实隐患点整改2144处,其他风险隐患点均采取设置警示标识、专人盯守等措施进行安全管控,有效推动防汛防台风各项工作的落实。

加强应急预案管理,提升风险防范能力。完成修订《梅州市防汛防旱防风防冻应急预案》《梅州市自然灾害救助应急预案》,印发《防御特大洪水安全措施预案》《山洪灾害防御预案》《城市防洪应急预案》《突发性地质灾害应急预案》等应急预案,708宗水库全部落实防御洪水预案。全市114个镇(街)编制、修订洪涝、台风、防洪工程防洪(抢险)预案和村(居)"一页纸"操作预案及"临灾转移四个一"应急预案等。印发《梅州市"五停"工作指引》以及《统一规范市自然灾害预警信息发布和启动(或结束)应急响应工作机制》。

加强防御形势研判,及时启动应急响应。在端午、"龙舟水"、高考、国庆等重要时间节点加密会商,滚动研判,应急响应期间实行每日一研判、每日一快讯制度。全年全市召开防御形势会商共536场(次),发送预警短信90.03万条,发送避险通知书11.65万份,及时将监测预警信息传递到镇、村、户;共启动防冻Ⅳ级应急响应1次,防汛Ⅲ级应急响应1次、Ⅳ级应急响应5次,救灾Ⅳ级应急响应1次。

党政领导靠前指挥,落实抢险救灾工作。"龙舟水"(雨量为有记录以来排名第二)期间,市委书记马正勇、市长王晖先后5次到三防指挥部召开全市防汛部署会议和视频调度,作出批示(指示)13件,并带动全市各级党委、人大、政府、政协领导深入一线,检查督导,靠前指挥。全市动员4.25万名党员领导干部下沉到村一级,深入抢险救灾一线,广大部队官兵、干部群众奋力抢险救灾,各类风险得到有效管控。全市共投入632支队伍、累计1.61万人(次)参与各类抢险救援工作,开放避护场所1222处,紧急避险转移1.58万人,紧急转移安置8131人。

共投入救助资金 5000 多万元，投入帐篷、棉被、折叠床、饮用水、口粮、日常生活物资、紧急救助衣物等共计 230 万元价值物资一批。

【惠州市】

2022 年，在省防总和市委、市政府的正确领导下，惠州市始终坚持人民至上、生命至上，各级各部门众志成城，全力以赴开展汛期各项防御工作，实现了"零伤亡、少损失"的防汛目标，三防工作成效显著。全市共启动防汛Ⅳ级应急响应 3 次，提升防汛Ⅲ级应急响应 2 次；启动防风Ⅳ级应急响应 5 次，提升防风Ⅲ级应急响应 1 次；启动防冻Ⅳ级应急响应 1 次。

高度重视，压实三防责任。市委书记刘吉、市长温金荣先后 19 次到市应急指挥中心亲自部署强降雨和台风防御工作，要求各级各部门立足防大汛、抗大洪、抢大险、救大灾，严格落实以行政首长责任制为核心的各项防汛防旱责任制，切实把保障人民生命安全放在第一位落到实处。常务副市长王滨、副市长黎炳盛多次坐镇指挥调度各县（区）防汛防风工作，对防汛防风工作进行再动员、再部署、再落实。

查漏补缺，全面做好应对准备。组织市、县（区）、乡镇（街道）和村（居）四级防汛责任人开展《河南郑州"7·20"特大暴雨灾害调查报告》专题学习，深刻汲取灾害教训，对照检查，不断补齐工作短板。各级各部门加强防汛备汛，及时做好物资采购补库和应急抢险队伍建设工作，加强防汛应急内容的培训演练，严格落实"三个联系"制度及特殊群体临灾转移"四个一"机制，全面落实各项风险隐患防范措施。

严密监测，加强部门联动。市气象、水文、水利和自然资源等部门密切监视雨情、水情、风情及山洪地质灾害风险变化，建立气象灾害预警信息"叫应"机制，及时滚动发布预报预警信息到户到人，打通预警信息发布"最后一公里"。各级各部门按照《惠州市"五停"工作指引》要求，不断强化预警与响应联动，坚决落实停课、停工、停产、停运、停业措施。全年全市共发布各类三防预警信息 835 万条次。

严格防控举措，坚决果断转移。严格落实"三个联系"制度和特殊群体临灾转移"四个一"机制，特别是对空巢老人、留守儿童等弱势群体，落实"一对一"盯防，并妥善安置转移人员。年内，全市提前安全转移低洼易涝、山洪和地质灾害点、危旧房屋、临时建筑物等危险区域群众共 9.8 万人次；全市共出动救援力量 4.11 万人次，有效保障了人民群众生命财产安全。

【汕尾市】

2022 年，在省防总和市委、市政府的正确领导下，汕尾市积极加强基层应急指挥体系建设，强化三防责任落实，强化救援力量建设和培训演练，大力开展汛前检查，积极应对各类灾害天气，有力保障了人民群众的生命财产安全。全年启动防汛Ⅱ级应急响应 1 次、防风Ⅲ级应急响应 3 次、防冻Ⅳ级应急响应 11 次。

组织领导。汛前，市、县（市、区）三防指挥部，各镇（街）应急委全面完成成员调整。明确各地各部门三防工作责任，各部门加强对接协调，夯实三防工作基础，为防御灾害天气做好准备。每次台风、强降雨来袭，各地各部门领导履职担当，靠前指挥，认真组织会商研判和防御工作会议，及时部署防御工作，为一次又一次打赢防御仗提供了坚强有力的组织保障。

责任落实。汛前除及时调整市、县（区）、镇三级三防指挥机构成员外，还重新复核调整全市7201名三防责任人,并将其中108名大型堤围、大型水闸、重点水库、重点渔港、重点旅游景区的三防行政责任人名单公布在《汕尾日报》,接受社会监督。确保各地、有关责任单位、防汛防风重点工程、重点部位全面落实责任人员。各级政府严格执行三防责任行政首长负责制,党政主要领导亲自部署落实防御工作,压实市、县(区)、镇、村和部门责任。强化"县领导联系镇、镇领导联系村、村干部联系户"责任对接机制,并实行人员安全转移网格化管理,确保责任对接无死角。

汛前准备。汛前,组织全市开展汛前防汛防风大检查,市、县(区)、镇三级共组织65个检查组,从三防责任制、隐患排查整治及风险防控、三防体系及能力建设等方面进行全面摸底,了解掌握各地和有关部门的防御指挥能力现状、安全风险底数、存在问题和短板,有针对性地进行整改和完善。全市共检查排查各类水库、水闸、堤防、泵站、水电站等水利工程766宗,发现问题或隐患70项;检查排查地质灾害点、山洪灾害点、沿河临海低洼区、易涝点、危房、泥砖房、削坡建房、铁皮屋等风险隐患点2665处,登记受威胁人数4.81万人;排查登记重点旅游景区、公园、自然保护区、林场、农场、滨海浴场、渔港、石油化工企业、在建工程等重点保护对象829处,复核渔船6398艘,全部落实安全责任人员。

监测预警。全年市气象部门共发布暴雨预警信号1332次、雷雨大风预警信号117次、台风预警信号36次,并多次针对海上强对流天气发布相关预报预警信息。另外,组织三防相关知识培训58班次,共5078人参训。开展防汛防台风应急演练82次,共2607人参加,促进应急实战能力的提升。

抢险救援。防御强降雨期间,共紧急转移地质灾害威胁区、低洼易涝区、中小河流洪水易发区、危旧房、削坡建房等危险区域人员9124人次,其中集中安置834人次。防御台风期间,共6次组织海域作业渔船3.53万艘次回港避风,6次组织风电平台3426人次撤离,5次组织渔排人员258人次上岸避险,疏导旅游景点游客6834人次,关闭滨海旅游景点43处次。6月7日,城区东涌镇、捷胜镇分别出现洪水漫堤和排洪渠决口事件,东涌镇紧急转移230多人,捷胜镇组织干部职工、协调驻汕海训部队共200多人参与抢险救灾。至年底,全市现有国家综合性消防救援队伍1支、共136人,部队、武警抢险救援突击队2支、共250人,市直专业队8支、共1752人,各县(市、区)应急管理专业救援队6支、共237人,配备专用车辆和基本救援工具,具备第一时间有效救援的能力。全市初步形成以国家综合性消防救援队伍为主力、以军队武警救援队伍为突击队、以专业应急救援队伍为骨干的应急救援队伍体系。

【东莞市】

2022年,在省防总和市委、市政府的正确领导下,东莞市狠抓责任落实,完善灾害防御机制,认真做好风险隐患排查整改,有效组织强降水防御并取得阶段性成果。共启动防汛、防风应急响应15次,累计启动响应时长为430小时。

狠抓责任落实,完善灾害防御机制。认真贯彻落实以行政首长负责制为核心的各级三防责任制,及时调整市三防指挥部成员名单;落实各级各类三防责任人1万多名,并100%安装使用广东"应急一键通"APP;印发《东莞市"五停"工作指引》,该工作指引获省三防办、省应急管理厅高度肯定和认可,推广至各兄弟地市学习研究,全省通报表扬,并上报应急管理部作政策研究案例。

狠抓培训演练学习,提升对自然灾害防御能力。市委、市政府先后专题召开会议5次,市长吕成蹊于5月11日、8月2日、8月8日、9月5日召开市政府常务会会议,9月16日召开市委常委会会议,专题研究全市三防工作。7月8日,组织专题三防培训班,提升全市各级从事三防工作人员的业务水平和防灾减灾能力。同时,开展东莞市2022年防汛防风(地铁)综合应急救援演练,有效提高自然灾害防御能力及应急处置水平。

不断探索,成功防御60年一遇的较大旱情。2020年10月至2022年2月,东莞市水源受东江上游来水减少及咸潮上溯的双重影响,出现60年一遇的较大旱情。针对这一情况及时印发《东莞市2021—2022年防旱抗旱应急工作方案》,全面明确部门职责,精准施策,有效应对长达93天的咸潮上溯侵袭,全面保障全市供水平稳安全。

有力有序防御近20年最强"龙舟水"强降水。5月9—15日,我市遭遇20年间强度最强、持续时间最长的强降雨过程。全市共出动救援人员25.65万人次,开启避难场所721处,转移人员3.37万人,及时启动防汛Ⅲ级应急响应并发布"停课令";加强会商研判和防御部署,派出12个市督导工作组对各镇街(园区)的易涝点、地质灾害隐患点等重点环节防汛安全隐患进行全面排查,全面落实各项防御措施,有效抵御各种自然灾害。

【中山市】

2022年,中山市立足于"防大汛、抢大险、救大灾",以"零伤亡、少损失"为目标,围绕"建立一本台账、绘制两张地图、填好三张表格、抓好十个关键环节"的工作思路,统筹协调落实各项防御措施,确保度汛安全。

建立一本防灾减灾避险台账。加强指导全市23个镇(街)、277个村(居)完成镇级三防应急预案和村居"一页纸"操作预案修编,制定防灾减灾避险台账,全面掌握辖区各级责任人、队伍物资、防汛工程、人员转移、渔船渔民、在建工地以及水浸内涝、危旧房屋、地质灾害等风险隐患情况。

精心绘制两张防汛作战图。根据市域地形地貌、江河径流等基本概况和风险现状等,将全市划分为5个片区,制作三防分区作战分析图和三防六水防御作战图,明确防护重点和攻略,实行分类施策,精准防御。

动态填好三张报表。在汛前检查的基础上,分类形成防汛防风主要风险隐患排查和防汛抢险队伍和物资储备两张汇总表,并定期组织各镇街部门排查核报,灾害天气期间实行三防动态简表报送机制,实时掌握三防工作动态。

抓好防汛抢险救援十个关键环节。根据汛情的发展趋势,问汛而行,紧扣临灾时的"测、报、防、抗、救"工作重点,落实各项防御措施,全力保障度汛安全。一是紧盯汛情,坚持每周研判分析,防汛紧急时实行一日一研判和加密会商研判;二是责任到位,全市各级各部门共落实三防责任人5182人;三是快速响应,全年累计启动三防应急响应26次;四是严防内涝,对全市245个易水浸点落实属地责任和防控措施;五是防范次生灾害,对全市128处地质隐患点坚持雨前排查、雨中巡查、雨后核查,发现险情及时采取应急处置措施;六是及时停课停工,及时落实应急响应期间对全市358所学校停课、1064个建筑工地停工、11个渡口停航以及公园景区、受影响道路及路段的关闭管制等;七是提前转移人员,全年累计转移危险区域、危房及户外施工人员等6.43万人;八是防风避险,督促落实全市554艘在册渔船、1151艘乡镇自用船百分百在港避风和采取安全措施,1683名渔船从业人员百分百上岸;九是物资保障,开展三防物资摸底调查,掌握底数,促进三防物资储备管理规范化建设,及时补充各类防汛抢险物资,做到足额配备物资并视情提前预置防汛一线；十是全力抢险救援，落实各镇街、各部门防汛抢险队伍 1.32 万人，组织开展全市防汛抢险救灾演练和培训。累计出动抢险人员 4.64 万人次，有力开展抢险救灾工作，将灾害损失降到最低程度。

【江门市】

2022 年，在省防总和市委、市政府的正确领导下，江门市深入贯彻落实习近平总书记关于防汛救灾重要指示精神，扎实做好汛旱风冻灾害防御工作，实现"人员零伤亡，灾害损失降到最低"目标，三防工作成效显著。

高位统筹推动，压实三防责任。市委、市政府高度重视三防工作，坚持人民至上、生命至上，全力做好各项防御措施。3 月 22 日，组织召开全市综合应急工作视频会议，市委书记陈岸明对全市防汛防灾、防御强降雨强对流天气工作进行总动员、总部署。在防御最强降雨、"龙舟水"、西江洪水及台风期间，市委书记陈岸明、市长吴晓晖多次率队到市三防指挥部坐镇，靠前指挥；副市长刘杰等市领导多次下沉一线检查指导三防工作落实情况。完成录入更新三防责任人名单，及时安装并激活"应急一键通" APP，9648 名责任人激活率达 100%。全市水利工程及行政区域防汛抗旱防台风行政责任人全部确定，并于 5 月 10 日在《江门日报》公布相关责任人名单，接受社会监督。

加强会商研判，精准预警预报。组织有关部门会商研判共 216 次，科学应对 2 轮寒冷天气、13 次强降雨和 5 次台风影响，启动防汛应急响应 5 次、防风 6 次、防冻 2 次，发布"五停令" 1 次，精准指导基层做好汛旱风冻灾害防御工作；联合气象部门发布台风暴雨监测预报预警信息专报 37 份。市三防办、市应急管理局协调三大通信运营商及时发布应急预警和公益宣传信息近 1.1 亿条，提前做好防灾避险。

及时安全转移受威胁群众。全市严格落实"三个联系"和特殊群体临灾转移"四个一"制度，坚决执行"六个百分百"措施，果断转移避险和安置群众 9.16 万人次。其中，防御台风"马鞍"期间，在港区泊位紧张、疫情输入风险等多重压力下，市委、市政府主动担当、快速响应，在极短时间内妥善安置紧急来江门市避风的 542 艘外省或外市渔船商船、1994 名船员，坚持全省全市"一盘棋"，提高高效统筹跨区域、跨部门应急救援力量调度联动的能力。

加强培训演练，完善队伍建设。为提高全市各级三防人员专业知识水平，3 月 11 日，对全市三防工作人员 3000 人开展基层三防减灾培训，并将其内容制作成光盘，覆盖面遍及全市各村（居）。入汛前，全市 73 个镇（街）均进行三防应急演练，大大提升抗洪抢险救援快速反应和应急处置的能力。4 月 19 日，全市开展综合双盲应急演练，共 1000 多人参演；9 月 27 日，市应急管理局联合市消防救援支队组织全市消防综合救援队伍、民兵队伍、专业队伍及众多社会救援力量和保供装备开展 2022 年水域救援实战习训。至年底，全市已建立各类应急救援队伍 848 支、共 2.31 万人，有灾害信息员 2902 人；有应急避难场所 1803 个，总面积 1095.8 万平方米；建有各级各类应急物资仓库 572 座，储备各类物资 582 万件。

加强宣传引导，提升防灾水平。市三防办与市气象局、江门市广播电视台等单位合作，开展制作并展播系列科普视频等公益宣传活动，通过微信、电台、电视、报纸等多种媒体平台，让防灾减灾知识进企业、进学校、进机关、进社区、进农村、进家庭、进公共场所，增强公众防灾避险意识，提高广大群众的避灾自救能力。

积极配合调度，支援清远抗洪。北江、西江特大洪水影响期间，调集社会各方应急救援力量驰援清远抗洪抢险救援。6月21日傍晚，市应急管理局紧急调集全市30艘带动力橡皮艇，由江门市侨都应急救援中心派出5人、3辆车连夜增援清远市阳山县，协助转移被困群众216人；23日，市消防救援支队调集100名消防员、12艘舟艇、19辆消防车迅速投入英德抗洪一线，营救被困群众57名，累计排涝6万立方米，转送物资620件（套），冲洗学校和街道1.5万平方米。开平市蓝天救援中心派出6人、3辆车、3艘舟艇前往清远英德市，成功救助256人，此外还运送急救药品2起，发放应急物资3批。

【阳江市】

2022年，在省防总和市委、市政府的正确领导下，阳江市周密部署，查漏补缺，全力做好各项防御工作。在防御9轮强降雨和6个台风过程中，共启动防汛应急响应Ⅳ级7次、Ⅲ级2次、Ⅱ级1次；防风应急响应Ⅳ级6次、Ⅲ级3次、Ⅱ级2次。市三防办先后发出168份防灾减灾通知，全面部署防御工作。

领导高度重视，全力开展防抗救灾工作。各级党委政府高度重视台风暴雨防御工作，市委书记冯玲、市长余金富等领导多次到市应急指挥中心部署防汛防台风工作。市四套班子领导率先垂范，深入防汛防风一线，进行检查督导，组织指挥应急救援，转移围困群众。市三防指挥部派出工作组到各县（市、区）督导防御措施落实和隐患排查整改情况。各县（市、区）、镇按照工作部署，分别派出督导组到镇、村和一线进行检查，确保工作落实到位。

切实做好汛前隐患排查。1月29日，市三防指挥部发出开展汛前检查通知，要求各地各有关部门对汛前准备工作进行自查自纠。3月9日，发出开展专项督导工作通知，派出由三防成员单位组成的5个督导组，分赴6个县（市、区）进行督导检查。同时，建立各类工作台账，并对检查出的存在隐患督促进行整改。建立特殊群体临灾转移台账，梳理出全市6个县（市、区）特殊群体人员共3985人，其中，独居老人2425人、伤残人士929人、留守儿童240人、其他特殊人群391人，对接责任人1789人。另外，全市共落实防汛抢险物资经费700万元。

加强部门联动，形成防汛防风工作合力。市三防成员单位按照各自职责分工和预案要求，加强协调联动，服从调度指挥，全面排查隐患，及时处置灾情险情，全力做好防汛防风和抢险救灾工作。消防救援支队以及公安、电力、交通、供水、供电、电信等专业救援队伍全力做好抢险救援工作。发改部门加强海上风电项目行业安全监管，联合登轮检查8次，做好市级救灾物资储备发放，发放帐篷、折叠床等应急物资累计4384件。海事部门全力组织辖区船舶防台防汛，开展水上交通安全风险隐患排查整治，组织海上风电平台防风实地核查。水务部门全面加强水利工程巡查值守，提前落实安全度汛措施，科学调蓄洪水，确保全市水利工程安全度汛。农业农村部门组织开展渔业防台避险，做好农业救灾、灾后复产工作，将涉渔"三无"船舶纳入镇（街）管理，全市涉渔"三无"船舶6801艘，80%已安装船名牌号、定位系统和电子围栏。城管部门加强市区市政设施、桥梁、道路、路灯及积涝多发点的全面排查治理，累计出动800人次、车辆119台、工具1000多套。自然资源部门加强57处（含风险点）地质灾害隐患点巡查警示，推进地质灾害隐患点分类治理，出动巡查人员1.2万人次，发布风险预警71次，发送预警短信16万条。交通运输部门加强公路沿线、桥梁、涵洞巡查，及时落实停运和交通管制措施。文旅部门加强旅游景区风险提示，准时关闭景区景点。供电部门加强供电线路设备隐患排查，未发生大面积停电、重要客户停电事件。

坚持以人为本，不折不扣落实部署要求。防御"5·11"特大暴雨期间，转移全市危险区域人员 1577 人，集中安置 463 人。防御台风"暹芭"期间，全市紧急避难转移 3894 人，紧急安置 2656 人，设置集中安置点 62 个；全市 506 艘渔船回港避风，2485 名渔排人员安全上岸，关停 14 处海滨浴场、旅游景区；撤离海上风电船舶 48 艘、相关人员 670 人。防御台风"马鞍"期间，转移全市危险区域、危房及户外施工人员共 1.09 万人，集中安置 1325 人；全市 3383 艘渔船回港避风，2476 名渔排人员安全上岸；撤离海上风电平台（无动力船舶）13 艘、平台人员 382 人，关停海滨浴场、旅游景区 12 处。

【湛江市】

2022 年，湛江市秉承"两个坚持、三个转变"防灾减灾救灾理念，坚持人民至上、生命至上，按照市委、市政府工作部署和省防总的工作要求，立足最不利、最复杂的灾情，多措并举，从早、从严、从细抓好防汛防旱防风防冻和应急保障工作，在抗击 14 轮强降雨和台风"暹芭""木兰""马鞍"等灾害中取得明显成效。

聚焦主责主业，做好三防工作。一是落实以行政首长负责制为核心的三防责任制。认真执行"三个联系人"，将县联系镇、镇联系村、村联系户的制度落实到位。全市 121 个乡镇（街）均落实机构和人员，落实各级三防责任人共 1.2 万多名，其中水库、大型水闸、万亩以上堤围防汛责任人 2176 名。二是组织召开全市三防工作专题会议。3 月 25 日召开全市三防工作会议，4 月 14 日召开全市防汛抗旱工作电视电话会议。修订《湛江市防汛防旱防风防冻应急预案》。协调气象部门开展 24 次（其中 16 次跨省市）人工增雨作业，发射 96 枚人工增雨火箭炮，有效增加鹤地水库储水量，保障全市用水安全。三是组织防汛防风检查抽查和隐患排查。组织成员单位认真开展防汛防风准备，督促各地建立健全落实"三个联系"、特殊群体临灾转移"四个一"工作机制。各有关单位对削坡建房、地质灾害、在建工程、水利工程等隐患进行重点排查检查。四是加强"龙舟水"期间强降雨防御。从 5 月 9 日开始，先后召开专题防御会议 17 次，及时发出防御通知和工作提醒函，派出工作组直插一线检查督促，向坡头区调拨 150 顶帐篷、向霞山区调拨 500 张折叠床等防汛救援物资。

紧盯防御重点，突出抓好渔船防风工作。一是印发《湛江市农业农村局关于进一步落实农业领域防汛防旱防风防冻应急工作的通知》。二是加强渔船防台安全宣传，做好灾害天气信息发布。全市通过"渔船安全生产通信指挥系统"及"广东省渔政通"微信公众号发送渔船安全生产、防灾害性天气、防碰撞等信息共 6.33 万条。三是加强渔船渔港监督检查，消除安全隐患。制定《2022 年湛江市渔船渔港安全监督工作要点》，印发《2022 年湛江市渔船渔港安全专项大检查工作实施方案》。检查发现存隐患渔船 138 艘，已全部落实整改措施。四是加强科技手段，提升渔船防台监管水平。全市国库渔船全部安装 AIS 避碰系统，并纳入广东省海洋综合执法指挥系统平台监管。

强化应急准备，夯实三防基础。一是开展灾害救助资金申报工作。向市财政申报自然灾害救助预算资金 150 万元，省财政厅下达 2022 年中央自然灾害救灾资金（洪涝灾害救灾补助）840 万元。二是推进防汛救灾物资储备。全市储备救灾帐篷 3119 顶、清凉被 6431 床、夏装 4013 套、棉被 3442 床、毛毯 2680 床、毛巾被 9637 床、冬装 5867 套、雨衣 2887 件、防潮垫 1.22 万个、鞋子 3539 双、折叠床 6525 张等一批救灾物资。三是组织三防责任人和灾害信息员培训，提高防汛抢险技能和水平。4 月 20 日，组织气象、水务、农业农村等部门开展三防知识培训，共 3295 人次参训。

【茂名市】

2022年，茂名市坚决贯彻落实省防总和市委、市政府工作部署，压实三防责任，落实落细各项防御措施。成功组织应对1轮强冷空气、11轮强降水和6个台风"暹芭""木兰""马鞍""奥鹿""桑卡""纳沙"（特别是台风"暹芭""马鞍"正面登陆）、"7·7"强降雨小东江五十年一遇洪水考验，全年未发生人员因灾伤亡，把灾害损失降至最低限度。

紧紧压实三防责任。市主要领导高度重视，11次到三防指挥部部署防汛防风工作，以"三包一联系"责任制层层压紧压实防汛救灾主体责任、政治责任。每逢重大天气过程，市分管领导亲临坐镇指挥；包片市领导到各自责任区开展调研督导工作。由10名市党政领导带队的督导组到各地包片督导12次；由处级领导带队的三防督导组到各地督导15次。全市3.53万名三防责任人响应及时，履职尽责。

不断完善三防机制。3月完成修订《三防应急预案》，及时印发并向省防总备案。印发《茂名市台风、暴雨"五停"工作指引》《关于强化气象等预警信号和应急响应联动工作的指导意见》《茂名市三防指挥部应急响应工作方案》《茂名市防汛防旱防风指挥部成员单位联合值守工作制度》，完善预警和应急响应联动、防汛管理和防御指挥等机制，不断提升防灾减灾救灾能力水平。

强化队伍物资准备。物资方面，本着"宁可备而无用，不可用而不备"，汛前全市提前预备有冲锋舟、泡沫艇、沙包、卫星电话、对讲机、应急发电机、排水设备等物资装备共167万多件。物资储备在台风"暹芭""木兰""马鞍"和"7·7"等过程应急抢险救援中发挥积极作用，同时被大量消耗。7—8月，全市投入2000多万元用于快速补充损耗物资。同时，将省划拨的中央灾害救灾资金迅速划拨至各地和市有关抢险救援单位，用于补充三防抢险物资装备和生活救助。队伍方面，在加强综合应急救援队伍实战、训练的同时，市、县（市、区）两级与部队、武警、消防、公安特警等应急救援力量对接，重大天气过程随时出动，确保拉得出、打得赢。年内，分别在茂南、电白、高州、化州、信宜、滨海新区等地有针对性地举办6场三防应急演练。在台风"暹芭""马鞍"和"7·7"强降雨等灾害性天气过程中，成功处置市中心城区内涝、小东江决堤和管涌、信宜市白石镇断电路塌、贵子镇山体滑坡、化州市中垌镇山塘塌方、电白河角水库渗水等突发险情。全年共投入抢险救援人员12万多人次。

滚动排查风险隐患。全市上下齐行动，滚动排查摸清风险隐患点和需临灾转移重点人员，共排查存隐患3614个、需临灾转移人员1.04万人，并一一明确包联责任人。全市各级各部门共检查水利设施2406宗，发现存隐患65宗；检查农业企业（基地）490家，发现隐患4项；检查渔船6631艘，发现隐患72项；排查渔港8座，发现隐患4项；排查渔排148家，发现隐患5项；检查城区道路两旁所有树木，加固树木103棵；检查城区所有沙井，清疏2255座，维修306座；检查城区所有下水管道，疏通1246米；检查城区所有户外广告招牌，整治27处；检查工地418项次、在建重大（重点）项目28个，发出限期整改通知书30份。

强预警强响应强联动。强化会商研判，及时发布预警预报信息。年内，组织市气象、水文、自然资源、水务等有关部门会商共98次，启动（升级）应急响应19次，市应急、气象、水文、自然资源、水务等部门向各类责任人发送预警预报信息450万多条次。全市累计转移群众12.38万人次。组织对"龙舟水""7·7"强降雨和台风"暹芭""木兰""马鞍"水毁水利工程抢险修复。全市投入7000多万元，紧急修复关键的125宗水毁水利工程，其他均已落实非工程措施，确保安全度汛。

【肇庆市】

2022年，肇庆市认真做好汛前防汛备汛准备，扎实抓好汛期三防安全工作。累计发出防御通知近170份，启动防汛Ⅳ级应急响应8次、Ⅲ级应急响应2次，防风Ⅳ级应急响应3次，防冻Ⅳ级应急响应1次。在抗击18次强降水及台风"暹芭""木兰""马鞍"等灾害防御中取得显著成效。

认真做好汛前防汛备汛工作。一是完善三防组织体系。汛前及时调整市、县（市、区）、镇各级三防指挥机构成员，更新上报全市防汛抗旱防台风行政责任人，落实"三个联系"制度。二是严格三防责任制度。调整更新2.1万多名三防责任人，统一安装激活广东"应急一键通"APP；落实辖区2187宗中小型水库、5千亩以上堤防等水利工程的6561名行政、技术、巡查责任人；落实山洪灾害隐患点、削坡建房点、沿河低洼区等各类风险隐患点责任人8767名。三是提前部署三防工作。3月中旬开展全市三防形势分析会商；3月25日召开全市三防工作会议，全面部署防汛防旱防风重点工作。四是全面开展汛前检查。按照属地自查、部门核查、三防督查的形式梯次推进市县镇各级全面深入排查整治风险隐患，对排查发现的7239处风险隐患点分级建立整治台账，明确整治主体、责任人和完成时限，落实整治措施。五是推进三防工作规范化。进一步完善三防指挥运作规程、人员避险、灾情险情报送、汛期值班带班制度、冬春生活救助等工作机制，推进三防工作规范化、标准化、常态化管理。六是强化应急救援力量建设。市三防办会同市发改、水利部门开展汛前抢险救灾物资储备专项检查，建立健全抢险救灾物资储备调拨机制。全市各级共储备防汛抢险救灾物资7497万元，落实抢险救援队伍216支、约1.3万名队员，灾害信息员3238人；及时开展业务培训和应急演练，持续提升防汛抢险应急处置能力，全市共开展线下培训班70班次、共3165人参训；开展三防演练131次、累计5962人参加。

扎实抓好汛期三防安全工作。一是强化预测预报预警。及时组织开展综合会商研判，及时发布预报预警信息，并通过三大通信运营商全网发送防御提醒短信达1000多万人次。二是强化常态化风险隐患排查整治。汛期期间开展不间断排查整治，做到"汛期不结束、排查不停止，隐患不排除、整治不间断"。对发现存在问题隐患的工程设施，及时督促整改，落实防控整治措施，将安全度汛管理贯穿整个汛期。三是提前部署及早防御。面对恶劣天气早部署、早安排，适时启动应急响应，做实做细各项防御措施。四是强化值班备勤和应急处置。各级各部门严格落实汛期领导带班和值班制度，加强应急物资储备，组织综合性消防救援队伍、专业抢险队伍、社会救援力量等队伍24小时备勤，并根据情况适时启动应急响应，向可能发生灾害的基层一线预置抢险力量和装备，第一时间开展应急处置和救援。全年共处置险情41处次，投入抢险救援人力约2.2万人次。另外，针对今冬明春气象干旱有持续发展态势，市三防办积极协调气象部门抓住有利时机先后开展实施17次人工增雨作业、发射2902发燃气炮，有效减缓了旱情。

【清远市】

2022年，清远市认真贯彻落实省防总和市委、市政府的决策部署，全力推动防汛抗洪的"测、报、防、抗、救"各环节，围绕"人民至上、生命至上"理念，从严从细从实从早开展抗洪救灾，确保全市安全度汛。在抗击"龙舟水"和台风"暹芭"等重大灾害防御中取得显著成效。

强化以防为主，未雨绸缪抓好防御。一是突出"早"字抓谋划，组织召开全市2022年三防警示会和工作部署会，深度剖析河南郑州"7·20"特大暴雨灾害事件成因及经验教训，分析当前工作新形势，研究和部署2022年防灾减灾工作任务。二是突出"新"字抓责任，及时调整更新各级三防指挥部成员及三防责任人名单，各级党委和政府班子成员、防汛责任人共2.25万人全部安装"应急一键通"APP，熟悉掌握了解雨情水情、险情灾情等信息；落实全市515宗水库行政责任人、万亩以上堤围、城市重点堤防行政责任人，并在新闻媒体公布，接受社会监督。三是突出"预"字抓联动，印发一系列《机制》，修编《清远市防汛防旱防风防冻应急预案》，督促指导各地逐镇逐村按照"四明确""五清晰"的要求开展应急预案评估修订工作，确保关键时刻管用顶用。四是突出"实"字抓落实，对照《关于开展2022年汛前防汛防风工作大检查的通知》市县"六必检"、镇村"七必检"的要求，全市累计派出140个工作组，排查出风险隐患3063宗（处），全面落实安全防范措施，并安排专人实行重点盯防，确保安全度汛。

强化指挥调度，科学有序组织防御。一是党委政府始终靠前指挥。市委书记殷昭举、市长温文星等市领导坚持靠前指挥，深入抢险救灾一线督导指导，调动各方力量参与防汛救灾。常务副市长黄建平从6月16日晚进驻指挥部，连续8天8夜全程坐镇指挥，科学调度，逐一视频连线全市乡镇巡查排险有关情况，并提出工作要求。各地按照《清远市防御强降雨工作指引》，严格执行"县领导联系镇、镇领导联系村、村干部联系户"，奋战在第一线，实现强预警、强联动、强响应。二是科学调度联防联动。在市委统一调度下，市三防指挥部充分发挥牵头抓总作用，各级各部门各尽其职、通力协作、互为支撑。强化联合会商，科学实施错峰削峰泄洪，确保度汛安全。清远历史上首次主动启用潖江蓄滞洪区，蓄滞洪量3.08亿立方米，极大减轻了广州、佛山和清远市区的防洪压力。三是及时启动应急响应。根据雨情水情灾情险情变化，及时启动调整应急响应23次。6月21日21时，第一次启动防汛Ⅰ级应急响应。

坚持全民同心，组织动员精准高效。一是排查隐患盯紧盯牢。全市建立健全群测群防网格化管理体系，紧盯堤坝、山塘水库、城乡内涝、地质灾害等易发灾害点位，持续加大隐患排查整治力度。累计出动巡查9.47万人次，排查处置风险隐患点5.35万处，巡查地质灾害点8442处、江河堤防570公里、山塘水库651个，切实做到有效管控，守牢安全底线。二是转移群众分秒必争。全市上下闻"汛"而动，派出5298个工作组、共4.2万人次，及时高效转移群众15.25万人（其中潖江蓄滞洪区紧急安全转移3.99万人），做到应转尽转、应转早转。充分发挥"网格员+信息员"动态巡查作用，实现多处不在册地质灾害点周边群众成功避险。连南县大麦山镇新寨村网格员盘来云巡查发现一废弃矿口涌水，危及周边村道和村民房屋安全，第一时间连夜组织59户、217名群众安全转移。全市343个安置点集中安置群众2.4万人。三是抢险救灾迅疾出动。全市消防救援队伍、武警部队、公安干警、民兵组织及各级应急救援队伍累计出动3.33万人次，舟艇1002艘、发电设备2755台、排水设备1242台、车辆1331辆救援装备，营救疏散人员4017人。全市各级各单位组建2500多支党员突击队、7.5万人次，发扬连续作战的优良作风，主动守卫在河口、堤坝、地质灾害隐患点，往返于削坡建房点、在建工地、城市易涝点等危险区域。

坚持人民至上，扎实抓好灾后复建各项工作。路、电、讯等复通方面，按照"先抢通后修复"的原则，出动应急抢险救援队伍9430人次、车辆设备3203台（套），火速抢通中断路段199处（段）；投入4400人、近700台应急设备对全市受灾变电站和电网进行全面修复；出动通讯救援队伍449支、抢修车辆379辆对全市受灾通信设施进行修复。农业生产方面，强化农资和农业装备配置，及时调拨种子、化肥、农药等农业生产资料，组织农机具投入到改种补种和晚造农业生产，落实农业救灾资金3000万元，调拨水稻种子13万公斤；落实强降雨期间农业保险防灾防损及理赔救灾工作，各保险机构赔付9947.22万元。

【潮州市】

2022年，潮州市坚持预防预备和应急处突相结合，加强汛情、风情、旱情监测，及时排查处置风险隐患，切实做好三防各项工作，实现"零伤亡、少损失"的工作目标。共启动防冻Ⅳ级应急响应1次；防汛Ⅳ级应急响应4次，其中由Ⅳ级应急响应提升为Ⅲ级应急响应2次；防台风Ⅳ级应急响应1次。

做好责任落实。坚持属地管理原则，强化落实以行政首长责任制为核心的各项三防责任制，及时调整三防指挥机构领导成员和更新防汛责任人，落实防洪工程责任人，签订工程防洪安全责任书，做到责任落实到人，职责明确，确保三防责任落实到位，并在4月4日将万亩堤围、大型水闸、小一型以上水库防汛行政责任人名单登报公示，接受社会监督。全市共落实15位市领导挂钩4个县（区）和市属水库、堤防、水闸，68位县（区）领导挂钩联系49个镇（街道、场），664位镇（街道、场）领导挂钩联系全市1018个村（居）。同时，严格执行特殊群体临灾转移"四个一"机制，全市特殊群体1788户、2061人均登记造册，并落实好临灾转移对接工作。同时，做好全市4394名防汛责任人"应急一键通"APP的安装激活工作。

做好监测预警。各级各有关部门加强灾害性天气监测预报预警服务，做好灾害性、转折性、关键性天气等重要信息通过电视台新闻、民生直播室、广播电台、《潮州日报》等媒体及时向社会发布工作，突发性天气、重要天气、雨情及时通过决策服务短信平台向各级政府领导及应急预案成员、应急责任人、信息员发布。至10月26日，气象部门共发布各类天气报告、重大气象服务专报等362期，每日通过天气报告等方式向市委、市政府和各县（区）政府、市应急管理局等发布未来7日天气趋势；共发布各类预警信号85次，向公众发布预警短信超过1200万人次，发送决策服务短信290.06万条，发布相关短视频超过250条，阅读量超过5亿人次。

做好防御工作。防汛防风期间，一是严格按照《广东省防御强降雨的工作指引》和《广东省应对台风防御工作指引》要求，落实"县、镇、村三个联系"、防台风"六个百分百"和特殊群体临灾转移"四个一"工作机制。二是严格执行汛期24小时值班和领导带班制度，主动及时掌握风雨、水旱等各类数据情况，认真做好抢险救灾准备。三是部门各司其职，抢早抢先抢快开展防御，从严从细从实落实措施，及时发现并整改安全隐患。四是提前预置抢险救灾物资和应急救援队伍，做好随时出动救援的准备，并将上级下达的各类应急资金迅速下拨到各县（区）和各市直有关单位。"5·10"强降雨天气过程中，各级各部门连续5天5夜坚守工作岗位，密切关注雨情水情变化，防汛工作高效安全有序。5月12日中午，成功避险转移潮安区凤凰镇康美村一危房屋7名村民；23时左右，该房屋一面墙体因雨水冲刷发生倒塌。

做好抢险救援。全市各级各有关部门认真履行职能，积极筹备防汛应急器材和各项物资，提前备足应急力量。全市共有应急救援队伍65支、救援人员1495名。其中，综合应急救援队伍（地方专职消防队伍）42支、救援人员433名；森林灭火救援队伍6支、救援人员208名；抗洪抢险救援队伍8支、救援人员529名；地质灾害及工程类救援队伍3支、救援人员138名；安全生产救援队伍6支、救援人员187名。市、县（区）两级水利工程管理单位储备的相关防汛物资主要有救生衣 2000 多件、防汛袋 50.28 万条、抢险救生艇 95 艘等。全市救灾物资储备仓库共有 3 处，主要储备救灾物资有救灾帐篷 519 顶、棉被 3764 床、清凉被 799 床、毛巾被 799 床、折叠床 1351 张、毛毯 968 床、军大衣 1621 件、绒衣裤 100 套、冬服 940 套、夏服 1975 套、应急包 820 个。

此外，全市共组织防汛抗旱培训 72 班次，4108 人参训；组织开展水上救援、山洪灾害人员转移、水库抢险等应急演练 53 场次，3196 人参演。全市共开展各类防灾减灾宣传活动 91 场，约 3 万人参与；举办各类防灾减灾救灾知识培训 15 场，约 2500 人参加；推出防灾减灾宣传报道 828 则（次），开设宣传栏（含电子屏）2200 个。

【揭阳市】

2022 年，根据省防总和市委、市政府工作部署，揭阳市提前防汛备汛，严格落实三防责任，采取有效措施，积极防范应对灾害天气，实现"零伤亡、少损失"的工作目标。在抗击 1 次低温冰冻以及"龙舟水"、12 轮强降雨和台风等灾害中取得好成绩。

认真落实三防工作责任制。认真落实以行政首长负责制为核心的各项三防责任制，各地根据人员变动情况及时调整三防指挥机构，明确各级防汛行政责任人，并将责任人名单向社会公布。及时更新市、县（区）、镇（街）、村（居）各级三防责任人 9973 人的信息，并录入应急值班值守系统，确保三防信息及时准确传递到相关责任人。全市共落实 14 位市领导挂钩联系 5 个县（市、区）和市属水库、堤防、水闸 6 宗水利工程，121 位县（市、区）领导挂钩联系 94 个镇（街、乡、场），1160 位镇（街、乡、场）领导挂钩联系 1638 个村（居）。各责任人均按要求履行防汛职责，到责任领域、责任地段检查防汛备汛工作。特别是在严重灾害性天气期间，市委、市政府领导均按职责分工深入一线检查，指导基层做好防御工作。

抓好防汛防台工作。完成修订《揭阳市灾害天气"五停"工作指引》《揭阳市防台风"六个百分百"工作实施方案》等机制，确保"强预警、强联动、强响应"。台风暴雨期间，按照"每日一会商、每日一研判"工作机制，及时组织市气象、水文、水利等部门进行会商研判，统筹做好防汛防台风工作。重要天气过程、突发灾害性天气期间，通过"村村通"广播，利用全市 1682 个乡村大喇叭进行全网发布或靶向发布信息。对重点企业、重点工作人群落实气象灾害"叫应机制"，及时提醒各单位、各相关责任人采取措施。全年共会商 32 次，发布预警信号 187 次（其中暴雨预警 132 次、雷雨大风预警 10 次、寒冷预警 18 次、大雾预警 13 次、台风预警 14 次）；及时启动防冻Ⅳ级应急响应 1 次，防汛Ⅳ级应急响应 5 次、Ⅲ级应急响应 1 次，防风Ⅳ级应急响应 1 次。临灾前及时转移安置低洼受浸和地质灾害隐患点群众共 2445 人，确保人员安全。

抓好隐患排查治理。组织对各地削坡建房、危房、泥砖房、山洪地质隐患、内涝黑点、水利工程、渔港等重点环节进行排查，落实整改措施。全市共排查出水利工程隐患点 30 处、山洪灾害隐患点 229 处、地质灾害隐患点 120 处、削坡建房 363 处、低洼易涝点 350 处，全部落实整治和风险防控措施。并对 717 艘渔船全部登记造册实行台账管理，对 2579 艘"生计船"全部由乡镇政府落实管理主体并形成台账。

完善三防物资储备。全市共储备抢险物料、救生救援器材、抢险机具、抗旱、防低温冰冻等 5 大类物资。储备织袋 69.5 万条、粗砂 4.7 万立方米、块石 2.9 万立方米、卫星电话 195 部，冲锋舟、橡皮艇、装载机、救生绳、救生衣、切割机、防汛袋、钢筋笼、叉车、油锯、杉木、土工布应急发电机，以及帐篷 1060 顶、棉被 4749 床、毛巾被 1725 床、军大衣 563 件等防汛抢险救灾物资，为提升抵御风险能力提供坚实保障。

强化抢险队伍建设。全市10支轻舟抢险队伍不定期开展轻舟抢险应急演练；积极协调驻揭部队，完善军地抗洪抢险联动机制；全市各乡镇（街道）至少组织一次针对汛期常见灾害的应急演练，提升乡镇"最后一公里"抢险救灾能力。全市民兵应急力量已纳入政府应急管理体系，与驻揭部队建立协调联动工作机制。年内，共落实驻揭部队420名官兵，提升全市救援能力。

抓好基层能力建设。积极推进乡镇（街道）三防（应急管理）规范化建设和行政村防灾减灾"十个有"标准建设，不断提升基层应急管理能力。全市94个镇（街道）已基本完成三防（应急管理）规范化建设；已有1626个村（居）完成行政村防灾减灾"十个有"标准建设，各村（居）均按要求制定"一页纸"应急预案。

加强应急宣传培训。4月22日，组织举办全市应急管理暨防灾减灾知识视频培训班，共有4000多人参训。全市范围内认真组织有关应急救护和防灾减灾知识进社区、进农村、进学校、进机关、进家庭宣传培训活动，累计开展活动29场次，普及知识3.3万人次，提高群众防灾避险能力。

【云浮市】

2022年，云浮市紧紧围绕"零伤亡、少损失、无舆情"总目标，取得江河堤防无一决口、中小型水库山塘无一垮坝、无人员因灾死亡的显著成效。台风影响期间，共转移人员4151人，出动巡查救援人员3.21万人。

以关键少数为引领，深植为民情怀部署灾害防御。各级党委、政府高度重视防灾减灾救灾工作，市委书记卢荣春22次对低温冰冻、防汛备汛、风雨防御工作作出批示（指示），亲自部署工作并带头开展工作检查；在防御"5·10"强降雨期间，针对实际将临灾排查细化概括为"十个再查一遍"，并要求将其形成常态机制，以"四级党政领导抓三防"的格局意识维护人民群众的生命财产安全。市长李庆新担任市防总总指挥，以身作则，多次召开专题会议部署研究三防和重点节假日相关防范工作，前往江河堤坝视察调研。常务副市长吴泽桐在历次防御过程中均坐镇市应急指挥中心指挥灾害防御，调度各地、各有关部门超20次；市四套班子其余领导均按照"三联系"的要求，到挂钩镇街和企业督导防灾减灾有关工作。

以压实责任为抓手，健全补强三防工作机制。出台《云浮市暴雨防御应急响应机制》《云浮市"五停"工作指引》《云浮市西江干堤防洪抢险应急预案》；拟定《云浮市市委市政府指挥应对重大气象灾害工作机制》，已进入审查阶段；常态化收集、更新各类三防安全风险源信息并计划纳入市应急管理指挥调度平台进行信息化管理。责任落实方面，市、县（市、区）两级均修订、印发有气象预警与应急响应挂钩的三防预案；完成三防责任人管理系统信息录入、更新、"应急一键通"APP安装及水利设施责任人登报公示工作，覆盖三防责任人5201人；落实全市1945宗（个）水利工程的三个责任人；将汲取河南郑州"7·20"特大暴雨灾害教训作为督导检查重点内容，每次重大气象灾害防御后均及时组织召开复盘工作会，查缺补漏继续做好后续防御。基层落实方面，加快推进镇级三防（应急管理）规范化建设和行政村防灾减灾"十个有"建设，各镇（街）已修订完善三防洪涝台风灾害风险区划图、"一页纸"预案，制订"一图四表"上墙并向社会公布。

以部门联动为主旨，形成灾害防御合力。一是"强预警"。与气象、水文、水务等部门及时沟通，在每次灾害性天气前，市三防办均将重大天气通告、气象预报、水文测报情况及时通知县（市、区）和有关部门，并提出具体防范措施。年内，向市、县（市、区）、镇、村级三防责任人及重点防御单位推送预警信息累计10.03万条，同比增长37%。二是"强联动"。压实汛期24小时成员单位值班值守责任，整个汛期期间，各成员单位立足职能，做到"全链条、全周期、全天候"责任、措施全覆盖；特别是西江洪水防御期间，组织各地科学调度沿江水库腾库纳洪，发出调度通知8次，调泄洪水850万立方米，大大减轻下游内涝压力。三是"强响应"。全年共启动防汛应急响应13次（Ⅱ级应急响应1次，Ⅲ级应急响应3次，Ⅳ级应急响应9次）；其中，防御台风"暹芭"期间，科学研判，启动机构改革以来第一次防汛Ⅱ级应急响应。

查缺补漏，针对防御不足开展整改。一是积极组织各类培训、演练。举办2022年三防责任人业务培训班，进一步提高各级三防责任人履职能力。全市各级各部门共组织269次培训、129次演练，覆盖各类受众12.76万人。二是开展全周期督导抽查检查工作。组织多部门开展联合督查9次，共派出45个工作组、420多人次对辖区内的各类三防风险隐患、物资储备、责任落实进行督促检查，共计下发12份（次）责任告知书，要求落实整改措施和应急防控措施。三是补齐物资、装备应对新需要。补充购置价值257万元的防汛应急物资，购置5台三防应急指挥系统视频会议终端配送到5个县（市、区）应急管理局，实现省、市、县（市、区）、镇、村五级视频会商；市、县（市、区）、镇三级共有专业抢险队共90支、3429人；设置有避护场所791处，可容纳总人数78.99万人，防灾救灾仓库72处；三防信息应急接收保障系统、卫星电话做到市、县（市、区）、镇三级全覆盖，另储备有一批编织袋、编织布、桩木、冲锋舟、橡皮舟、救生衣、救生圈、水泵等应急物资。

附 录

文件法规

广东省第十三届人民代表大会常务委员会公告

（第 127 号）

《广东省气候资源保护和开发利用条例》已由广东省第十三届人民代表大会常务委员会第四十七次会议于 2022 年 11 月 30 日通过，现予公布，自 2023 年 3 月 1 日起施行。

广东省人民代表大会常务委员会
2022 年 11 月 30 日

广东省气候资源保护和开发利用条例

(2022年11月30日广东省第十三届人民代表大会常务委员会第四十七次会议通过)

第一章 总 则

第一条 为了保护和合理开发利用气候资源，应对气候变化，促进经济社会与资源环境协调可持续发展，实现人与自然和谐共生，根据《中华人民共和国气象法》《中华人民共和国可再生能源法》《气象灾害防御条例》等法律、行政法规，结合本省实际，制定本条例。

第二条 本条例适用于本省行政区域内从事气候资源保护和开发利用活动。

本条例所称气候资源，是指能被生产、生活和生态利用的太阳光照、热量、降水、云水、风、大气成分等自然物质和能量。

第三条 气候资源的保护和开发利用，应当遵循自然生态规律，坚持统筹规划、保护优先、合理开发、科学利用的原则，预防、控制和减少人类活动对生态环境的破坏。

第四条 县级以上人民政府应当加强对气候资源保护和开发利用工作的领导和组织协调，制定气候资源保护和开发利用的政策措施，将气候资源保护和开发利用纳入国民经济和社会发展相关规划，所需经费纳入本级财政预算。

第五条 县级以上气象主管机构负责本行政区域内气候资源保护和开发利用工作的服务、指导和监督，组织开展气候资源探测、调查、评估、区划等工作。

县级以上人民政府发展改革、教育、科技、自然资源、生态环境、住房城乡建设、水利、农业农村、文化和旅游等有关部门应当按照各自职责，共同做好气候资源保护和开发利用的相关工作。

本省内跨行政区域的气候资源保护和开发利用工作，相关的县级以上人民政府应当加强协同，上级人民政府以及有关部门应当予以指导、加强协调。

第六条 县级以上人民政府应当制定财政、金融、土地等政策措施，支持公民、法人和其他组织参与气候资源保护和合理开发利用，依法保障其合法权益。

第七条 县级以上人民政府以及有关部门应当鼓励开展气候资源保护和合理开发利用的科学技术研究，支持利用大数据、人工智能、区块链等新技术提升科研能力，促进相关产品和技术的研发、应用、推广。

第八条 鼓励发展气象指数型的巨灾保险和政策性农业保险，支持开发太阳能、风能等气象指数保险产品，提高气象灾害救助和抗风险能力。

第九条 省气象主管机构和省人民政府标准化行政主管部门应当建立和完善气候资源标准体系，强化标准对气候资源保护和开发利用的技术支撑作用。

第十条 县级以上人民政府以及有关部门应当采取多种形式，开展气候资源保护和开发利用法律法规以及相关知识的宣传教育，增强社会公众对气候资源保护和合理开发利用的意识。

第二章 气候资源探测、区划和规划

第十一条 县级以上人民政府应当加强气候资源探测基础设施建设，建立和完善气候资源探测站网，保护气候资源探测环境。

第十二条 气候资源探测应当执行国家规定的气候资源探测方法、标准和规范，使用符合国家规定技术要求的气象专用技术装备和气象计量器具。

第十三条 气候资源探测资料的收集、处理、存储、传输、发布、共享等，应当符合国家有关标准、技术规范和保密规定。

第十四条 气候资源探测资料实行统一汇交制度。从事气候资源探测的气象台站、其他组织和个人，应当按照国家有关规定汇交所获得的气候资源探测资料。

第十五条 省气象主管机构应当建立和完善气候资源数据库和共享目录，依托省政务大数据中心与政府信息公共服务平台对接，实现信息互联共享。

第十六条 省气象主管机构应当于每年第一季度向社会公开发布本省上一年度气候公报。地级以上市气象主管机构可以根据需要发布本地气候公报。气候公报应当包括基本气候概况、气候资源状况、主要气候事件、气候影响评价等内容。

第十七条 省气象主管机构应当对本省行政区域内气候资源分布、变化以及可利用情况开展综合调查，对气候承载力、气候风险以及气候资源的有效性、可利用性等进行评估。

第十八条 省气象主管机构应当会同有关部门根据气候资源调查和评估结果，编制全省气候资源区划，并予以公布。

第十九条 省人民政府应当依据省国土空间规划，结合全省气候资源区划，组织编制全省气候资源保护和开发利用规划。

地级以上市人民政府依据同级国土空间规划、全省气候资源保护和开发利用规划，结合本行政区域气候资源状况，可以组织编制本地气候资源保护和开发利用规划。

气候资源保护和开发利用规划经批准后应当纳入同级国土空间基础信息平台，叠加至国土空间规划"一张图"上。

第二十条 省气象主管机构应当定期分析全省气候资源变化状况，对可能引起气候恶化的大气成分进行监测，组织开展气候变化对水资源、生态环境、气候敏感地区和相关行业的影响评估以及气候资源变化趋势分析，编制气候变化评估报告。

第三章 气候资源保护

第二十一条 工程建设、工业生产和气候资源开发利用等应当与气候承载力相适应，避免或者减少对气候和生态环境的不利影响。

第二十二条 县级以上人民政府以及有关部门应当采取节能减排、优化能源结构、城乡绿化、鼓励低碳生活等措施，保护气候资源环境。

第二十三条 县级以上人民政府以及有关部门应当加强对高山、湖泊、江河、森林、草地、湿地、海岸等区域的气候资源保护，改善气候条件，优化气候资源环境。

第二十四条 城市的规划和建设应当统筹考虑大气流通、污染物扩散条件等因素，合理设置通风廊道，加强对通风廊道附近建筑物、构筑物规划设计的管理，保障空间环境的大气流通，

改善城市气候环境。

第二十五条 下列规划和建设项目，县级以上气象主管机构应当组织进行气候可行性论证：

（一）城市国土空间规划；

（二）国家重点建设工程、重大区域性经济开发项目；

（三）大型太阳能、风能等气候资源开发利用项目。

确需进行气候可行性论证的省重点建设工程按照项目类别实行目录管理。省气象主管机构会同省有关部门编制目录，报省人民政府同意后公布。

第二十六条 开展气候可行性论证，应当使用符合国家气象技术标准的气象资料，按照国家有关标准和技术规范编制气候可行性论证报告。气候可行性论证报告应当通过气象及相关领域专家评审。

气候可行性论证的管理办法由省人民政府制定。

第四章 气候资源开发利用

第二十七条 省气象主管机构应当组织开展本省行政区域内气候资源的监测、分析、预报，提升资源开发利用能力。

第二十八条 县级以上人民政府以及有关部门应当统筹考虑太阳能可利用程度，科学规划、合理布局大型太阳能利用项目。

县级以上人民政府以及有关部门应当支持单位和个人科学安装使用太阳能热水设备、太阳能光伏发电设施等太阳能利用系统，提高太阳能利用普及率。

鼓励具备太阳能利用条件的新建建筑，将太阳能利用系统作为建筑节能设计的组成部分，与建筑主体工程同步设计、同步施工、同步投入使用。

第二十九条 县级以上人民政府以及有关部门应当统筹考虑风能可利用程度，科学规划、合理布局大型风能利用项目，促进风能资源规范有序利用，鼓励利用风电功率预报技术，提高风能利用率。

第三十条 各级人民政府应当加强海绵城市建设，推进雨污分流，支持对雨水的收集和利用，鼓励公共建筑和其他民用建筑配套设计、安装雨水回收利用设施，充分利用降水资源。

第三十一条 县级以上人民政府应当加强人工影响天气作业单位、作业站点和装备设施建设，组织专家对作业效果进行评估，提高云水资源开发利用能力。

省气象主管机构应当对全省人工影响天气活动实施统一规划管理，规范人工影响天气作业行为。

第三十二条 县级以上人民政府应当根据气候资源特点，制定扶持政策措施，鼓励合理开发利用云雾景观、物候景观及避暑气候、康养气候等气候资源，发展特色旅游产业。

第三十三条 县级以上人民政府应当综合考虑气候资源特点，结合气候资源区划，调整农业产业结构，引导合理利用气候资源发展设施农业、特色农业、观光农业等。

县级以上气象主管机构应当会同有关部门结合农业生产需要，根据本地气候资源禀赋，组织开展精细化农业气候区划编制、农产品气候品质评定、气候品牌创建、农业专业气象服务等工作。

第五章 附 则

第三十四条 本条例自2023年3月1日起施行。

防灾减灾文摘

全省上下"一盘棋"共战超强"龙舟水"
干群同心汇聚　防汛救灾复产强大合力

在位于广东应急管理大厦3楼的省应急指挥中心，大屏幕上实时显示着西江、北江以及省内重点水利工程的现场影像和水文数据。随着各河流水位回落，全省防汛应急响应等级逐级调低，指挥中心一众值守人员悬着的心才慢慢放下。

广东经受住了这轮超强"龙舟水"的考验。今年，我省"龙舟水"比常年偏多六成。6月13—21日，全省出现持续性暴雨到大暴雨。韶关、清远等地洪涝灾害严重，多地发生地质灾害险情灾情。

"人民至上，生命至上"，全省上下"一盘棋"响应，各地各部门心往一处想，劲往一处使，在国家防总工作组和省委、省政府的科学调度与周密部署下，全省各地高度重视、紧急应对、全力以赴，经过近半个月的鏖战，终于打赢这场超强"龙舟水"防御战。

及时响应，快速联动，责任链条环环紧扣直达基层

面对这轮超强"龙舟水"，全省上下高度重视，严阵以待。省委、省政府多次召开专题会议，对汛情进行分析研判和工作部署，强调要把"龙舟水"防御作为重中之重抓紧抓实抓细，确保人民群众生命财产安全，确保江河安澜。

汛情就是命令，预警就是指令枪。6月13日，广东启动防汛Ⅳ级响应。随后在14日、17日，省防总果断连续两次提升响应等级。

西江、韩江、北江相继发生编号洪水。眼见灾情萌芽，全省上下迅速进入"备战"状态，严阵以待。

到21日，全省防汛响应等级已被提升至最高的Ⅰ级。近几年来，这一响应等级还是首次生效，足可见此次汛情来势汹汹。

灾情险情最严峻的时候，省委、省政府主要领导深入韶关、清远等地一线，检查指导防汛抢险救灾工作，实地查看各地受灾情况，并多次强调，要努力把因灾损失降到最低，全力以赴守护人民群众生命财产安全。

预判重大雨情、水情到哪里，指挥调度就到哪里，检查督促落实就到哪里。

在广东，由省长担任防汛行政责任人、常务副省长担任省防总总指挥，由县领导联系镇、镇领导联系村、村干部联系户，这样环环相扣的三防责任链条直达基层。

灾情、险情一步步升级，全省各地防灾应对举措随即联动生效，责任层层落实落细。

13日，韶关翁源龙仙镇中坝村有群众被困。武警广东总队韶关支队官兵闻讯立即赶赴一线，一天之内成功转移被困群众260余人。

16日，河源龙川县政府发布人员紧急转移动员令。当天，仅细坳镇一地就有近万人完成了转移安置，有效避免人员伤亡事故的发生。

转移救援迅速进行，"一个也不能少"；精准调度乐昌峡、飞来峡等重要水利枢纽，及时启用潖江蓄滞洪区……一项项部署行动有条不紊开展。

凝聚合力，冲锋在前，党员干部筑起"红色堤坝"

全省89条河流发生超警洪水，北江干流、连江等均出现超强洪峰流量。短短十余日，最强"龙舟水"迅速演变成新中国成立以来广东遭遇的最大一场洪水。

15市58县627个乡镇，超过160万人受灾！险情就是命令，抢险刻不容缓。全省上下各方力量迅速集结，拧成了"一股绳"。

防汛抢险救灾一线，靠什么凝聚合力？

放眼全省各地，哪里有险情，哪里就有党旗飘扬、哪里就有党员主动请缨，冲锋在前。

在偏远山区的地灾隐患整治现场，地质队伍的党员干部发挥专业力量，连夜施工只为让群众能够睡个安稳觉。

"地质灾害应急抢险是一场考试，考的是责任和担当。"在韶关仁化连夜完成一处地质灾害隐患点的整治工程后，省核工业地质调查院技术人员张来功说："身为党员义不容辞。"

洪水包围中，武警、公安、消防等救援队伍的党员干部不惧汹涌洪水，把受灾群众扛在肩上、抱在怀里。

"作为一名有着11年党龄的党员，面对困难，我不能后退，一定要完成使命。"从洪水中连救30余人，韶关市消防救援支队消防员许谟通说，只要群众安全，再辛苦再累都值了。

河源龙川发布紧急转移动员令的当天，广东省交通集团所属河源粤运公司的党员、团员青年组成了一支防汛抢险救灾先锋队，迅速调配了57台客运车，在6月16日下午到17日凌晨，协助当地转移受灾群众2000余人。

在清远英德东华镇，当地建立起了由"党员—组织—党委"组成的防汛减灾应急系统，由熟悉村情的党员收集所在村小组的受灾情况，行政村级党组织进行整合、分析、上报，镇党委再按不同受灾程度调度救援队伍、派出党员突击队，协助群众转移避险。

抗洪一线，在灾情最凶险的地方，一座座无形的"红色堤坝"以最坚固的姿态，与汹涌洪水对抗，为受灾区域人民群众带来更踏实的"安全感"。

一方有难，八方支援，多方合力挽回受灾群众损失

一方有难，八方支援。越来越多的力量加入救援工作中。

"广东蓝天救援队10人四车两艇到达英德浛洸镇！""广州角度应急一车3人一艇一桨板，预计凌晨00：30到达英德市政府。"6月22日凌晨，在一个名为"粤北抗洪社会组织协作"的微信群里，来自广州、佛山、深圳、珠海等地的十余支社会应急救援专业队伍陆续报到，又连夜赶往清远英德各镇加入紧急救援。

在清远连江口镇三井村，来自江苏无锡的两栖轻型自行门桥装备在江中架起可移动的"桥梁"，发挥了在深水中运输物资设备、保障救援的关键作用。

十指连心，握指成拳。面对汹涌洪水的包围，灾区人民群众也纷纷开展了互助与自救。

人人动手，齐心协力。"虽然我年纪小，但我也有责任保护农作物。"在清远源潭镇连塘围，村民老少700多人齐上阵，他们自发上堤装沙袋、扛沙包，共同筑牢了守护家园的防汛堤。

患难与共，众志成城。令人欣慰的是，在这轮强降雨中，全省没有出现水库溃坝、堤坝决口，没有出现群死群伤事件，没有出现对重要设施、重点区域的严重影响。

此前，省财政紧急下拨2022年应急救灾资金1.3亿元，帮助受灾地区做好救助工作，保障受灾群众基本生活。

"靠天吃饭"的农业在极端天气中往往会遭受重创。为此，省农业农村厅联合中国银保监会广东监管局，加快推进强降水农业保险理赔工作，各保险公司正增派人手，为受灾农户开辟"绿色理赔通道"。

省应急管理厅也发函倡导社会力量积极参与救灾救助工作，尽可能为受灾地区群众提供帮助。

广东药科大学附属第一医院红十字医疗救援队前往清远英德市浛洸镇开展送医送药、入户消杀、医疗救助工作。

在救援结束后，广东省防灾减灾协会属下的11支队伍就地转入灾后重建恢复工作，还增派由心理专家组成的心理援助调研组深入受灾的地区开展心理疏导工作。

（作者：黄叙浩、李赫、曾美玲、关喜如意，原载于2022年6月28日《南方日报》）

风雨无情人有情
广东气象助力构筑美好人居环境

古人云"天有不测风云",里面的无奈,更多的是缺乏技术手段掌握和预判风云。斗转星移间,人们对风云的认知技术已经更加熟练。在广东,随着互联网、云计算、地理信息系统、人工智能等技术的运用,气象部门已在努力构建智慧化气象服务体系,持续研发满足社会需求的气象产品,不断提升气象服务质量,充分发挥气象防灾减灾第一道防线作用,助力构筑美好人居环境。

早发现早预警,为民众安全保驾护航

让风云变得尽可能可测,对民众的生命和财产安全至关重要。这也是一方民众实现美好生活的其中一方面。

对于渔民来说,台风极为危险,以往的渔民,无法预判台风到来的时间和强度,常常出现"淹没风波里"的悲剧。从这个角度看,现在的渔民则有了更大的保障。8月23日凌晨,适逢南海"开渔",已出海作业一段时间的广东揭阳市惠来县渔民吴振成,在天亮之前就驾驶渔船回到港口了,"现在都有台风预警,我们一收到台风预警信息,就会第一时间回港避风。"

同一天,汕头市南澳县青澳湾的党员志愿者也收到了台风预警的信息,立即齐齐出动劝导在海滩上的游客远离沙滩,"受台风影响,泳场即将关闭,请不要靠近海滩,尽快离开"这样的广播不间断播放。

8月24日,"马鞍"的"台前飑线"影响广东沿海;8月25日,"马鞍"以台风级强度登陆广东茂名电白。早在"马鞍"风雨影响之前,一条条气象预警信息,一道道防灾减灾防线,已在广东沿海地区构筑,减少了台风对生产生活的影响。

今年入汛以来,广东省气象部门已多次通过高质量的预报预警,指导各级政府部门提前防御气象灾害。5—6月,广东接连受到最强5月降水和有气象记录以来第三强"龙舟水"影响。在5月初,广东省气象部门已根据模式资料和延伸期预报,预判5月中旬,广东将迎来影响范围广、持续时间长、累计雨量大、短时雨强强的降水。5月6日《重大气象信息快报》引起了省委、省政府高度重视,广东各地市迅速部署防御强降水工作。

"精"监测"精"预报,民众乐享智慧气象成果

中秋之夜,市民李小姐和家人想到广州市荔湾区中秋集市逛逛,出门前,李小姐打开手机查了一会儿,"今晚那边不会下雨,我们安心出门去!"李小姐查询的,正是手机里的"缤纷微天气"微信小程序,李小姐说,它早已经是她离不开的出门小助手了。

在这个小程序里,可以查用户所在区域的天气预报,无论走到哪里,微信界面都会随着天气或用户所在区域变化自动切换,生动地展现天气实况。用户还可以看到空气质量指数、气压、湿度和风速等情况,甚至可以看到分钟级的降水预报以及逐时预报。当可能发生灾害性天气或其他突发事件时,"缤纷微天气"首页将显示基于用户位置的预警信号。对于市民而言,通过该小程序真可谓能实现"一手掌握风云"。

民众乐享的智慧气象成果,是广东高质量气象服务的重要体现,这离不开"观天网"的织密。广东省气象局方面介绍,广东目前已基本建成集天基、空基、地基和海基一体化的现代气象综合探测系统,站网密度全国领先。以15座天线群组成的卫星信息接收系统,为卫星遥感技术在气象、海洋、生态等领域的应用提供了坚实的数据支撑;全省12部S波段天气雷达业务网和粤港澳大湾区42部X波段相控阵雷达组成的业务网,让台风、暴雨、冰雹、龙卷等灾害天气的发生、发展和消亡得以"全程锁定"。

在国家最高科技奖获得者、中国科学院院士曾庆存的指导下,依托"天河二号",广东建成具有国产自主知识产权、覆盖印太-南海-泛华南的"9-3-1"的区域数值预报模式。综合了数值预报模式及其解释应用、人工智能等技术的智能网格预报,则将天气预报时效延长至10天,网格精度由5公里提升至2.5公里。上述预报预警工具,有助气象工作者更早判断高影响天气的未来动向,根据预报结论提醒相关部门及早做好防御措施。

联动住建建机制,共筑美好人居环境

记者从广东省气象局获悉,依托智慧气象技术开发的应用场景,日后还将向更多行业延伸,与人居环境相关的住建领域将因此受惠。

据了解,广东省气象局与省住房城乡建设厅今年5月就防灾减灾救灾工作展开技术交流探讨。双方就如何降低城市内涝风险、做好老旧危房和建筑工地气象保障、加强防雷安全等方面的工作充分交换了意见。双方一致认为,要建立以气象预警信号为先导的停工机制,以各自职能为基础,共同构建完善防灾减灾救灾应急联动机制。要将住建部门"海绵城市"机制与气象部门城市内涝气象风险监测预警系统有机结合,实现优势互补,进一步提高城市内涝风险的预警和防范能力。要积极推动老旧危房人员气象保障应急联动机制的建立,将安全防范工作向前延伸。要进一步加强防雷安全管理,通过部门合作,强化对房屋建筑、市政基础设施工程等领域实施协同监管,切实保障人民群众生命财产安全。

(作者:梁怿韬、王天巍,原载于2022年9月16日《羊城晚报》)

编 后 记

《广东省防灾减灾年鉴》（以下简称《年鉴》）是根据1994年12月省政府的批示组织编写的。从1995年起，每年出版一卷，本卷是第二十九卷。这是近20个省直和中央驻穗单位、广东省军区、广东省消防救援总队及各地级以上市等通力合作，编写人员努力工作，为广东防灾减灾事业所作出的一份贡献。

广东由于自然地理环境特殊，经济社会相对比较发达，防灾减灾工作特别重要，且任务繁重，因此，对《年鉴》的编纂要求也越来越高。希望全社会都来关心，共同培育，让它枝繁叶茂、果实累累。我们将继续以高昂的热情，尽最大的努力，不忘初心，牢记使命，不断努力提高《年鉴》编纂质量，推动全省防灾减灾工作扎实开展，以新的更大作为为奋力实现"四个走在全国前列"的新时代广东发展的总任务、为广东率先基本实现现代化、为实现全省人民的富裕安康作出新的应有贡献。

本卷从2023年3月开始编纂，主要组织工作由省政府地方志办公室、省气象局负责。各有关编纂单位的主管领导给予了极大的关心和支持，编写人员为此付出了艰辛的劳动。在此，谨对各有关单位领导和编写人员的支持和参与，对所有关心和协助本《年鉴》编写、出版、发行、推介工作的单位和人员致以衷心的感谢！

对本《年鉴》不足之处，敬请读者提出宝贵意见和建议。

《广东省防灾减灾年鉴》编辑部

2023年10月